轻质防弹纺织品

杨艳菲　史祥斌　著

中国纺织出版社有限公司

内 容 提 要

随着高性能纤维的产业化生产及广泛应用，轻质纺织品逐渐代替金属成为个体防护产品的主要材料。本书首先系统地介绍了防弹衣的发展历史、防弹材料的性能特点、防弹靶板的主要结构和加工工艺以及材料力学性能和防弹性能的测试方法；其次深入地介绍了各种软质和硬质防弹材料的弹道冲击响应特点及损伤模式，弹道冲击有限元建模方法和有限元分析结果；最后简单总结并展望了防弹产品及其技术发展。

本书可供防弹产品生产企业、防弹产品设计人员及工程技术人员参考。

图书在版编目（CIP）数据

轻质防弹纺织品 / 杨艳菲，史祥斌著. -- 北京 : 中国纺织出版社有限公司，2023. 11

ISBN 978-7-5229-0796-3

Ⅰ. ①轻… Ⅱ. ①杨… ②史… Ⅲ. ①防弹服—基本知识 Ⅳ. ①TS941. 733

中国国家版本馆 CIP 数据核字（2023）第 144050 号

责任编辑：孔会云　　特约编辑：周真佳　　责任校对：高　涵
责任印制：王艳丽

中国纺织出版社有限公司出版发行
地址：北京市朝阳区百子湾东里 A407 号楼　邮政编码：100124
销售电话：010—67004422　传真：010—87155801
http://www. c-textilep. com
中国纺织出版社天猫旗舰店
官方微博 http://weibo. com/2119887771
三河市宏盛印务有限公司印刷　各地新华书店经销
2023 年 11 月第 1 版第 1 次印刷
开本：710×1000　1/16　印张：14
字数：240 千字　定价：88. 00 元

前　言

自古罗马时代（公元前 145 年）以来，个体防护用品的使用已有几千年的历史。随着兵器的发展演变，从最初的冷兵器逐渐演化为今天的枪、炮、炸弹、导弹等。为防御不同的武力威胁，个体防护品逐渐由金属铠甲发展为今天的防弹衣。目前，防弹衣已在各国的军警领域和个人防护领域中普遍应用。随着现代军事战争中各种现代化武器的快速发展和使用，防弹衣的性能升级以及轻量化的要求与日俱增。

防弹衣是一种个体防护纺织品，用于防护子弹或弹片对人体造成的伤害。防弹衣不仅需要有效抵御子弹和弹片的透射，而且要最大限度地吸收弹体动能，减小对人体的钝伤，同时还应具有良好的服用性能，轻便舒适，保证穿着者的灵活作战能力。20 世纪以来，随着一批新型高性能纤维（如芳纶、超高分子量聚乙烯纤维、PBO 纤维等）的投入使用，防弹衣的防弹性能发生了质的飞跃，同时质量也大幅下降。除纤维材料外，防弹衣的结构、加工工艺以及弹道冲击条件等也是影响防弹性能的重要因素。必须全面深入地理解防弹衣的弹道冲击响应以及防弹机理，才能有针对性地合理选材，优化防弹结构设计，最终实现防弹衣性能的提升并实现轻量化。

本书是作者在防弹纺织品研究领域所积累的研究成果，内容涵盖了防弹衣设计和加工过程、防弹性能测试中涉及的各个方面。第 1 章介绍了防弹衣的发展历史、防弹材料的性能特点、软质和硬质防弹靶板的主要结构；第 2 章介绍了防弹靶板的制备工艺；第 3 章介绍了几种常用防弹材料的测试方法，并对测试结果进行分析；第 4 章介绍了弹道冲击测试标准和主要评价指标；第 5 章介绍了弹道测试后靶板的断口分析方法及损伤模式；第 6 章介绍了防弹靶板的有限元建模方法；第 7~9 章重点分析了软质和硬质防弹靶板的弹道冲击响应，包括实验测试结果与有限元分析结果；第 10 章总结并展望了防弹产品及其技术发展。

由于时间仓促且作者水平所限，书中难免存在疏漏和欠缺，恳请广大读者批评指正。

杨艳菲　史祥斌

2023 年 3 月

目　录

第1章

绪论

1.1 防弹产品简介

自古罗马时代（公元前 145 年）以来，个体防护用品已有几千年的历史。在冷兵器时代，人们使用金属盾抵御长矛、刀剑和弓箭的进攻。随着现代兵器的进化发展，来自枪、炮等兵器的子弹和弹片使得武力威胁显著提升，促使人类研制开发出更多类别的防弹产品，如防弹衣、防弹头盔、防弹插板、装甲、防爆围栏等（图 1-1）；同时，个体防护需求的不断提高，促使防弹产品持续升级换代。

（a）防弹头盔

（b）防弹插板

（c）防弹装甲

（d）防爆围栏、防爆毯

图 1-1　防弹产品

防弹衣是最重要的个体防护产品之一，又称防弹背心、避弹衣等，用于防护人体躯干主要部位不受子弹或弹片的伤害，主要应用于军队、武警和执法人员。防弹衣不仅需要具备优异的防弹性能，阻止子弹或弹片对人体造成伤害；还必须轻量化，减少对人体活动的限制，从而保证穿着者行动灵活，具备足够的机动性和作战能力。同时，防弹衣也要满足穿着舒适性的要求，减少穿着者的疲劳感和体能消耗。

根据防弹材质，防弹衣可分为软质防弹衣、硬质防弹衣和软硬复合防弹衣三种形式。

软质防弹衣主要包括软质防弹背心、防爆毯等，主要采用高性能纤维为原料，加工成纺织品结构，如机织布和柔性无纬布等，通过多层叠合、绗缝，制成防弹靶板芯材。由于芯材具有一定的柔软性，因此称为软质防弹衣。软质防弹衣质量轻、穿着舒适。软质防弹产品的防护能力有限，一般用来抵御低速手枪、散弹枪子弹和炸弹弹片的侵袭，主要产品为防弹背心芯片。

硬质防弹衣通常采用金属、陶瓷等硬质材料制成整块靶板或制成单元片材拼接而成。这种材质的靶板材质刚硬，质量重，不可避免地会影响穿着者的行动力。硬质防弹衣历史久远，是冷兵器时代的主要个体防护用品。但是随着现代化兵器的发展，金属材质的硬质防弹衣逐渐被高性能纤维材质的防弹衣取代。

复合防弹衣是指将软质和硬质防弹材料复合在一起使用的防弹衣。一般采用陶瓷材料做面板，采用高性能纤维或织物铺层，制备树脂基复合材料作为背板。综合利用软、硬防弹材料，可提升弹道冲击的耗能效率。这种复合防弹靶板可以防御更高级别的武力威胁，如威力更大的步枪子弹或步枪穿甲弹。复合防弹产品主要包括防弹插板、防弹盾牌、防护装甲等。

常规的防弹衣主要包括外套、防弹芯材和硬质防弹插板（图1-2）。外套一般用化纤机织物制作，起到保护防弹层及方便穿着的作用。软质防弹芯材目前多

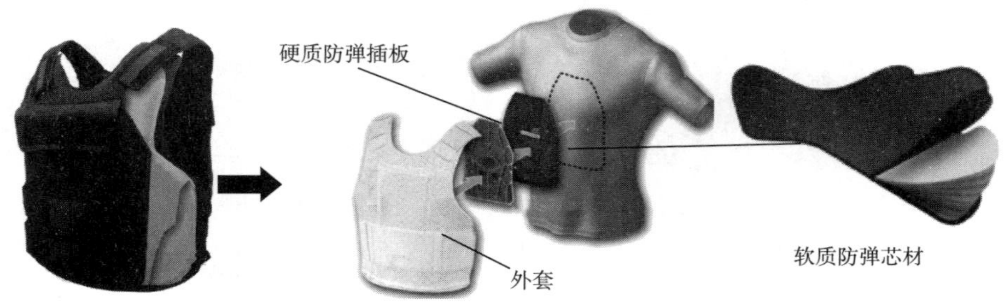

图1-2　防弹背心

采用芳纶机织布或超高分子量聚乙烯无纬布多层叠合（20~50 层），质量 3~5kg，一般可以防御低速手枪弹和小口径步枪弹（<300m/s）。可制作成内穿式防弹背心，穿在便装之内，因此也称为隐形防弹衣，是警务特勤人员的主要防护装备。当武力威胁级别更高时，可在外套前胸口袋处插入硬质插板（陶瓷或复合材料插板），提升防护级别。

1.2 防弹衣的发展历史

早在 19 世纪 60 年代，韩国就已经开始使用软质防弹衣，这种防弹衣由 30 层棉布制成，1871 年美国海军在战争中曾投入使用，这是人类历史上首次在战争中使用防弹衣。19 世纪 80 年代初期，美国人 Goodfellow 研究发现，18~30 层的丝质防弹衣可以挡住子弹。Zeglen 根据这一研究结果研发了第一件真丝材质的商用防弹衣产品，这种防弹衣厚约 3mm，能够有效挡住低速手枪弹，但售价高昂，在 1914 年，这种防弹衣售价 800 美元/件。目前使用的防弹衣在结构和设计理念上与早期的防弹衣一脉相承，只是防弹材料有所不同。在随后防弹衣的发展中，人们为了提升防弹性能，不断地探索研究新型防弹材料。

第一次世界大战期间，真丝防弹衣因为价格昂贵且容易变质并没有推广使用，金属材质的硬质防弹衣仍是军队的主要配置。1915 年，英国军队首次为轰炸机飞行员装备了一种钢丝防弹衣，重达 9kg，能抵御 183m/s 的子弹。这种防弹衣虽然能够起到防弹作用，但由于太重，严重限制了士兵的行动。与此同时，美国也研发了几种金属材质的防弹衣，其中包括铬镍金属防弹衣（布鲁斯特防弹衣，Brewster body shield），重达 18kg，可抵御重机枪子弹。第一次世界大战结束后，金属材质的防弹衣退出潮流，多层棉布材质的软质防弹衣再次流行，尽管防弹效果不如丝质防弹衣，但价格较低，对小口径手枪弹的防御有一定效果。

第二次世界大战爆发后，为有效防御战场的高级别武力威胁，金属材质的防弹衣又重回战场。随着技术的进步，锰钢和陶瓷材质得以应用，其中锰钢材质的防弹衣质量大幅下降，只有 4kg，减重效果显著。尽管防弹效果不错，但由于柔韧性差，严重限制了作战人员的移动能力，因此这种硬质防弹衣仍无法得到推广应用。与此同时，加拿大、英国、苏联和日本都展开了对防弹衣研究，但都聚焦于硬质金属防弹衣。

“二战”末期，美国陆军开展软质防弹衣的研发，极大地推动了单兵防护装备的升级换代。1969 年，美国的防弹衣公司（Body Armor™）推出了金属板复合尼龙机织布叠层的防弹衣（Barrier Vest™），并应用于美国执法机构。20 世纪 70

年代，杜邦公司（Dupont）研制并成功生产芳纶（Kevlar®），这种高性能纤维强度是钢铁的5~8倍，密度仅为钢铁的1/5，是非常理想的防弹材料。芳纶机织布制成的防弹衣质量轻、防弹性能优异，一经推出就广泛应用于许多国家的军队和警务部门。1994年，为满足美国军队的需求，Kevlar®防弹衣经升级改进后能成功挡住高速步枪弹。同时还开发了集防弹防刺于一体的多重功效防弹衣，满足复杂工作环境中警务人员的多重需求。

从20世纪80年代中期开始，美国地面部队配备的是“地面部队单兵护甲系统（PASGT）”。20世纪90年代后期，美国军队防护装备更新为“多重威胁拦截防弹装甲系统（interceptor body armor，IBA）”，逐渐取代了PASGT防护装备。这种新型的防弹衣能够有效防护锋利弹片和9mm枪弹，重约3. 8kg。前胸后背位置额外加装陶瓷插板后可提供更高级别的防护，如能防北约步枪弹。图1-3为Interceptor®防弹背心和复合材料头盔。

（a）防弹背心

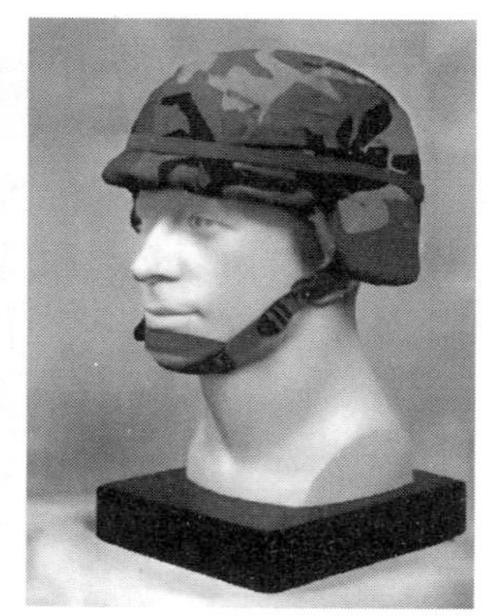

（b）复合材料头盔

图1-3　Interceptor®防弹背心和复合材料头盔

1.3　防弹材料

20世纪70年代，杜邦公司推出Kevlar®系列牌号的对位芳香族聚酰胺纤维后，自此高性能防弹纤维登上历史舞台。80年代，荷兰DSM公司以十氢萘作溶剂，研制出具有极高拉伸强度的超高分子量聚乙烯（UHMWPE）纤维。90年代，日本的Toyobo公司开发了芳香族杂环的聚对苯撑苯并二噁唑（PBO）纤维，近年来研发生产了聚酰亚胺（PI）纤维。随着高性能纤维的不断推陈出新，防弹产品的防弹性能得到显著提升，同时质量大幅下降，穿着舒适性不断提高。因此高性能纤维逐渐取代金属成为防弹产品的主要材料。

目前，用作防弹材料的高性能纤维主要以对位芳纶和超高分子量聚乙烯（UHMWPE）纤维为主，具有更高强度的芳纶和 PBO 纤维等也得到了不同程度的探索和应用。

软质防弹衣的性能主要取决于材料的特性。随着 20 世纪 60 年代 Kevlar®纤维的出现，软质防弹衣的防弹性能得到了极大提高。所有用于防弹领域的高性能纤维，如芳纶和 UHMWPE 纤维，都具有高强度、高模量和低应变的力学性能，如图 1-4 所示。表 1-1 列出了不同防弹纤维的性能指标。

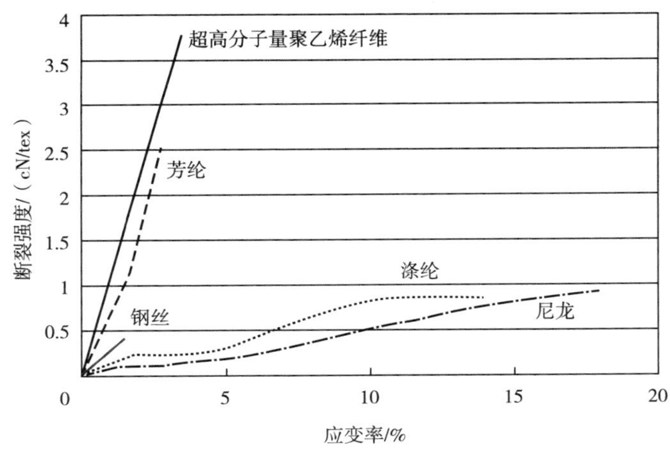

图 1-4 不同材料的拉伸性能

表 1-1 不同防弹纤维的性能指标

纤维种类		拉伸强度		弹性模量		密度/（g/cm³）	LOI/%	分解温度/℃
		cN/dtex	GPa	cN/dtex	GPa			
芳纶	Kevlar49（Dupont）	20.8	3	780	112	1.44	29	560
	TwaronHM（Teijin）	20.7	3	720	105	1.45	—	—
	Technora（Teijin）	24.7	3.4	520	72	1.39	25	500
	Staramid F-358	>27.5	>4.4	950~1200	>145	1.44	38~42	520
	Staramid F-368	>27.5	>4.4	750~950	>125	1.44	38~42	520
	Kevlar29	—	3	—	70	1.44	—	—
	Kevlar129	—	3.4	—	96	1.44	—	—
PIPD 纤维①	M5（2001，sample）	—	3.96	—	271	1.70	—	—
	M5（goal）	—	9.5	—	450	2.5	—	—

续表

纤维种类		拉伸强度		弹性模量		密度/(g/cm^3)	LOI/%	分解温度/℃
		cN/dtex	GPa	cN/dtex	GPa			
PBO 纤维	ZylonAS（Toyobo）	37	5.7	1150	180	1.54	68	650
	ZylonHM（Toyobo）	37	5.8	1720	270	1.56	—	—
UHMWPE 纤维	DyneemaSK60（Toyobo）	27	2.6	810	79	0.97	16.5	150
	DyneemaSK71（Toyobo）	36	3.5	1270	123	0.97	—	—
	Spectra900（Honeywell）	—	2.4	—	73	0.97	—	—
	Spectra1000（Honeywell）	—	3.3	—	103	0.97	—	—
	Spectra2000（Honeywell）	30~36	2.9~3.5	810~1280	79~124	0.97	—	—

① PIPD 纤维：聚 2,5-二羟基-1，4-苯撑吡啶并二噁唑。

1.3.1 芳纶

芳纶全称为芳香族聚酰胺纤维（aramid fibers），与锦纶同属聚酰胺类纤维。不同的是，锦纶分子中连接酰胺基的是脂肪链，而芳香族聚酰胺纤维分子中连接酰胺基的是芳香环，所以这类纤维统称为芳香族聚酰胺纤维，简称芳纶。芳纶的分子结构中由于苯环的存在，分子链的柔性小而刚性强，反映在纤维性能方面，其耐热性优异、初始模量较高。芳纶按照聚合单体的种数分为芳纶Ⅰ、芳纶Ⅱ和芳纶Ⅲ。芳纶Ⅱ包括间位芳纶（PMTA，芳纶 1313）和对位芳纶（PPTA，芳纶 1414），两者大分子的结构差异如图 1-5 所示。在对位芳纶的基础上，采用新的二胺或者第三单体合成新的芳香族聚合物，称为杂环纤维，也称芳纶Ⅲ。

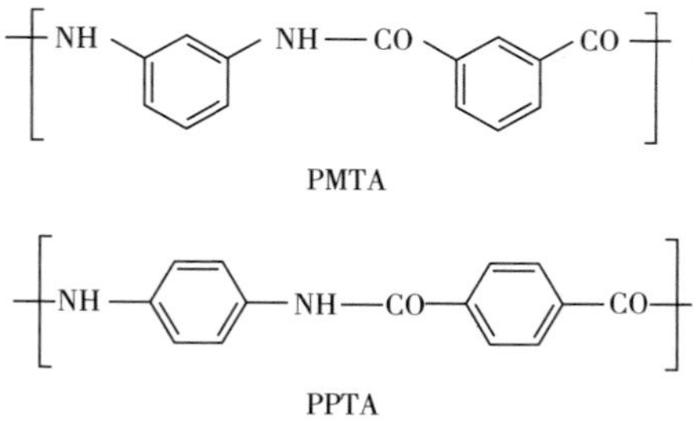

图 1-5 间位芳纶（PMTA）和对位芳纶（PPTA）大分子的结构差异

（1）芳纶Ⅱ

芳纶Ⅱ的长分子链由芳香基团和酰胺基团构成。芳香基和酰胺基的任何一种结构都非常牢固。这些分子链高度平行，有许多链间键（氢键）。此外，芳纶Ⅱ长丝的结晶度高达 90%以上，分子结构的这些特征都有助于芳纶Ⅱ的高强度。由于分子链的刚直结构，纺丝过程中进一步牵伸，芳纶Ⅱ长丝表现出各向异性。一般来说，芳纶Ⅱ长丝的轴向比横向具有更高的强度和硬度。在现有的高性能纤维中，芳纶Ⅱ是综合性能好的纤维之一，最突出的特点是高强、高模和耐高温。与碳纤维、超高分子量聚乙烯纤维并称为三大高性能纤维。以 Kevlar 49 纤维为例，其强度为钢丝的 3 倍、涤纶工业丝的 4 倍；初始模量为涤纶工业丝的 4～10 倍、尼龙的 10 倍。

分子链中的芳香环保证了芳纶Ⅱ具有热稳定性和优异的耐热性。这种纤维既不会熔化也不支持燃烧。分解温度在 427～482℃之间。热稳定性确保了在相对高的环境温度下防弹产品的完整性。

间位芳纶（PMTA）即聚间苯二甲酰间苯二胺纤维，是由间苯二甲酰氯和间苯二胺合成的有机聚合物纤维。由于酰胺键连接在两个苯环的 2 号和 3 号位置上，故又称芳纶 1313。间位芳纶具有优异的耐热性、阻燃性、介电强度、有机化学可靠性和耐辐射危害性。间位芳纶的极限氧指数（LOI）>28%，是一种永久阻燃纤维，不会因使用时间和洗涤次数而降低或丧失阻燃性能。其长期稳定的耐热性是最显著的特点，可在 200℃高温下长期使用，且能够保持较高强力，可靠性极佳。具有较高的分解温度，在高温条件下不会熔融、融滴，当温度大于 370℃时才开始炭化。

对位芳纶（PPTA）的化学名为聚对苯二甲酰对苯二胺，是由对苯二甲酰氯和对苯二胺合成的有机聚合物纤维，因为酰胺键连接在两个苯环的 2 号和 11 号位置上，故也称芳纶 1414。对位芳纶优异的力学性能使其广泛应用于复合材料的增强材料、抗冲击产品、防弹领域等。

对位芳纶最早由杜邦公司开发成功，商品名为凯夫拉（Kevlar®），其原料是经低温缩聚得到的聚对苯二甲酰对苯二胺，经浓硫酸溶解后制得各向异性的液晶溶液，再通过干湿法高速液晶纺丝技术制得纤维成品，初生纤维就具有一定程度的取向和结晶。这种合成方法工艺成熟，且制得的对位芳纶相对分子量较高，但纺丝过程对生产设备要求苛刻，且生产工艺较为复杂。

（2）芳纶Ⅲ

在对位芳纶的基础上开发出了各类性能更为优异的改性芳纶产品，如 Technora、Armos 等。Technora 是由日本帝人公司采用独自研发的技术生产的共聚型芳纶，是在对位芳纶的基础上加入 3，4-二氨基二苯醚进行低温缩聚（图 1-6），原料可溶解在缩聚溶剂中，经调整浓度并中和后直接进行干湿法纺丝制得纤维。与对位芳纶相比，具有更低的回潮率和更好的耐化学性。因为 Technora 的纺丝原液是各向同性的，所以初生纤维的取向和结晶程度较低，需要通过后续热拉伸来实现分子结构的高取向及高结晶。

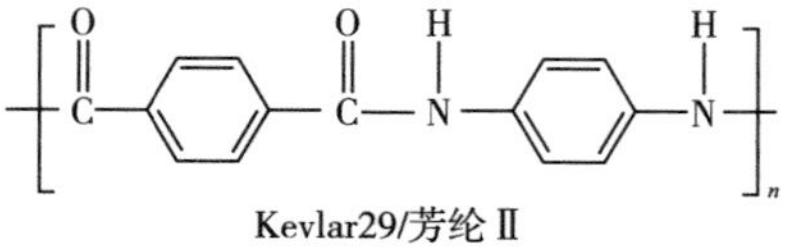

Kevlar29/芳纶Ⅱ

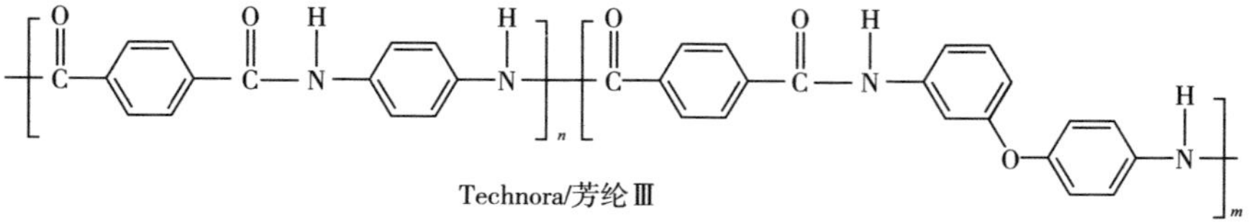

Technora/芳纶Ⅲ

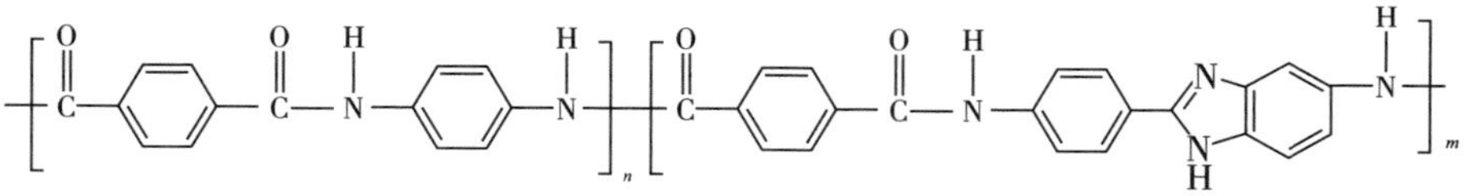

Armos/芳纶Ⅲ

图 1-6　芳纶的不同结构

杂环芳纶Ⅲ中含有的二胺有两种：对苯二胺和杂环二胺，其中杂环二胺的比例达 30%以上，杂环二胺中苯并咪唑上的胺基与主链成 30°夹角，其影响分子链的刚性，降低了分子链排布的有序性，结晶度相对于芳纶Ⅱ降低。其结构式如图 1-6 所示。杂环芳纶必须经过后续的热拉伸处理才能获得较高的结晶取向结构，其成品与对位芳纶相比具有更高的强度、模量和热稳定性。

杜邦的 Kevlar® 和帝人的 Twaron 是芳纶产品中最受欢迎的两种防弹材料。Kevlar® 是杜邦公司 PPTA 的产品之一，在 20 世纪 60 年代的现代轻型防弹衣中取代了 nylon。Kevlar® 产品包括 Kevlar29、Kevlar49、Kevlar129 和 Kevlar KM2。这些材料的性能规格见表 1-2。其中，Kevlar29 用于制造 PASGT 防弹衣，Kevlar KM2 用于 Interceptor 防弹背心材料，其防护性更强，能有效减少伤亡。Twaron 是日本帝人公司开发的对位芳香族聚酰胺长丝的另一种产品，Twaron 丝束更细，单丝根数更多，能提供更高的拉伸性能。

不同种类芳纶的性能对比见表 1-2。

表 1-2 不同种类芳纶的性能对比

商品名	生产国	密度/（g/cm^3）	直径/μm	拉伸强度/GPa
芳纶 I	中国	4.43	12	2.7
芳纶 Ⅱ	中国	1.43	12	2.98
Kevlar29	美国	1.44	12	2.8
Kevlar49	美国	1.45	12	3.6
Kevlar129	美国	1.47	12	3.45
Twaron	日本	1.44	12	3.0~3.1
Technora	日本	1.39	12	2.8~3.0
Armos	俄罗斯	1.45	14~17	4.4~5.5
芳纶 Ⅲ	中国	1.44	12	4.5

芳纶Ⅲ超高的拉伸断裂强度是其防弹性能优异的根本原因。防弹纤维的断裂强度越高，纤维的断裂能量吸收率越大，纤维的防弹性能就越好。此外，苯并咪唑杂环结构的引入还有利于提升芳纶Ⅲ与树脂的复合性能。相较于芳纶Ⅱ，芳纶Ⅲ与树脂间能形成更高的机械式结合力和更强的范德瓦耳斯力，这些物理吸附作用有利于增强纤维与树脂间的界面结合力。芳纶Ⅲ大分子链在经过高温热处理后，规整排列形成结晶，结晶单元沿应力场形成取向。芳纶Ⅲ结晶度达 63.8%，这直接导致其弹性模量提高，芳纶Ⅲ的弹性模量是 120~150GPa，仅次于钢丝和碳纤维，拉伸强度为 4.7~5.5GPa，比芳纶Ⅱ纤维高出 30%~50%，且芳纶Ⅲ的密度仅为 1.43 ~1.45g/cm^3，属于轻质高强材料。

图 1-7 是国产芳纶Ⅲ（Staramid F-358）与帝人公司芳纶Ⅱ（Twaron 2000）的力学性能比较。从图中可以看出，两种纤维的断裂伸长率相差不大，均小于 3.5%，但国产芳纶Ⅲ（Staramid F-358）的拉伸强度比帝人公司芳纶Ⅱ（Twaron 2000）高约 40%。

在芳纶家族中，芳纶Ⅲ的耐高温、耐酸碱性最优，在高温酸溶液中处理后，芳纶Ⅲ的力学性能仅下降 10%左右。与普通芳纶Ⅱ相比，芳纶Ⅲ的耐疲劳性、耐湿性好，具有良好的生物稳定性。同时芳纶Ⅲ具有非常好的热稳定性，在高温下使用不会丧失其特性。此外，芳纶Ⅲ具有优异的阻燃特性，极限氧指数高达 42%，因此当它离开火焰时不会继续燃烧，抗燃性能好，不助燃。

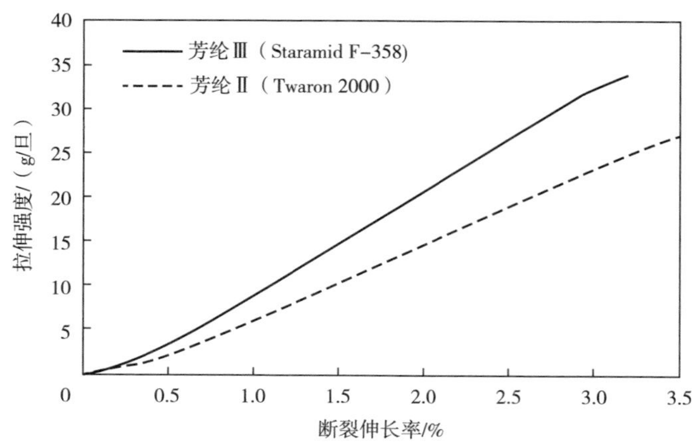

图 1-7　芳纶Ⅱ与芳纶Ⅲ力学性能比较

（3）产业化发展

美国杜邦公司在 1966 年发明了聚对苯二甲酰对苯二胺芳纶液晶纺丝技术，1972 年开始实现对位芳纶的产业化生产，商品名为 Kevlar®。20 世纪 80 年代末 90 年代初，俄罗斯还进行了杂环芳纶（含氯-Armos）的研发，即用邻氯对苯二胺代替 Armos 单元中的对苯二胺，俄罗斯在对位芳纶 CBM（SVM）、高强高模芳纶 APMOC（Armos）的经验基础上，开发出新的产品 Rusar。目前，俄罗斯的卡明斯克化纤股份公司生产的芳纶产品有 SVM、Armos、Rusar、Arutek、Arus 5 种型号。俄罗斯部分杂环芳纶的性能指标见表 1-3。

表 1-3　俄罗斯部分杂环芳纶的性能指标

品牌	断裂强度/（cN/dtex）	断裂伸长率/%	弹性模量/GPa	浸胶丝强度/GPa	极限氧指数/%
SVM	15.7～18.6	2.8	203	3.7～4.2	42
Armos	20～25	3.0～3.5	140～145	4.4～5.4	38～42
Rusar	24	2.6	140	4.5～5.0	32
Rusar-S	29	2.5	160	5.4～6.4	32
Rusar-NT*	29	2.0	170～180	5.4～6.2	45～50

注　表中断裂强度为无捻法测试数据。

我国芳纶的产业化发展起步较晚，于 1972 年开始进行芳纶的研制工作，并于 1981 年通过芳纶 14 的鉴定，1985 年又通过芳纶 1414 的鉴定，后来研制出了芳纶Ⅲ。近年来，国内的芳纶生产技术大幅度提升，产业化和性能都有很快的发展，生产企业主要有中蓝晨光、泰和新材等，目前我国的芳纶Ⅱ和芳纶Ⅲ纤维均已实现规模化生产。

1.3.2　超高分子量聚乙烯纤维

超高分子量聚乙烯（UHMWPE）纤维在 20 世纪 70 年代末由荷兰化学公司（DSM）研发生产。该纤维具有极高的拉伸性能，密度只有 0.97g/cm^3，低于所有纤维密度，因此具有优越的断裂耗能，是芳香族聚酰胺纤维断裂耗能的 4 倍。因此，UHMWPE 纤维迅速应用于防弹产品领域。

（1）结构与性能

UHMWPE 纤维分子结构是一种线型分子链，由共价键结合聚乙烯单体组成，化学式如图 1-8（a）所示，分子量高达数百万。线型分子链可以更有效地传递载荷，此外，还有链间范德瓦耳斯力的累积效应使得纤维具有超高的拉伸强度，其强度和伸长率与钢丝相当，但质量只有钢丝的 15%。普通聚乙烯分子结构如图 1-8（b）所示，其取向度和结晶度较低。通过高倍牵伸，纤维分子结构可获得大于 95%的高取向度和高达 85%的结晶度。由于分子结构取向度高，UHMWPE 纤维的摩擦系数（0.15~0.2）比芳纶（0.2~0.32）低。

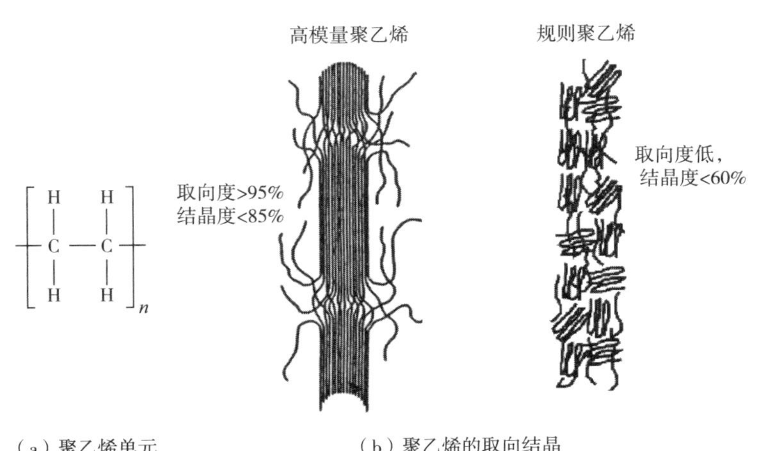

图 1-8　聚乙烯单元和取向结晶

此外，UHMWPE 纤维不含任何可反应的化学基团。因此惰性的分子结构非常稳定。由于烯烃分子之间的结合键较弱，UHMWPE 纤维的耐热性较差，熔点较低（130~145℃）。纤维的韧性和模量在较高温度下会降低，但在零下温度下会增加，低至-150℃没有脆性点，所以纤维可以在-150~70℃之间使用，短暂暴露在更高的温度下不会导致任何严重的性能损失。

（2）产业化生产

1984 年 DSM 公司与日本东洋纺（Toyobo）公司合资建立 UHMWPE 生产线，生产的产品商品名为 Dyneema。我国 UHMWPE 纤维虽然产业化时间晚，但发展较快。进入 21 世纪后，我国加大了高技术纤维产业化进程，特别是自 2007 年以来，国家设立了高技术纤维专项扶持计划，UHMWPE 纤维的规模由百吨级迈上千吨级；此后经过十年快速增长，我国成为全球 UHMWPE 纤维生产大国。2019 年，我国 UHMWPE 纤维行业总产能约 4.10 万吨，占全球总产能的 60%以上。

随着技术的发展和设备的不断更新，UHMWPE 纤维的性能逐渐稳定，因其具有高强、高模、低密度的优异性能，除应用于防弹领域外，也广泛应用于其他领域，如用来生产棒材、板材和异型材等，还可用于工业管材、滤材等。

1.3.3 聚对苯撑苯并二噁唑纤维

（1）结构与性能

聚对苯撑苯并二噁唑（PBO）纤维分子结构如图 1-9 所示。PBO 纤维结晶度相当高，且分子链堆积紧密。PBO 分子结构单元中苯环和苯并二噁唑是共轭结构，所有原子均处于同一平面上，并且与相邻结构单元的苯环构成共轭体系，形成一个刚性棒状高分子。因此，PBO 纤维具有优异的力学及热学性能。

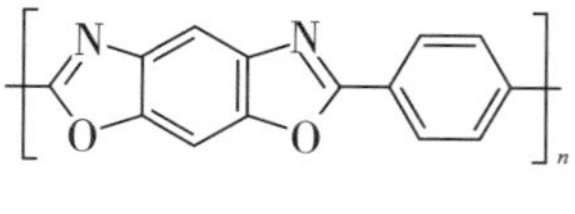

图 1-9 PBO 纤维分子结构式

PBO 纤维为皮芯结构（图 1-10），在纤维的表面约有 0.2μm 厚的不含微孔的光滑皮层区域，皮层组织紧密，取向较高；在皮层下是由微原纤构成的芯层，微原纤是由沿着纤维轴向高度取向的 PBO 大分子链构成，其直径在 10~50nm 之间。微原纤之间分布着许多毛细管状的微孔，这些微孔通过微原纤之间的裂缝或开口彼此连接起来。PBO 纤维表层和核心区域取向度差，中间区域规整度高（图 1-11）。从 PBO 纤维纺丝成型过程来看，表层晶体快速析出，晶体发展不完全，取向混乱；中间层溶剂扩散缓慢，晶体得到充分发育，结构规整；中心区域有多个晶区交界，出现衍射无序现象。

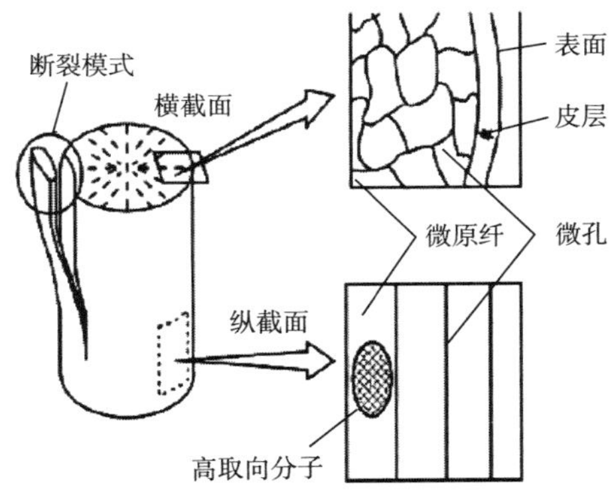

图 1-10　PBO 纤维结构模型图

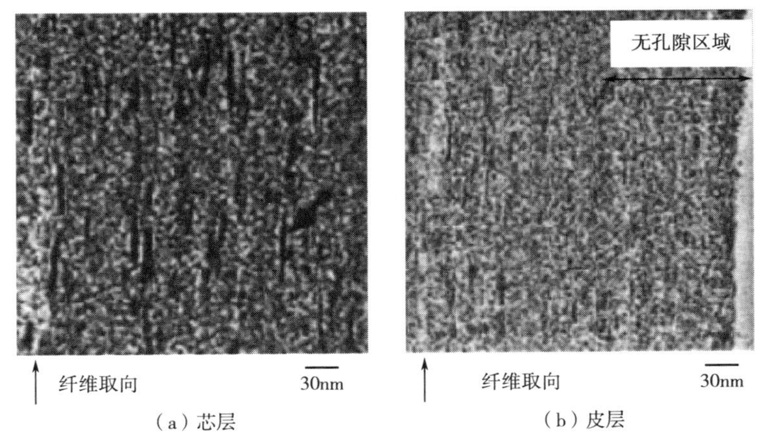

（a）芯层　　（b）皮层

图 1-11　PBO 纤维芯层与皮层的透射电镜图

表 1-4 列出了常见型号 PBO 纤维的力学性能指标。PBO-HM 纤维的拉伸强度为 5.8GPa，拉伸模量为 280GPa，极限氧指数为 68%，分解温度达 670℃，这些性能指标均属于目前所有商业化有机纤维之最。PBO 纤维弹性常数具有各向异性，横向压缩模量较小且低于芳纶纤维。其扭转刚度是对位芳纶（PPTA）的一半，因此制得的织物比芳纶织物更加柔软。PBO 纤维在空气中 600℃下或在惰性气体中将近 700℃时都不会出现软化现象，PBO-HM 纤维的模量在 400℃时仍能保持 75%。

表 1-4　PBO 纤维（Zylon®）力学性能指标

型号	密度/（g/cm³）	拉伸强度/GPa	拉伸模量/GPa	断裂伸长率/%	比强度/［MPa/（kg·m³）］	比模量/［MPa/（kg·m³）］	分解温度/℃
PBO-AS	1.54	5.80	180	3.5	3.77	116.9	670
PBO-HM	1.56	5.80	280	2.5	3.71	179.5	670

PBO 纤维的光老化性是其显著的缺陷。PBO 纤维的强度会随着暴露在阳光下时长的增加而降低，在阳光下暴晒的初始阶段，纤维强度急剧下降，当暴晒时长达到 6 个月时，剩余强度约为 35%，这一缺点直接限制了 PBO 纤维在防弹领域的应用。目前有较多关于 PBO 纤维的改性研究，如纤维涂层法、分子链接枝法等。

（2）产业化生产

PBO 纤维的诞生源于美国空军实验室在 20 世纪 70~80 年代发起并参与的刚性棒状高分子研究计划，由陶氏化学公司最先合成。日本东洋纺公司在获得陶氏化学相关专利的基础上，于 1998 年开始商业化生产 PBO 纤维，商品名为 Zylon。PBO 纤维的力学性能远高于芳纶和超高分子量聚乙烯纤维。近年来，我国 PBO 纤维逐渐实现产业化生产，继日本东洋纺公司之后，成为全球第二大 PBO 纤维生产国。我国 PBO 纤维的主要生产企业有中科金绮新材料科技有限公司、成都新晨新材科技有限公司等。

1.3.4　聚酰亚胺纤维

聚酰亚胺（PI）纤维是近年来新研发生产的一种高性能有机纤维，具有优异的力学性能，以及耐环境老化和低吸水等性能特点。其理论强度和模量分别为 5.8GPa 和 400GPa，被认为是目前力学性能最优异的高性能纤维之一，PI 纤维具有耐高温性能和很好的界面处理效果。与芳纶和 PBO 纤维相比，PI 纤维具有非常低的吸水率和优异的耐紫外和耐环境老化性能，能够有效提升防弹装备长期使用的稳定性，在防弹材料领域具有很好的应用前景。

（1）结构与性能

PI 纤维分子结构的主链上含有芳香苯环和亚胺环组成的刚性结构（图 1-12），因此高性能 PI 纤维具有高强高模的特点，高强型 PI 纤维的拉伸强度目前已达 3.5GPa。PI 纤维的常用制备方法是用二元酐和二胺经缩合聚合得到中间体聚酰胺酸（PAA），PAA 再经过闭环环化形成 PI。高强型 PI 纤维的密度与芳纶Ⅲ和对位芳纶基本相当，但其热分解温度可达 586℃，具有较高的高温稳定性和强度保持率，能够更好地满足极端战场环境下的正常使用。另外由于高强型 PI 纤维具有特殊的五元杂环结构，与其他高性能纤维相比，具有突出的耐紫外性能、耐酸性能和低吸水率，环境稳定性能优异，可以延长防护材料的使用时间。

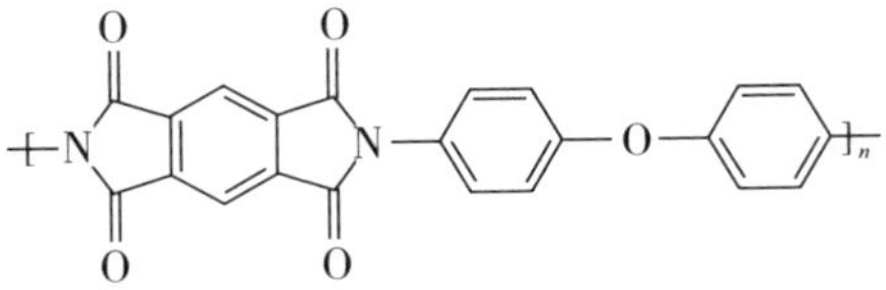

图 1-12　聚酰亚胺的结构式

PI 纤维优异的力学性能使其非常适合制备防弹材料，同时因其耐热、耐寒、耐紫外、耐环境以及突出的力学性能和介电性能，所以在电子科技、机械电工、航空航天、核工业等众多领域都得到了广泛应用。

（2）产业化发展

国外对 PI 纤维的研究始于 20 世纪 60 年代。但由于纺丝技术和装备难以突破，很难制备出高强度的 PI 纤维，80 年代末，奥地利兰精（Lenzing）公司推出了一种耐热型 PI 纤维，商品名为 P84，但其拉伸强度只有 0.5GPa，因此仅用于高温过滤、热防护等一些民用领域。

针对拉伸强度大于 2GPa 的高强型 PI 纤维，开展相关研究工作的有美国、日本和俄罗斯等。在 20 世纪 80~90 年代，美国 Akron 大学用联苯二甲酸酐和联苯二胺制备出一种强度较高的 PI 纤维，其拉伸强度达到 3.2GPa，初始模量达到 130GPa。俄罗斯曾报道过一种 PI 纤维，强度可达 5GPa 以上，弹性模量高达 280GPa。

2010 年以来，我国在高强度和高模量 PI 纤维的研究和制备方面也取得了长足的进步和突破。目前具有代表性的是北京化工大学与江苏先诺新材料科技有限公司合作开发的高强高模 PI 纤维，实现了高强型 PI 纤维的连续化稳定生产，年产量超过 30t，主要性能指标见表 1-5。

表 1-5　PI 纤维的主要产品牌号和性能指标

性能指标	S30	S30M	S35	S35M
拉伸强度/GPa	3.0	3.0	3.5	3.5
弹性模量/GPa	90	110	120	150

续表

性能指标	S30	S30M	S35	S35M
断裂伸长率/%	3.5	3.0	3.0	2.5
玻璃化转变温度/℃	340	340	340	340
分解温度/℃	550	550	550	550
含油率/%	<2.0	<2.0	<2.0	<2.0
成包回潮率/%	<1.5	<1.5	<1.5	<1.5

1.4 基体材料

对于防弹复合材料而言，除了高性能纤维材料作为增强材料外，基体材料是保证纤维材料形成稳定结构的重要组成部分。同时对于不同组分的混质复合防弹材料而言，基体材料也是保证各组分有机结合并有效传递载荷的关键。因此树脂基体材料是影响防弹复合材料力学性能的关键。在制造和使用复合材料时，树脂基体还能保持材料的耐久性，如减少正常使用中对防弹纤维的正常磨损，减少或避免水分、化学品、磨料灰尘及其他空气中的微粒对纤维物理化学性能的影响。

目前影响防弹复合材料性能的因素主要有两个：树脂的韧性以及树脂与织物之间的黏结性。如果树脂基体的韧性差，在冲击过程中树脂容易产生微裂纹，导致树脂基体脆性断裂。当树脂与纤维的黏结力较弱时，使得复合材料靶板在受到高速应力冲击时纤维与树脂脱黏，容易产生纱线滑移现象，不利于冲击应力波在织物上的传递，复合材料靶板易发生分层损伤。但是当树脂与纱线黏结强度过大，也会导致树脂对纤维产生过度的束缚作用，纱线易发生剪切断裂。

1.4.1 热固性树脂

（1）环氧树脂

环氧树脂是指分子中含有两个或两个以上环氧基团的一类高分子低聚物或化合物。环氧基团可以位于分子链的末端、中间或成环状结构。由于分子结构中含有活泼的环氧基团，因此，它们可以与多种类型的固化剂发生交联反应而形成不溶或不熔的具有三维网状结构的高聚物。

环氧树脂本身是一种热塑型线型结构树脂，只有与固化剂（交联剂）在特定温度下进行交联固化反应，才能呈现出一系列优良的性能。固化剂一般分为两大类：一类是反应型固化剂，可以与环氧树脂进行加成反应，通过逐步聚合与之交联成体型网状结构的聚合物，这类固化剂一般含有活泼的氢原子，如亲电试剂（酸酐）、亲核试剂（伯胺、仲胺）等；另一类是催化型固化剂，它可以引发环氧树脂分子中的环氧基进行阳离子或阴离子聚合，如叔胺、咪唑和三氟化硼等。无论何种固化剂，都是通过环氧树脂中环氧基、仲基、仲羟基的反应来实现并完成固化过程。环氧树脂在固化前的密度比较大，固化收缩率较小（1%~2%）。

环氧树脂分子中含有—OH—、—O—等极性基团，与极性大的纤维表面能够很好地黏附。而且固化后的环氧树脂分子结构中又增加了—COO—、—NH—等基团，环氧基有可能与纤维表面的羟基形成化学键。因此，环氧树脂与纤维的黏附性好。但环氧树脂的韧性差，固化后较脆，耐冲击性能差，容易开裂，因此近年来在防弹复合材料领域应用较少。

（2）酚醛树脂

酚醛树脂是由酚类化合物和醛类化合物缩聚而成的树脂，按固化方式可分为热固性酚醛树脂和热塑性酚醛树脂。热固性酚醛树脂是在碱催化下由过量的甲醛与苯酚反应得到的，含有大量的可反应性羟甲基，因此，它可以在高温下固化，也可以在酸性条件下高温固化。热固性酚醛树脂的热固化不需要加入固化剂，完全是靠树脂自身官能团之间的反应。酸类固化剂能使热固性酚醛树脂在较低温度下，甚至在室温下固化。酸固化的主要反应是在树脂分子间形成次甲基醚键，反应特点是反应剧烈，并放出大量的热。

热塑性酚醛树脂是在酸催化下由过量的苯酚与甲醛反应得到的，此时树脂的分子上不存在可反应性羟甲基。加热只能让树脂熔化，需要加入固化剂才能发生固化反应，形成体型结构。常用的固化剂有三羟甲基、多羟甲基三聚氰胺以及多羟甲基双氰胺、环氧树脂等。最常用的固化剂是六次甲基四胺固化剂，这种固化剂具有固化速度快，模压周期短，制件在高温下有较好的刚度，出模后翘曲度最小等优点。热塑性酚醛树脂因其力学性能、抗冲击性能、耐热性能、阻燃性能优异以及低廉的价格，广泛用于结构复合材料和纤维增强防弹复合材料。

自 20 世纪 90 年代中期以来，为提升织物复合材料靶板的防弹性能，防弹复合材料都采用较低的树脂含量，如芳纶机织物复合材料的树脂含量为总质量的15%~25%。最早在欧洲采用将酚醛塑料薄膜与织物直接黏合的方法来加工织物预浸料，用于军用头盔和其他硬装甲复合材料。这种织物预浸料的树脂质量分数约为 11%。当头盔和硬装甲部件采用这种低树脂含量的复合材料预浸料后，其防弹片的性能得以极大提升。

（3）乙烯基酯树脂

乙烯基酯树脂（Vinylester）是热固性树脂，乙烯基酯树脂的主链组分可以由环氧树脂、聚酯树脂、聚氨酯树脂等制备。不同分子量的环氧化物主链用于制造不同的乙烯基酯树脂，较大分子量的环氧化物生产的乙烯基酯树脂具有较大的韧性和弹性、较低的耐溶剂性和耐热性。

乙烯基酯树脂可以单独使用，也可以制备共聚单体（如苯乙烯、乙烯基甲苯和三羟甲基丙烷三丙烯酸酯）或者与稀释剂（如甲基乙基酮、甲苯）一起使用。乙烯基酯树脂含有双键，在化学、热或辐射源产生的自由基下，会与这些双键发生反应并交联。固化通过自由基机理进行，包括引发、增长和终止。与聚酯树脂相比，乙烯基酯树脂显示出较低的放热温度峰值和较小的固化收缩，这两种性能都更有利于复合材料的防弹。乙烯基酯复合材料广泛用于硬装甲防弹，如头盔、胸甲和车辆装甲的装甲板，其树脂含量低。

乙烯基酯树脂成为穿戴装甲的主要基体材料之一，能够满足芳纶或超高分子量聚乙烯增强纤维所需的伸长率和黏结力，适合热压罐和高压匹配模具成型。乙烯基酯防弹复合材料的固化温度为93~147℃，具体温度由固化剂决定。

（4）聚酯树脂

聚酯树脂由活性聚合物和活性单体组成，树脂固化通过额外反应进行，该反应包括双键向单键的转化。常用的固化材料是苯乙烯，苯乙烯与聚酯链的活性双键结合并将它们连接在一起，形成一个牢固的聚合物网络。聚酯预浸料可以实现：低树脂含量（总质量的5%）或高树脂含量（总质量的30%），高黏性，阻燃性，着色预浸料，保质期长，室温储存时间长。聚酯树脂价格低廉，广泛用于制造各种纤维增强复合材料产品，防弹领域只用于玻璃纤维增强装甲。

1.4.2 热塑性树脂

与其他热塑性材料不同，防弹复合材料所用的热塑性树脂柔韧性更好，具有高应变、高伸长率、中等模量和强度，从而保证复合材料靶板的弹道吸能更高。与热固性基体相比，热塑性防弹复合材料可以通过加热和加压重新成型，具有更加优异的储存寿命。

（1）丙烯酸树脂

丙烯酸树脂由大量的丙烯酸和甲基丙烯酸酯单体以及少量具有其他官能团的单体合成，大多数工业生产过程是在引发剂的作用下，高温进行自由基加成反应。在织物或UD无纬布预浸料中，可以通过调整基体黏稠度，满足防弹复合材料对低树脂含量的需求。丙烯酸树脂具有良好的抗紫外线性能和氧化稳定性，通过选择适当的增稠剂，可以改善低树脂含量，优化流变性能。

采用热塑性丙烯酸涂层的硬质装甲复合材料，尽管防弹片性能较好，但是在子弹冲击测试中发现，复合材料靶板通常会产生分层现象。可以在丙烯酸树脂中添加一些高黏结强度的添加剂来减少靶板分层损伤。

（2）聚氨酯树脂

聚氨酯（PU）树脂是分子链上具有氨基甲酸酯结构的一种高分子，通常由异氰酸酯与多元醇合成制得，由于高度不饱和的异氰酸酯基团（—N ═C ═O）的存在，因而聚氨酯的化学性质很活泼。PU 树脂基体硬度较高，且耐磨，耐化学腐蚀，可在室温下固化。

由于生态和环保的要求，聚氨酯水分散体越来越受欢迎。水性聚氨酯（WPU）是用水取代有污染的有机溶剂，将聚氨酯树脂分散在水中，水分散体通常携带一些浓度非常低的溶剂。这种水性树脂用于防弹复合材料时，通常在树脂中加入蒸馏水涂覆在防弹纤维和织物上，然后在烘箱中高温烘燥来调节水基树脂的黏度，一般在 121～177℃下固化可以提高纤维与树脂的结合强度和耐久性，且 WPU 具有无毒、难燃、环境友好、耐候性好等优点。

防弹性能测试果表明，热塑性 WPU 树脂具有较高的断裂伸长率，在子弹接触靶板时，树脂不会过早断裂，能够与纤维一起产生拉伸变形，可最大限度地消耗子弹的动能，从而提升防弹性能。

1.4.3　热固性—热塑性混合树脂

酚醛树脂与聚乙烯醇缩丁醛（PVB）共聚树脂是弹道防护领域首批合格的基体材料之一。这种共聚树脂最初是由 Debell & Richardson 公司在 20 世纪 60 年代早期为尼龙头盔开发的。该树脂通常是由邻苯二酸酐催化的苯酚甲醛和 PVB 按 1∶1 的质量混合而成，其性能比单独的 PVB（热塑性）或单独的酚醛（热固性）树脂更好。在酚醛/PVB 共聚树脂中，PVB 的柔韧性和弹性被保留，而酚醛树脂的存在降低了材料对温度或溶剂的敏感性。

在防弹复合材料中，酚醛/PVB 树脂广泛用作基体，特别是用于 Kevlar®纤维的复合靶板，纤维与树脂间剥离强度高。酚醛/PVB 体系中，两种不同树脂的比例对复合靶板的防弹性能也有影响：当 PVB 的含量达到酚醛/PVB 体系的 60%时，其预浸料具有最高的界面结合强度；当 PVB 含量为 40%～60%时，复合材料的防弹性能达到最好；当 PVB 含量较低（0～20%）时，Kevlar®纤维增强复合材料产生脆性剪切破坏，防弹性能较差。

Spectra 超高分子量聚乙烯织物复合材料的最佳基体树脂体系是乙烯基酯树脂（Vinylester，VE）和热塑性聚氨酯（PU），其复合材料的防弹性能远远优于 VE

和 PU 的共混物以及其他树脂体系，如三聚氰胺—甲醛、聚乙烯醇和改性酚醛/PVB 体系。基于 VE 树脂基体与 PU 树脂基体的 Spectra 织物增强复合材料的研究证实，复合材料装甲的抗侵彻破坏能力受树脂基体的柔韧性和体积含量的影响。这两个因素会对纱线的可滑移程度造成影响，从而影响弹道吸能和弹体侵彻过程中的减速时间。同一研究表明，较硬的 VE 树脂基体更容易抑制纱线滑移。

对于防弹复合材料，尽管热固性树脂在硬度、耐热性或耐溶剂性方面具有优势，但由于预浸料在加工过程中使用溶剂和产生有害气体（包括酚醛树脂和乙烯基树脂在内的热固性树脂），使热固性树脂的使用所带来的环境问题日益受到关注。热固性树脂的另一个主要缺点是储存寿命有限，这是由于树脂在储存期间发生的连续交联反应所导致。此外，热固性树脂不可回收，用热固性树脂基体制成的纤维增强复合材料不易修复。

对于许多装甲复合材料，热塑性树脂是热固性树脂的潜在替代产品。与传统的热固性树脂基体相比，热塑性树脂基体复合材料在耐久性和加工成本方面有显著的改进。这些聚合物的固有韧性和耐化学性使它们非常适合用作防弹复合材料。此外，在恶劣的环境下，热塑性树脂可保持相当高的强度和抗蠕变能力。

第2章

防弹靶板制备工艺

防弹靶板主要包括软质靶板和硬质靶板两种。软质靶板主要由高性能纤维织物和无纬布叠合而成；硬质靶板主要是由织物增强预浸料和纤维增强预浸料模压而成。高性能纤维经过一系列的制备工艺由一维形态转换为二维结构，织物或无纬布规格以及加工工艺都会影响高性能纤维力学性能的传递效率，从而决定靶板最终的防弹性能。

2.1 防弹织物

2.1.1 织物结构

机织物是最典型的纤维集合体形式，相互垂直的经纱与纬纱通过上下交织形成稳定的二维平面结构。经纱与纬纱的接触点称为交织点，经纱与纬纱裸露在织物表面的部分称为浮长线，如图 2-1（a）（b）所示。普通机织物内纱线呈圆形截面或椭圆形。而防弹织物内各根纤维平行伸直，纱线截面的长径比较大，类似于透镜形态。由于上下交织的结构，纱线径向呈现出有规律的屈曲形态，如图 2-1（c）所示。机织物采用结构参数来表征不同的织物规格。影响织物防弹性能的结构参数主要有：纱线线密度、织物组织、单位面积质量（克重）、织物经纬密度等。

（1）纱线细度

衡量纱线粗细的指标有线密度和旦尼尔，公支，英支等。

线密度指在公定回潮率下 1000m 长纱线的质量克数，单位是特克斯（tex）。防弹用的高性能纤维一般是长丝，长丝通常采用旦尼尔（旦）作为纱线的细度指标，指在公定回潮率下 9000m 长纱线的质量克数。特克斯（tex）和旦尼尔（旦）都是定长制单位，克重越大，纱线越粗。常规的芳纶纱线规格有 93tex（840 旦）、110tex（1000 旦）和 167tex（1500 旦）。

值得注意的是，与普通机织物的加捻纤维纱线不同，防弹织物的材料一般是

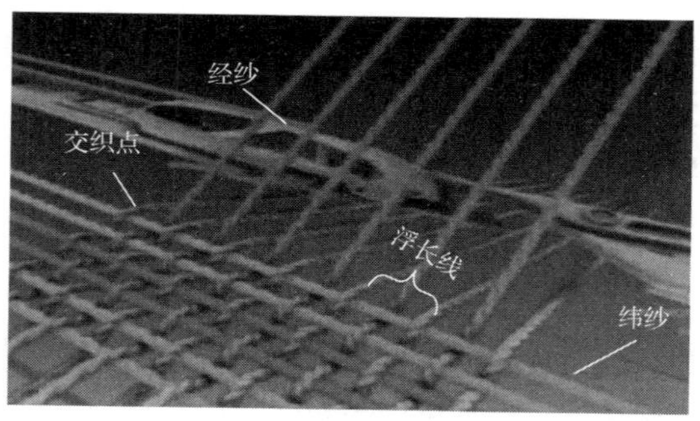

（a）织物交织结构

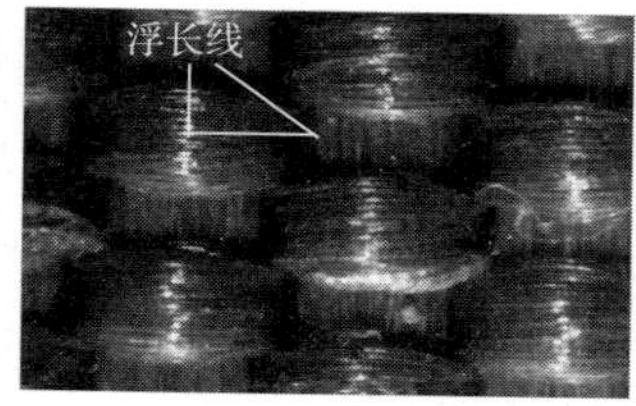

（b）平纹结构

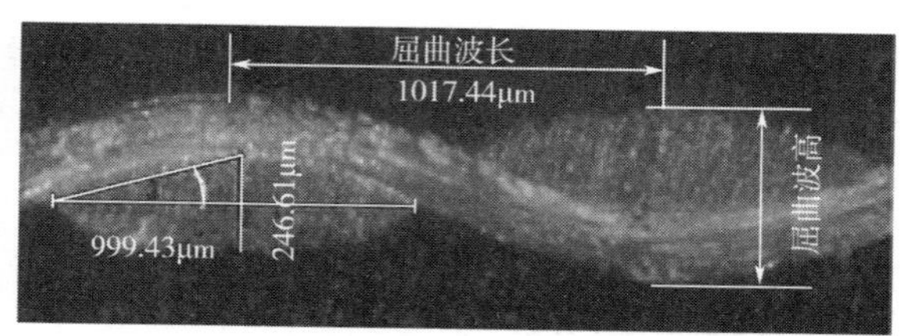

（c）纱线截面

图 2-1 织物交织结构

弱捻连续长丝。目的是使丝束尽量平行伸直，一方面充分发挥高性能纤维优异的力学性能，另一方面弹道冲击的应力波能够以最快速度沿着长丝传递。这种弱捻纱的纤维与轴向的倾斜角度只有 3°~7°。仅对丝束提供一定的集束作用，防止织造过程中纱线的勾丝脱散。

（2）织物组织

用于防弹产品的织物一般采用平纹、方平和斜纹组织（2/2 斜纹），如图 2-2 所示。平纹和方平组织中单位面积内纱线的交织点最多，纱线的握持力最大，弹片冲击纱线时不易滑移，能够充分发挥纱线的力学性能，因而弹道吸能最好。斜纹织物交织次数少，织物内孔隙多，有利于树脂渗入，因此较多应用在抗低速冲击的硬质复合材料靶板中。

（3）单位面积质量

织物的单位面积质量，也称面密度（g/m^2），是防弹产品规格中最重要的指标之一。尤其是对于软质防弹衣，在追求防弹性能提升的同时，必须严格限制产品质量，否则影响穿着者的行动力和灵活机动性。防弹织物的单位面积质量一般在 200~500g/m^2。一般而言，织物单位面积质量越大，单位面积的材料越多，织物的弹道吸能越好。因此弹道吸能的提升和实现减重是一对矛盾性的需求，这一

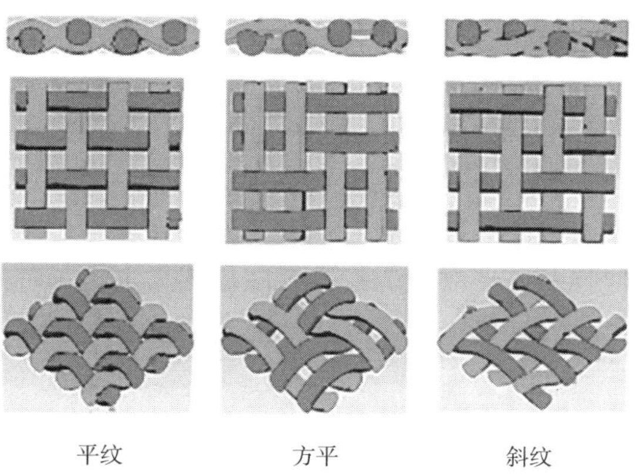

图 2-2　织物组织结构

直是防弹产品研发所面临的难题。

（4）织物经纬密度

织物的经纬密度是用来表征织物内纱线的紧密程度，一般采用每 10cm 内的纱线根数来表示，按照织物的经纬方向分为经密和纬密，单位为根/10cm。在英制单位中采用每英寸（2.54cm）内的纱线根数来表示，单位为根/英寸。

织物经纬密度直接决定纱线在织物内的屈曲程度，织物经纬密度越大，纱线的屈曲程度越高。一般织物的经密大于纬密，因此导致经纱的屈曲明显大于纬纱，如图 2-3 所示。织物内纱线的屈曲程度可用屈曲率定量表征式（2-1）。一般纱线屈曲率越高，弹道冲击的应力波传递速度越低，织物的防弹性能越差。也就是说织物经纬密度超过一定的范围时，织物越紧密，纱线越容易在交织点处产生应力集中，织物的吸能效率越低。但是织物的经纬密度越低，织物越稀疏，与子弹或弹片直接作用的纱线也越少，织物内纱线贡献的应变能也较少。当织物经纬密度低到一定程度时还会产生“窗口效应”，使子弹从纱线孔隙中滑出。因此织物经纬密度的设计需要充分考虑纱线屈曲与材料利用效率对防弹性能的影响。

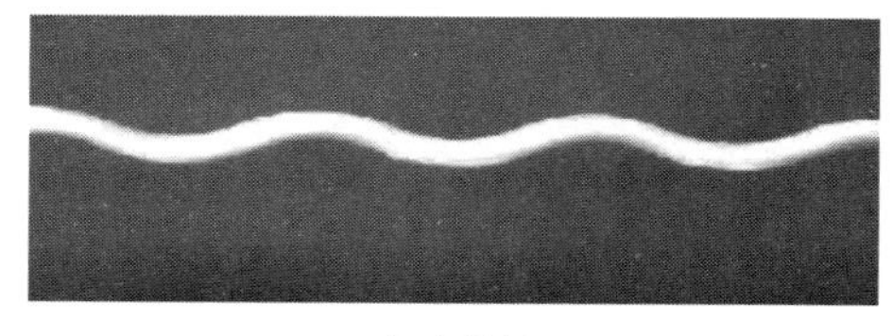

（a）经纱

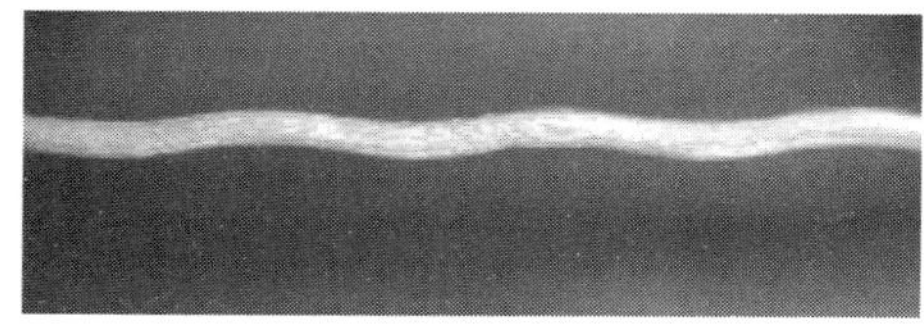

（b）纬纱

图 2-3　平纹织物内经纬纱的屈曲形态

$$C = -\frac{L_y - L_f}{L_f} \times 100\% \tag{2-1}$$

式中：C——屈曲率；

L_y——纱线伸直后的实际长度，mm；

L_f——纱线在织物内的屈曲长度，mm。

注：织物在织机上织制的过程中，经纱张力比纬纱张力大。织物下机后，经纬纱产生不同程度的收缩，一般机织物内经纱屈曲率大于纬纱屈曲率。

2.1.2 织物加工工艺

防弹织物的机织加工流程比较简单，从纤维到织物一般经过整经、穿经和织造几个主要工序，芳纶机织布生产流程如图 2-4 所示。整经和穿结经是织前准备工序，需要将高性能纤维的筒子纱，平行排列加工成织轴，然后将每根经纱穿入综框上的综丝，才能在织机上进行织造。

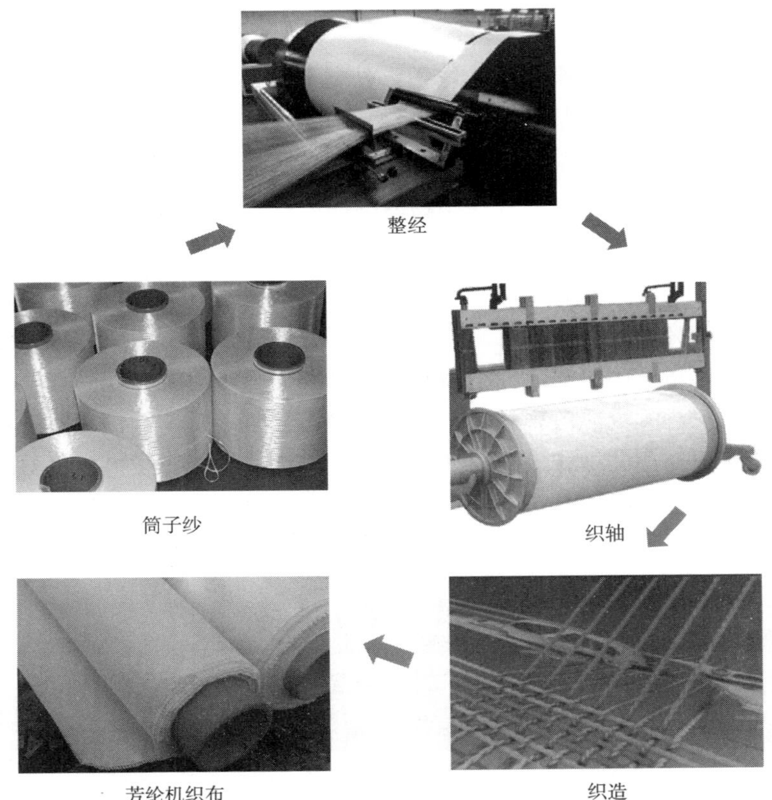

图 2-4 芳纶机织布生产流程

(1) 整经

整经工序要求将织物幅宽所需要的经纱平行排列，卷绕在经轴上，并尽量保持各根纱线张力均匀一致，如图 2-5 所示。芳纶织物生产一般采用分条整经机，如图 2-6 所示。分条整经机的整经方式是将织物所需的总经根数分成根数相同的若干条带，并按照工艺规定的幅宽和长度一条挨一条平行卷绕到整经大滚筒上，待所有条带全部卷绕到整经大滚筒上后，再将全部经纱条带由整经大滚筒倒轴到织轴上，供织机织造使用。由于防弹织物所采用的高性能纤维强度较高，耐磨性优异，一般不需要浆纱这道工序，也不采用分批整经，避免额外的并轴。

图 2-5　整经筒子架

图 2-6　分条整经机

(2) 穿经

织轴在进行织造生产之前还要进行穿经工序，把经纱按照织物的组织规律依次穿过经停片、综丝和钢筘，如图 2-7（b）所示。经停片是织机经纱断头的感应装置，每根经纱穿过一片经停片。当经纱断头时，经停片依靠自重落下，通过机械或电气装置使织机迅速停车。剑杆织机的综丝是一根钢丝或者钢片，中间有光滑的圆孔，称为综眼。每根综丝穿过一根经纱，所有的综丝装配在综框上。综框是织机开口机构的重要部件，综框的升降带动经纱上下运动形成梭口，供纬纱通过后，经纱与纬纱交织形成织物。穿过综丝的经纱还要继续穿过钢筘。钢筘是由特制的直钢片排列而成，这些钢片称为筘齿，筘齿间有间隙，经纱可以通过。钢筘的作用是确定经纱的分布密度和织物幅宽，打纬时把纬纱打向织口。

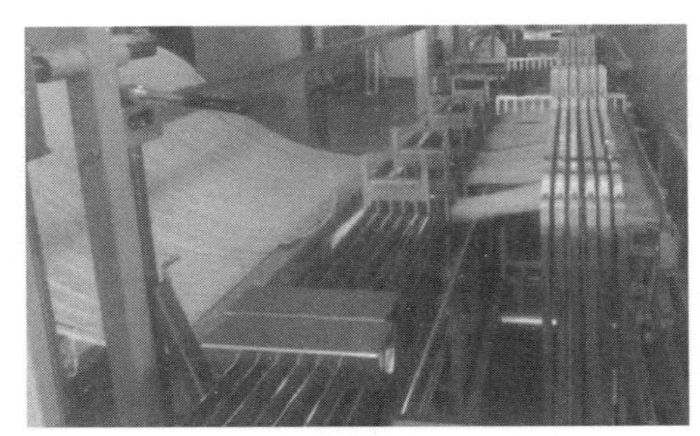

（a）穿经机

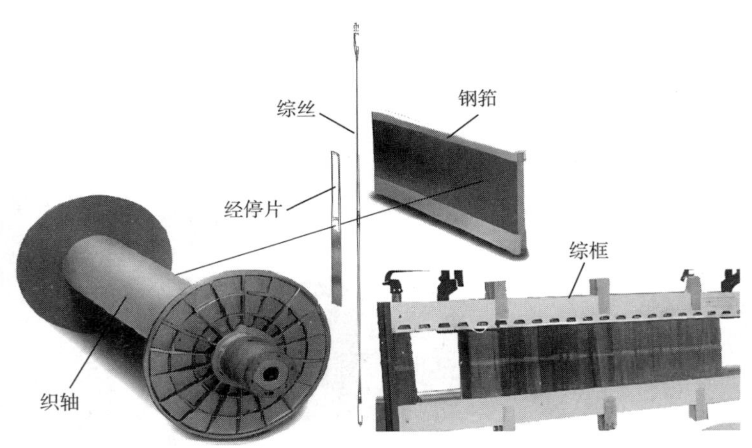

（b） 穿经

图 2-7 穿经机及穿经

穿经工作是一项十分细致的工作，任何错穿、漏穿都会直接影响织物组织的连续性，造成织物疵点，严重时直接影响织物的力学性能，继而影响织物的防弹性能。

（3）织造

防弹织物一般采用剑杆织机织制，如图 2-8 所示。剑杆织机是采用两个剑杆牵引纬纱通过梭口。引纬时，先由送纬剑夹取纬纱，送纬剑和接纬剑相向运动同时到达梭口中部，接纬剑从送纬剑上夹住纬纱，两剑头同时回退，从而将纬纱牵引通过梭口。

在织造加工时，对于芳纶和超高分子量聚乙烯这类高强度无捻长丝，剑杆织机在纬纱夹持控制方面比喷气织机和片梭织机都有更加明显的优势，且比传统的有梭织机生产效率更高，因此剑杆织机广泛应用于防弹织物的加工。

图 2-8　剑杆织机

在织造加工时，对于芳纶和超高分子量聚乙烯这类高强度长丝，剑杆织机在纬纱夹持控制方面比喷气织机和片梭织机都有更加明显的优势，且比传统的有梭织机生产效率更高，因此剑杆织机广泛应用于防弹织物的加工。

表 2-1 是目前防弹衣所使用的常规芳纶织物的组织结构及其性能指标。

表 2-1　各种芳纶织物组织结构及其性能指标

名称	织物组织	纱线细度/旦 经纱×纬纱	织物密度/ (根/cm) 经密×纬密	厚度/ mm	克重/ (g/m^2)	断裂强度/ (kgf/旦) 经纱×纬纱
Kevlar29/129	平纹	840×840	31×31	0. 3048	220. 59	161×170
	平纹	1500×1500	24×24	0. 4318	319. 00	197×214
	平纹	1000×1000	31×21	0. 3810	281. 67	161×166
	平纹	840×840	26×26	0. 2540	196. 83	134×143
	平纹	1500×1500	17×17	0. 3048	223. 98	139×145
	平纹	1420×1420	17×17	0. 2794	220. 59	152×152
	平纹	1000×1000	22×22	0. 2540	281. 67	116×130
	平纹	400×400	32×32	0. 1524	108. 60	80×77

续表

名称	织物组织	纱线细度/旦 经纱×纬纱	织物密度/ （根/cm） 经密×纬密	厚度/ mm	克重/ （g/m^2）	断裂强度/ （kgf/旦） 经纱×纬纱
Kevlar29/129	2×2 方平	1500×1500	35×35	0.5842	468.32	322×325
	2×2 方平	1420×1420	35×35	0.5842	464.93	349×357
	平纹	200×200	40×40	0.1270	71.27	60×58
	平纹	3000×3000	17×17	0.6096	461.53	286×322
	8×8 方平	1500×1500	48×48	0.8128	638.00	393×411
	4×4 方平	3000×3000	21×21	0.7620	546.37	357×357
	4×4 方平	3000×3000	24×24	0.7620	610.85	416×447
Kevlar-LT	平纹	400×400	36×36	0.1778	122.17	98×100
Kevlar KM2	平纹	850×850	31×31	0.3048	230.77	157×170
Kevlar 49	平纹	1420×1420	17×17	0.3048	217.19	125×134
	斜纹	195×195	34×34	0.0762	57.69	38×38
	平纹	195×195	34×34	0.0762	57.69	46×46
	平纹	380×380	22×22	0.1016	74.66	53×53
	平纹	1140×1140	17×17	0.2540	169.68	112×115
	斜纹	1140×1140	17×17	0.2286	169.68	111×114
	平纹	1420×1420	13×13	0.2540	162.89	102×107
	4×4 方平	1420×1420	28×28	0.4826	363.12	243×232
	4×4 方平	2130×2130	27×22	0.6350	461.53	326×263
	8×8 方平	1420×1420	40×40	0.6604	509.04	327×320

注 1kgf/旦≈0.8827cN/dtex。

在高性能纤维的织造生产中可能会出现以下问题：

①防弹产品使用的纱线为弱捻纱，集束性差，引纬时剑杆拾取纬纱可能出现脱丝。为了提高纬纱的集束性，会喷一些油剂，但有研究表明，这种处理方式降低了纤维表面的摩擦力，导致在弹道冲击作用下纱线的滑移能力提高，有降低织物防弹性能的可能性；

②在织造过程中，由于纱线强度高，剑杆织机上剪断纬纱的纬纱剪磨损快，对钢筘的筘齿磨损也较大，需及时更换；

③在机织加工过程中，不可避免会对纤维造成磨损，生产中要及时更换配件，保证与纱线接触的部件的光滑性。

总体而言，随着现代化高速无梭织机的设备性能的提高，生产工艺日趋成熟稳定，织造加工过程对高性能纤维力学性能的影响基本可以忽略不计。

2.2　防弹预浸料

2.2.1　预浸料成型工艺

预浸料是防弹复合材料的基本结构单元，由纤维或织物涂覆少量树脂制成的半成品。在一定温度和压力条件下，这种半成品叠层后可相互黏合固化，形成稳定的复合材料结构。防弹预浸料中的树脂含量较低，质量分数一般小于 20%。

制备单向预浸料时，首先在铺丝设备上将纤维平行排列，均匀铺丝，经过树脂涂覆或直接在平行长丝上铺放树脂膜，烘干后形成单向预浸料，如图 2-9 所示。单向预浸料中的纤维只有一个排列方向，纤维间结合力仅靠树脂黏结，容易纰裂。因此需要进一步将多层单向预浸料按照 0°/90°叠合铺放，再进行固化成型，才能获得性能优异的防弹复合材料。制备织物预浸料时，直接在织物上浸渍少量树脂，烘干即可。制备防弹复合材料时，将若干层织物预浸料叠层模压固化后成型。

图 2-9　单向预浸料

预浸料中树脂通常以流体形式涂覆到防弹纤维或织物上，树脂与纤维材料之间必须形成良好的黏合，因此树脂必须均匀涂覆。主要有以下几种树脂整理方式：浸渍法、刮刀法、间接涂胶法和树脂膜热压法。

（1）浸渍法

浸渍法是将高性能纤维或织物绕过涂胶轴，涂胶轴部分浸没于树脂中，如图 2-10（a）所示，树脂溶液中预先配好一定的含固量和溶剂，可以通过刮涂或挤压来调节预浸料上的最终树脂含固量。浸渍过程中需要保证树脂的黏度均匀一致，配方中的含固量恒定。同时控制纤维或织物的张力一定，保证稳定的带液量。浸渍后的预浸料需进一步干燥整理，即制成单层预浸料。

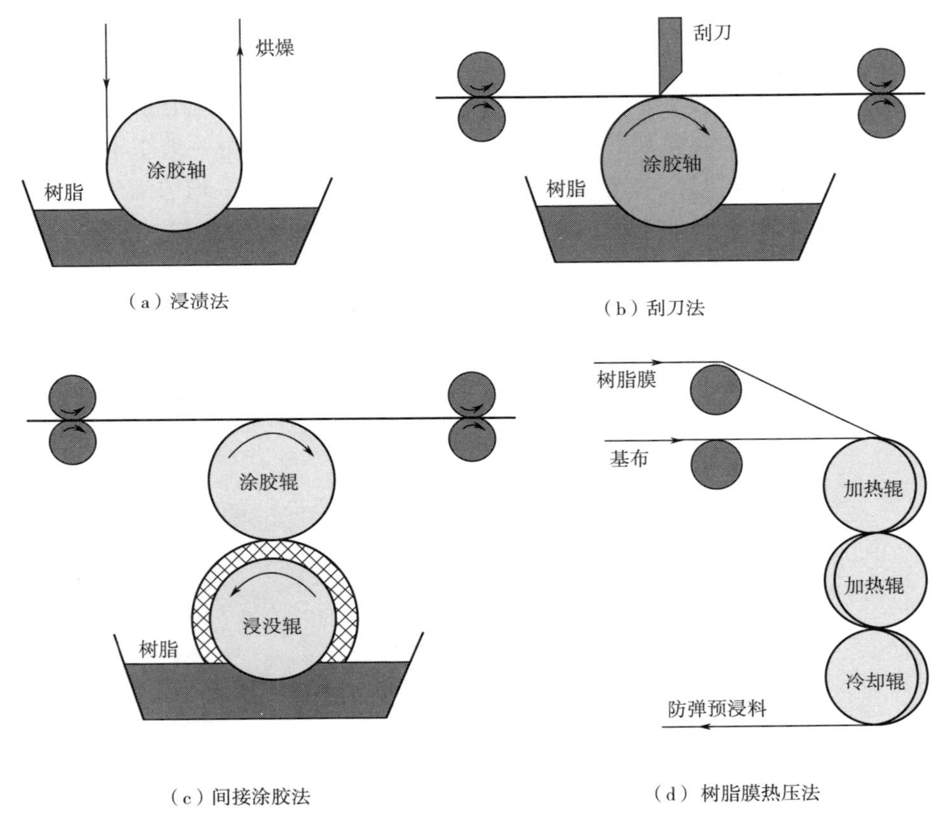

图 2-10　预浸料涂胶工艺

（2）刮刀法

刮刀涂层法中，涂胶轴部分浸没于树脂槽内，随着涂胶轴的匀速转动，一定量的树脂被带到经过的纤维或织物上，纤维或织物经过涂胶轴和刮刀之间的间隙向前移动，刮刀刮去预浸料上多余的树脂。通过调整刮刀与涂胶轴的间隙，可以调节预浸料上的树脂含量，如图 2-10（b）所示。刮刀可以是平口的、锥形的或是表面涂覆刚性的金属边。这种涂层方法简单易行，设备维护要求不高。缺点是树脂含量调节不够精确。

（3）间接涂胶法

在间接涂胶法中，树脂槽中放置一个浸没辊，浸没辊表面包裹绒布材料，浸没辊上方放置涂胶辊，涂胶辊不与树脂槽直接接触，仅能在转动过程中接触浸没辊携带的树脂。纤维和织物从涂胶辊上表面向前移动，移动过程中接触带有少量树脂的涂胶辊，如图 2-10（c）所示。采用这种方法可实现低树脂含量的预浸料加工，涂胶量的多少取决于涂胶辊与浸没辊之间的间隙。

（4）树脂膜热压法

树脂膜热压法是将热固性或热塑性树脂制成连续的薄膜，如图 2-10（d）所示。使用时直接与纤维或织物叠合在一起，通过加热加压，将树脂薄膜与纤维或织物黏合在一起。这种方法突出的优点是能够精确控制较低的树脂含量（质量分数<5%），树脂含量误差可控制在 1%以内。与溶剂或水基液体相比，树脂膜保存有效期更长。而且生产加工清洁无污染，热压过程中几乎没有挥发性有机化合物或水分排放，生产操作简单易行。因此，目前在防弹预浸料的生产中，此方法被广泛使用，多用来加工军用头盔、防弹插板、陶瓷靶板的背衬材料等。

2.2.2　预浸料质量检测

防弹预浸料的质量检测一般包括单位面积质量、纤维和树脂含量、挥发性物质含量等。我国预浸料质量检测标准有 GB/T 32788—2016《预浸料性能试验方法》。

检测方法有目测检查法、差示扫描量热法（DSC）、红外线法（IR）和扫描电镜分析法（SEM）。

（1）检测项目

①单位面积质量

根据产品质量中单位面积质量要求，检测预浸料的单位面积质量。从预浸料产品中随机取样称重，单位面积质量波动在 2%范围内的可认为是优等。

②纤维和树脂含量

测定预浸料中纤维和树脂含量的方法一般有萃取法、溶解法和灼烧法。萃取法和溶解法较常用，直接采用适当溶剂进行萃取或溶解即可。有机溶剂通常有丙酮、MEK、甲苯等。取少量试样，用溶剂洗涤 3～4 次，充分去除纤维表面的树脂。然后用烘箱干燥，称量剩余质量，从而得到纤维含量和树脂含量。该方法不适用于已经部分固化的预浸料或采用混合树脂的预浸料。

$$\text{纤维含量}=\frac{\text{干燥后纤维质量}}{\text{初始样本质量}}\times 100\%$$

$$树脂含量=\frac{初始样本质量-干燥后纤维质量}{初始样本质量}\times 100\%$$

③挥发性物质含量

防弹预浸料的树脂含量较低，一般采用溶剂性树脂和水溶性树脂，将其稀释到较低浓度。这样在预浸料的制备过程中，会有大量的溶剂被排出。通过检测加工过程中预浸料的质量，可有效确定挥发性物质的含量。

从预浸料卷取辊上切下小块试样，在循环空气烘箱中加热，温度保持在100~150℃。一段时间后，取出样品并冷却至室温，计算减少的质量。其他类似的测试还有 ASTM D 3539-76、MIL G-83410（USAF）和 MIL R-7575。

$$挥发性物质含量=\frac{初始质量-干重}{初始质量}\times 100\%$$

（2）检测方法

①目测检查法

预浸料的目测检查只需将试样置于一定光源下，如果预浸料上存在明显的颜色差异、纤维缺失、树脂含量波动以及杂质等，都可以通过肉眼观察发现。这种方法操作简单，成本低，对于明显的质量问题能够快速高效地检出，在实际生产中被广泛采用。

②差示扫描量热法（DSC）

差示扫描量热法（DSC）是一种热分析法，如图 2-11 所示，是测量单位时间或单位温度变化时，样品吸热或放热的速率，即热流率 dH/dt（毫焦/秒）。由于预浸料中纤维和基体吸热后能量的变化不同，即纤维越多，吸热越多。因此，根据 DSC 测试的结果可以定性分析纤维和树脂的含量。

③红外线法（IR）

红外线法（IR）或热成像技术是利用预浸料结构中由于存在缺陷而产生热流差异的原理，来观测样品红外波长的变化。预浸料试样首先被加热，当材料被加热或冷却时，通过一个灵敏的红外检测装置来检测红外波长。每种材料都有其独特的红外波长，纤维和树脂的红外波长不同，从而可定性分析纤维含量。典型的红外线测试如图 2-12 所示。

④扫描电镜分析法（SEM）

对预浸料用扫描电子显微镜（SEM）进行分析，可观测纤维的分布情况、纤维填充密度、加工过程中纤维的损伤情况以及预浸料内部树脂的分布情况，同时也可用于观测预浸料中的杂质。采用这种方法，可有效获取微观层次的结构特点，但样本数量相对较小。

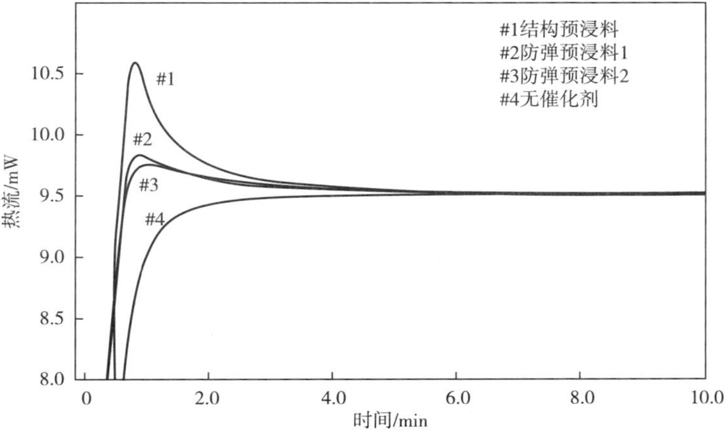

图 2-11　预浸料的 DSC 测试

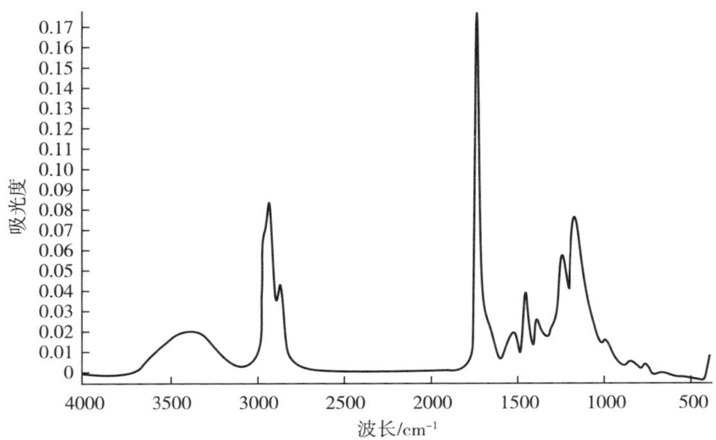

图 2-12　预浸料的红外线测试

2.3　UD 无纬布靶板

2.3.1　UD 无纬布结构

单向（Uni-directional，UD）无纬布是一种柔性复合材料，多用于软质防弹衣。在 UD 无纬布结构内纤维以 0°/90°铺层，所有的纤维均平行伸直，经少量树脂浸润并热压固化而成，如图 2-13 所示。不同于传统结构的复合材料，UD 无纬布的树脂含量较少，一般质量分数只有 10%～20%。其手感柔软，类似于织物，因此得名无纬布，但实质是一种低树脂含量的纤维增强复合材料。

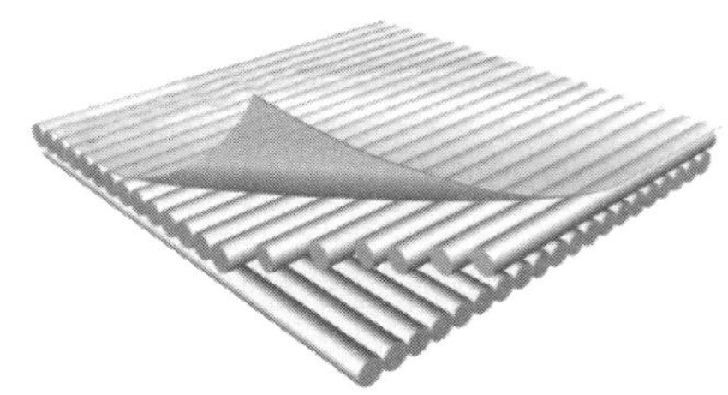
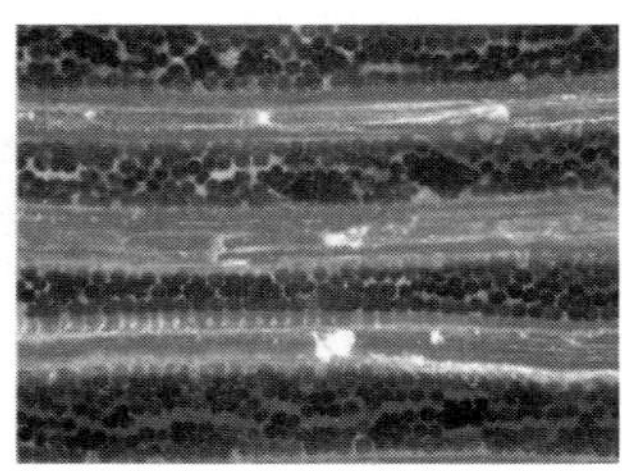

图 2-13　UD 无纬布结构

UD 无纬布优异的防弹性能得益于其低树脂含量的纤维铺层结构。在 UD 结构内，树脂仅起到固结纤维的作用，各根纤维平行伸直，纱线没有屈曲，也没有交织点。在冲击力作用下，应力波沿纤维轴向的传递速度与单根纤维的应力波速接近。与织物相比，同样的冲击时间，应力波沿着纤维的传递范围更大。因此，UD 无纬布结构比机织物结构的弹道吸能更高，防弹性能更好。除此之外，UD 无纬布密度小，耐磨性、抗切割性和防刺割性能优异，产品广泛应用于防弹领域。

2.3.2　UD 无纬布加工工艺

防弹领域使用的 UD 无纬布一般采用高性能纤维，如：芳纶或超高分子量聚乙烯等为增强材料，制备单向预浸料。然后进一步将多层单向预浸料按照 0°/90°叠合铺放，在一定温度和压力作用下，在固化设备内热压成型，制成 UD 无纬布。叠合层数常见的有 4 层、6 层和 8 层，层数过多可能引起内部固化不良，在弹道冲击作用下易产生分层（图 2-14）。UD 无纬布的加工设备，如图 2-15 所示。

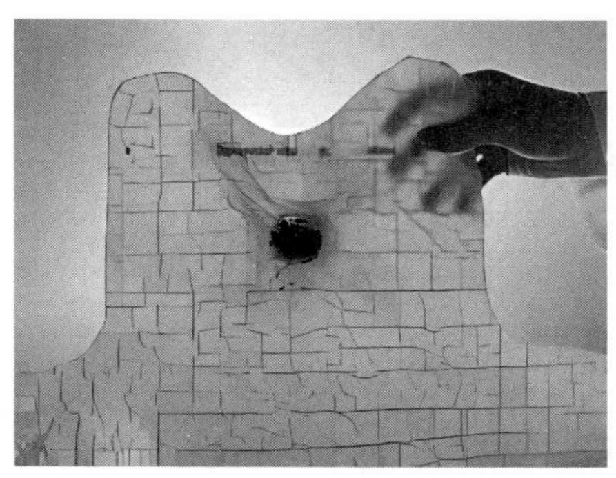

图 2-14　UD 无纬布分层现象

图2-15　UD无纬布加工设备

2.4　硬质复合材料靶板

2.4.1　硬质复合材料靶板结构

硬质复合材料靶板一般由陶瓷面板和高性能纤维复合材料背板黏结在一起组成，如图2-16所示，通常用于武力威胁级别较高的情况，如NIJ ⅢA级及以上，弹速一般较高（700~800m/s）。在冲击作用下，陶瓷通过裂纹扩展大面积破碎，子弹的一部分动能被前面的陶瓷面板耗散，形成的陶瓷碎片又将冲击作用力分散到更大的面积上，使后面的复合材料背板产生横向变形并吸收动能。另有少量透射的子弹动能会被软质防弹衣进一步吸收，从而防止子弹或弹片对人体造成钝伤。

高性能纤维复合材料背板是由几十层纤维或织物预浸料按照一定的角度铺层复合而成。与航空航天复合材料和结构复合材料所使用的预浸料相比，防弹预浸料中树脂含量较低，目的是充分发挥高性能纤维的力学性质，减少对应力波传递

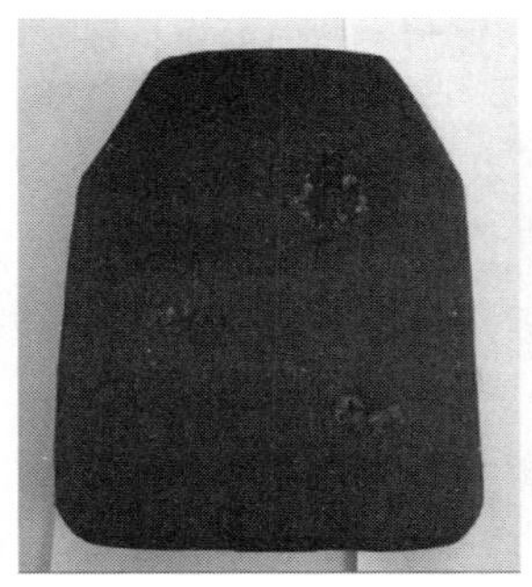

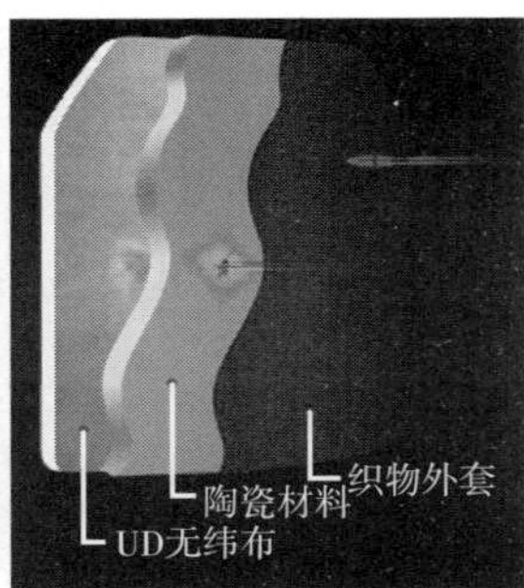

图 2-16 硬质靶板结构

的影响。因此树脂难以完全浸润、包裹每根纤维。大多数防弹预浸料在室温下具有较长的保质期，而传统结构的复合材料所使用的预浸料通常需要在 0℃ 以下保存。传统结构复合材料与轻质防弹复合材料的性能差异见表 2-2。

表 2-2 传统结构复合材料与轻质防弹复合材料性能差异

项目	传统结构复合材料	轻质防弹复合材料
纤维	HM 石墨，S-2 玻璃，HM 芳纶	HMPE，芳纶，PBO 纤维，S-2 玻璃纤维，E 玻璃纤维
纤维含量	体积含量 50%~60%	体积含量 80%~90%
树脂	高温固化热固性塑料，热塑性塑料	相对低温固化热固性塑料、热塑性塑料
树脂含量	体积含量 40%~60%	体积含量 5%~10%
树脂流动性	好	仅限于无树脂流动
纤维表面处理	必不可少	非必要
界面性能	优	有限黏接控制分层
结构特性	优	相对较低
防弹性能	差	优
微裂纹	有限	广泛
空隙率	<1%	>5%
表面孔隙度	无	微孔表面
吸湿率	可忽略	高达 5%
损伤模式	脆性	延展性
混合物复合材料	是	是

2. 4. 2　硬质复合材料靶板成型工艺

复合材料的成型加工主要包括手糊成型、真空袋成型、模压成型和高压釜固化成型。

（1）手糊成型

手糊成型是复合材料生产中最原始的生产工艺，加工过程手工控制，产量较低，其加工原理最具代表性。手糊法的模具一般都是开口式的，即一个主模或一个副模，模具必须光滑无异物。将材料放入模具内，将树脂基体借助刮刀、刷子、手辊等均匀涂覆在材料层上。防弹材料一般是多层叠合，因此要逐层涂覆。如果采用环氧树脂，要与固化剂一起使用，涂覆后在室温下即能固化；如果采用热塑性树脂，则需要在一定温度下固化成型。

手糊法工艺加工简单，便于操作，尤其是对于复杂形状制品的加工，具有可操作性强的优势。但是，对于防弹复合材料而言，要求树脂基体与纤维之间有良好的黏结作用，而手糊法工艺中，树脂对纤维、织物的渗透性及均匀性难以保证。另外，手糊法工艺中，一般树脂的含量较高（可超过 100%），不利于发挥高性能纤维的防弹性能，因此一般不采用。

（2）真空袋成型

真空袋成型的原理是利用气压将模具中的防弹材料层紧密叠合在一起。通过橡胶袋或其他弹性材料向袋内的叠层预浸料施加气体或液体压力，使制品在压力作用下密实、固化。成型过程是用手工铺叠的方式，将防弹预浸材料按设计方向和顺序逐层铺放到模具上，达到规定厚度后，经加压、加热、固化、脱模、修整而获得制品，如图 2-17 所示。与手糊成型工艺的区别仅在于加压固化这道工序。因此，真空袋成型工艺只是手糊成型工艺的改进，目的是提高叠层靶板的密实度和层间黏接强度。

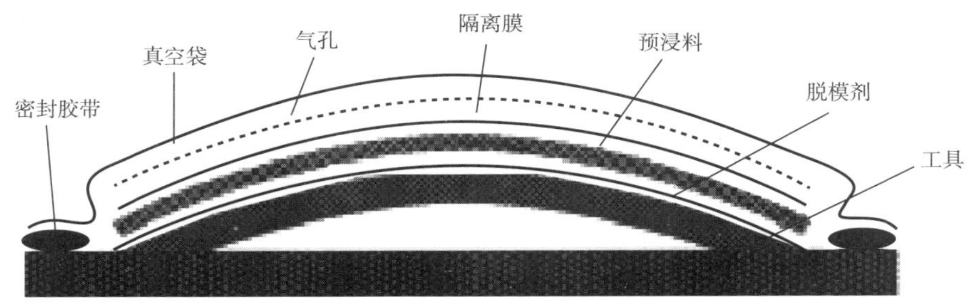

图 2-17　真空袋成型工艺

（3）模压成型

模压成型是将防弹预浸料（纤维预浸料或织物预浸料）放置在一对金属模具中（主模和副模），经加热、加压固化成型。以单曲面芳纶胸甲的成型加工为例，在金属模具中铺放透气毡、脱模布和芳纶织物预浸料，闭合模具放置于压力机中，控制温度和压力，迫使材料与模具紧密接触，并保持一定的温度和压力，直到靶板材料成型固化，如图 2-18 所示。

（a）胸插板模具

（b）模压设备

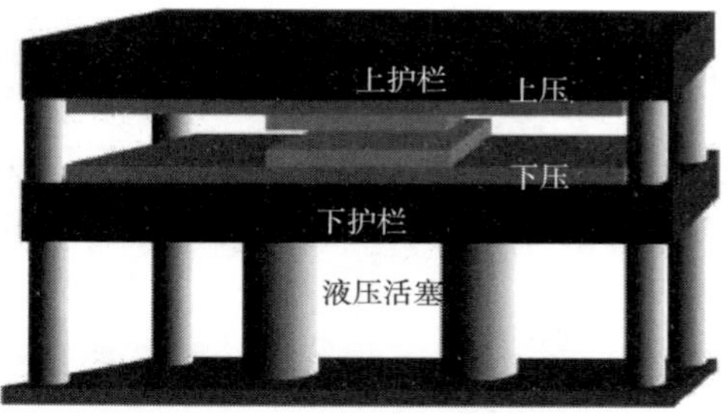

（c）模压设备主要部件

（d）模压成型工艺

图 2-18　复合材料模压成型设备及工艺

模压成型工艺的优点是生产效率高，便于实现专业化和自动化生产；产品尺寸精度高，重复性好；表面光洁，无需二次修饰；能一次成型结构复杂的制品；因为批量生产，价格相对低廉。模压成型的不足之处在于模具制造复杂，投资较大，但是非常适合防弹靶板的批量生产。

（4）高压釜固化成型

防弹组件一般采用高压釜固化成型。高压釜是一个卧式金属压力容器，即热压罐，未固化的预浸料制品，加上密封胶袋抽真空，然后连同模具用小车推进热压釜内，通入蒸汽（压力为 1.5～2.5MPa），并抽真空，对制品加压、加热，排出气泡，使其在热压条件下固化。高压釜固化成型工艺综合了压力袋法和真空袋法的优点，生产周期短，产品质量高。热压釜固化成型工艺能够生产尺寸较大、形状复杂的高质量、高性能复合材料制品。由于产品尺寸受热压釜限制，因此比较适合制备尺寸较小的防弹组件。此法最大的缺点是设备投资大，质量大，结构复杂，费用高等。

值得注意的是，复合材料的成型压力对产品的防弹性能有直接影响，以 Spectra Shield®为例，成型压力增加，V50 有一定的提升，见表 2–3。

表 2–3　成型压力对防弹性能的影响

成型压力/psi	M80 子弹、V50/fps
500	2230
1500	2360

注　1psi＝6.895kPa，1fps＝0.304m/s。

2.5　防弹产品及其制备

防弹产品主要包括轻质防弹衣、头盔、胸甲等。主体部件用复合材料加工成后，许多组件还需进行切割、钻孔、抛光和精加工等。

2.5.1　软质防弹衣

软质防弹衣主要是采用芳纶平纹或方平组织结构的机织物，也可采用超高分子量聚乙烯 UD 无纬布，首先使用电子裁床或其他剪切工具将其剪裁成背心形状的芯片，如图 2–19 所示。由于芳纶织物和超高分子量聚乙烯 UD 无纬布强度高，不易剪切，因此可采用热切割或水切割，然后将多层芯片叠合在一起（一般 20～30 层）。如果是芳纶织物，还需要将各层织物绗缝在一起，制成防弹背心的芯材，如图 2-20 所示。有研究表明，一定间隔距离的绗缝有利于提升产品的防弹性能。近年来，芳纶织物与超高分子量聚乙烯 UD 无纬布的混质防弹结构在防弹靶板中也有所应用。图 2-21 为防弹衣加工车间。

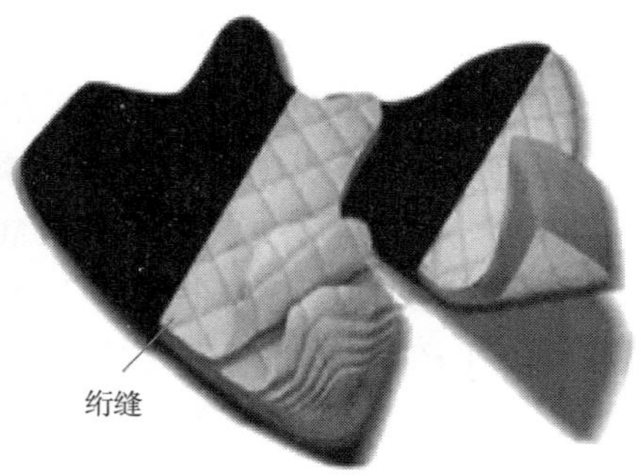

图 2-19　芳纶织物背心

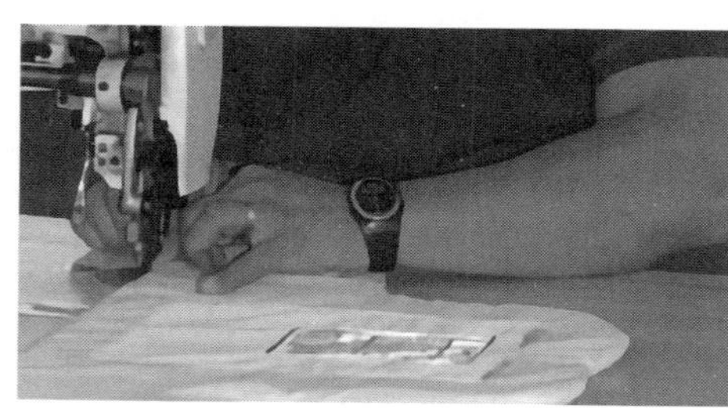

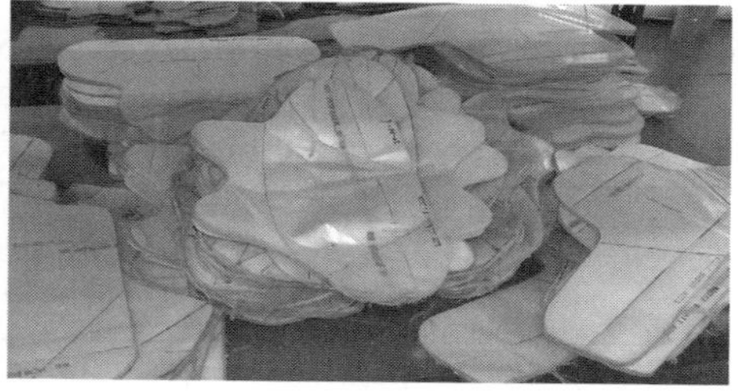

图 2-20　超高分子量聚乙烯 UD 无纬布防弹芯片

图 2-21　防弹衣加工车间

2.5.2　头盔

头盔具有复杂的三维几何形状，而防弹材料一般是二维纤维或织物预浸料，由于几何形状不匹配，因此结构设计起着非常重要的作用。结构设计要求铺层材料能够均匀贴服地覆盖头盔模具，既不能留白，也不能出现褶皱。一般是将二维平面的预浸料切割成一定形状（如风叶轮或花瓣形状），然后贴附头盔模具，再多层重叠，所有切口位置都必须多层重叠，如图 2- 22（a）所示，同时保证各片织物平滑地包覆头盔模具。对于头部需要重点防护的位置（如头盔的正面和侧面）可以多层叠合加强。预浸料铺放入模具中，经压制、冷却，然后切割成型，如图 2-22（b）所示。

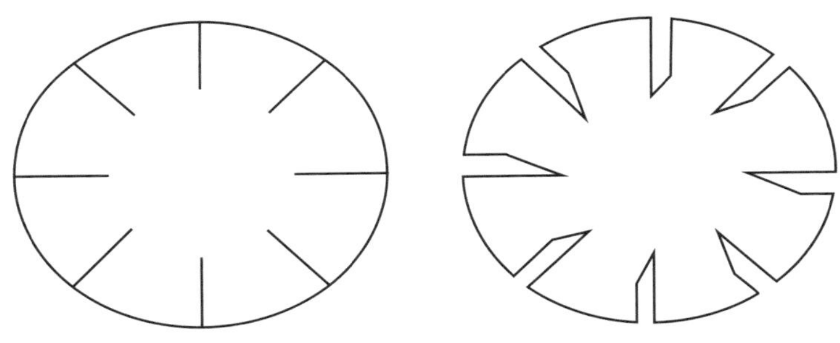

（a）二维平面剪裁

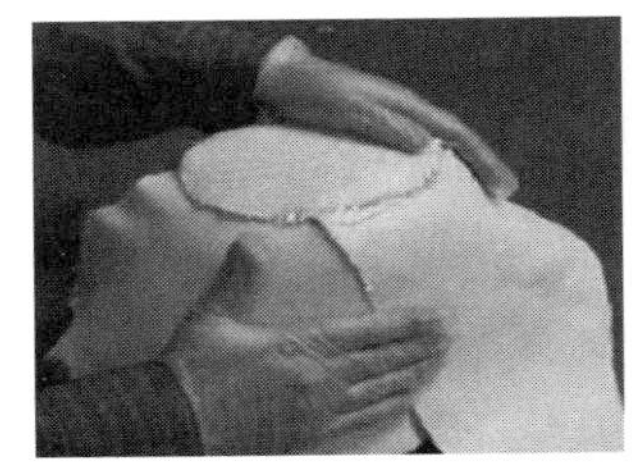

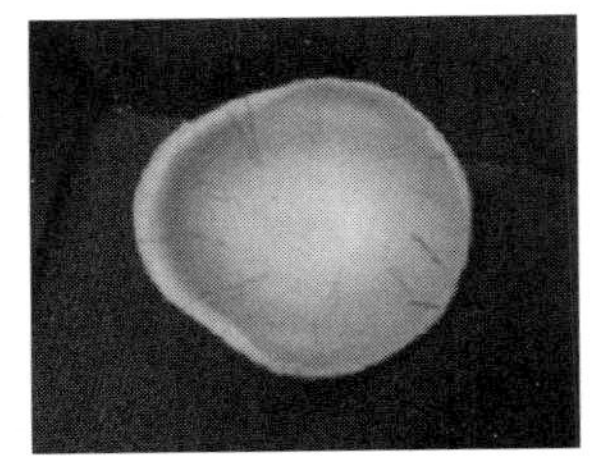

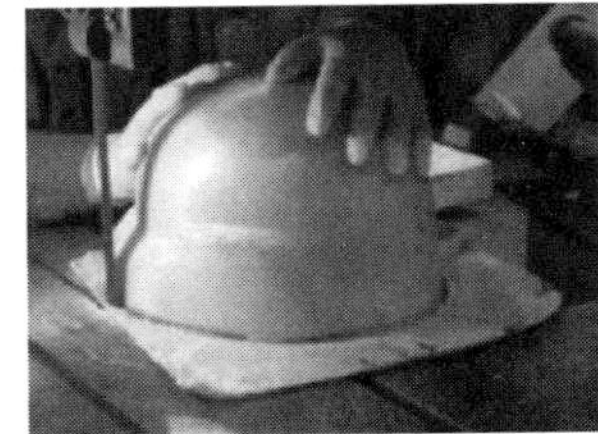

（b）三维头盔成型

图 2-22　头盔成型

2.5.3　胸甲

（1）单片胸甲

复合材料制成的胸甲主要用来作为软质防弹衣的硬质插板，可满足 NIJ-06 标准中ⅡA、Ⅱ、ⅢA 和Ⅲ级规定的弹道威胁，无需陶瓷面板。防弹胸甲的规格见表 2-4。其一般采用纤维预浸料铺层，在金属对模中加压固化成型，然后冷却释放，48 h 后可进行弹道测试，该工艺不仅适用于硬质插板，还可加工整体式胸甲。与陶瓷复合材料胸甲相比，质量更轻，可降低 30%左右。

表 2-4　防弹胸甲规格（Spectra Shield®材料）

NIJ 标准	面积密度/psf
ⅡA 级	0.45
Ⅱ级	0.75
ⅢA 级	1.10
Ⅲ级	3.80
Ⅳ级	6.5~8.5（取决于陶瓷饰面）

注　1psf = 4.88kg/m^2。

（2）陶瓷贴面胸甲

陶瓷贴面胸甲适用于 NIJ 标准Ⅳ级防护，子弹动能较高，高密度的陶瓷面板可有效将子弹停滞，同时陶瓷面板破碎，然后由后面的硬质复合材料靶板进一步吸收子弹的剩余动能和陶瓷碎片动能。陶瓷面板复合高性能纤维板放置于柔性防弹背心前一起使用，可有效防御步枪子弹的高级别武力威胁，如图 2-23 所示。

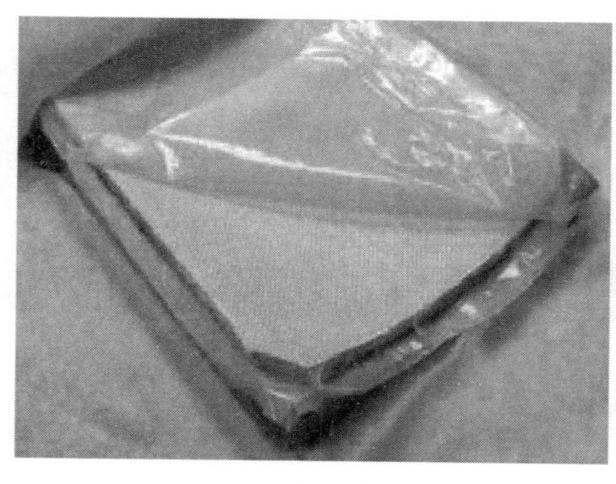

（a）陶瓷面板

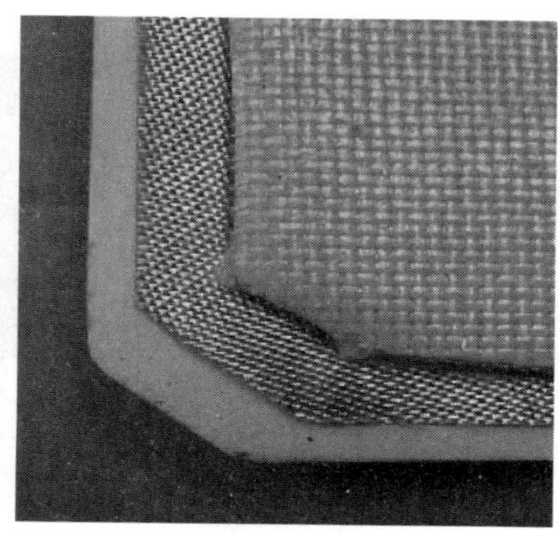

（b）芳纶复合材料板

图 2-23　陶瓷面板和芳纶复合材料板

为了产生有效的弹道屏障，陶瓷面板后面通常采用纤维增强复合材料加固。复合材料在模具上生产，一般是预浸料铺层，采用模压工艺或高压釜工艺（取决于树脂类型）。背衬复合材料成型后，将其黏合到陶瓷板上，如图 2-24 所示。由于两种材料的性质不同，有时需要在复合材料层和陶瓷层之间使用中间材料。一些制造商在陶瓷的打击面（冲击面）上使用另一种材料来约束陶瓷的裂纹扩展趋势。

图 2-24　带陶瓷饰面的模制背衬

2.5.4　靶板成型辅助工艺

（1）切割

由于高性能纤维强度极高且耐磨性好，采用常规方法很难切割。一般芳纶织物可用硬质合金刀片剪、电动剪或旋转剪进行切割。而低熔点纤维，如超高分子量聚乙烯纤维，可使用热切割技术和水切割。对于预浸料和层压板，可采用水射流切割、激光切割等技术。超高分子量 UD 无纬布切割如图 2-25 所示。

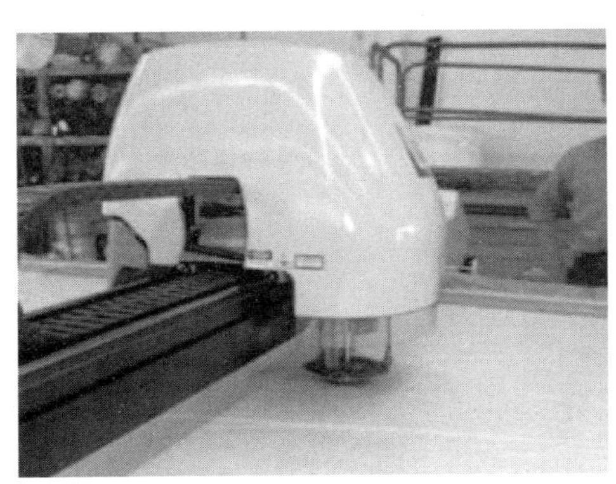

图 2-25　超高分子量 UD 无纬布切割

（2）钻孔

如果在最终装配阶段需要钻孔，建议使用纤维切割钻头（国际硬质合金公司的商标产品）或复合材料芯钻，可很好地加工无绒无毛的光洁圆孔。由于树脂含量较低，且纤维和树脂之间的结合力相对较弱，钻孔需要合适的夹具进行精确钻孔。在钻深孔时，应间歇性地取出钻头，清除材料碎片，并防止复合材料过热。若钻孔速度过慢，会导致摩擦热积聚。

（3）整理

防弹复合材料的表面处理需要去除多余的材料，填补纤维之间的空隙，并在涂漆前对部件进行全面清理。可根据所需的防弹纤维类型、树脂及其含量、零件类型和饰面类型，去除大量零件中的多余材料（也称飞边）。

（4）抛光

模压复合材料组件通常表面光滑，但如果模具表面未镀铬或模具使用时间较长，则需要抛光部件以覆盖小缺陷。最简单的方法是抛光组件，并用双组分环氧树脂基填料来填充缺陷。填料干燥后，再次抛光组件。

（5）喷涂

防弹复合材料部件最后要在表面喷涂油漆。除了满足颜色要求之外，还可有效避免受紫外线和风化的影响。喷涂前先使用溶剂清洁涂层表面，第一层油漆彻底干燥后，再涂覆第二层，第二层喷涂可提供一定的表面纹理。

防弹产品加工工序较多，工艺复杂，各个环节的工艺参数都有可能影响最终产品的防弹性能。对于生产企业而言，尽可能实现标准化生产、减少工艺参数波动的影响，是提高产品质量的关键。

第3章 防弹材料的力学性能

防弹材料的力学性能是影响产品防弹性能最重要的因素之一。通过对高性能纤维的纱线、织物、织物预浸料和UD无纬布进行力学性能测试，可以确定防弹材料的力学性能参数，为弹道冲击有限元建模提供材料属性。同时也可以对比不同防弹材料的力学性能，预测防弹产品的防弹性能。

3.1 力学性能测试方法

3.1.1 拉伸性能测试

（1）纤维束

高性能纤维的力学性能优异，但是多以纤维束的形式加工成织物。因此针对纤维束进行拉伸性能测试。测试标准可参考ASTM D 2256，实验设备采用INSTRON-5582万能强力试验机。

根据测试标准要求，测试时隔距长度为250mm，拉伸速率需调整为标距长度的(120±5)%，因此拉伸速率设为300mm/min。在纱线拉伸测试时，需对试样施加预加张力，根据纤维束的线密度计算预加张力，可采用（0.5±0.10）cN/tex。测试时应保证纱线为自然垂落，上下夹持段必须严格对中，保证载荷加载在纤维的轴向上，尽量避免剪切力、弯矩、扭矩等影响。在同样的试验条件下重复5次测试，纤维束的最大载荷取5次测试的平均值。拉伸测试过程如图3-1所示。

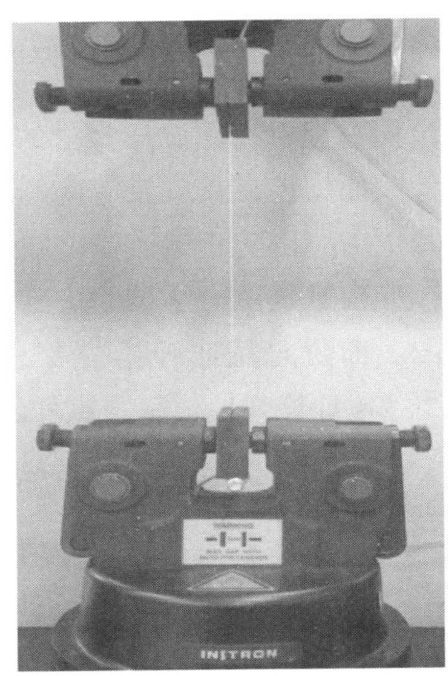

图3-1　纤维束拉伸示意图

需要注意的是高性能纤维的表面摩擦系数一般偏低，丝束表面光滑，拉伸过程中容易在夹具中打滑，产生较大滑移，严重时甚至无法使纤维束拉伸断裂，从而导致试验失败。测试前可在夹具上下两端外侧将纤维束打结，或直接将纤维束在夹具上缠绕打结，防止纤维束滑脱。采用式（3-1）计算纤维束的断裂强度。

$$B = F/\mathrm{Tt} \tag{3-1}$$

式中：B——断裂强度，cN/tex；

F——断裂强力，cN；

Tt——线密度，tex。

（2）织物

织物的拉伸测试参考 GB/T 3923.1—2013。试样规格为 300mm×50mm 的矩形试样，如图 3-2 所示。织物试样制作时采用扯边纱条样法，将试样两侧的纱线抽掉，避免拉伸过程中织物试样两边的纱线脱落而导致受拉系统纱线减少。隔距长度由试样的断裂伸长率决定，由于芳纶织物的伸长率较小，可选择 200mm 的隔距长度。设定拉伸速率为 20mm/min，预加张力为 10N，保证织物平行伸直，拉伸前试样必须严格对中。

图 3-2　芳纶织物拉伸测试

高性能纤维织物表面光滑，摩擦系数非常小，拉伸过程中存在试样打滑的问题。因此可选择橡胶面锯齿夹具或带有防滑胶垫的夹具来增加摩擦力，以防止试样在拉伸过程中滑脱。

拉伸模量是由力学试验中常用的弦线法来确定的，即弦向拉伸弹性模量。根据计算出的断裂强力，采用式（3-2）和式（3-3）计算弹性模量。试样的拉伸强度计算一般采用最大拉伸载荷除以截面面积。

$$F_{tu} = \frac{P_{max}}{A} \tag{3-2}$$

$$\sigma_i = \frac{P_i}{A} \tag{3-3}$$

式中：F_{tu}——拉伸强度，MPa；

P_{max}——最大载荷，N；

σ_i——轴向应力，MPa；

P_i——第 i 个数据点的力，N；

A——试验前测得的试样实际横截面面积，mm^2。

（3）复合预浸料拉伸性能测试

UD 无纬布与预浸料都是高性能纤维或织物与树脂的复合材料。拉伸试验均参考 ASTM D 3039 试验标准，标准规定试样为矩形，几何尺寸为 250mm×15mm×0.25mm，如图 3-3 所示。设定夹具速度为 100mm/min，隔距为 100mm，预加张力为 10N，保证试样伸直垂直，拉伸前试样必须严格对中。

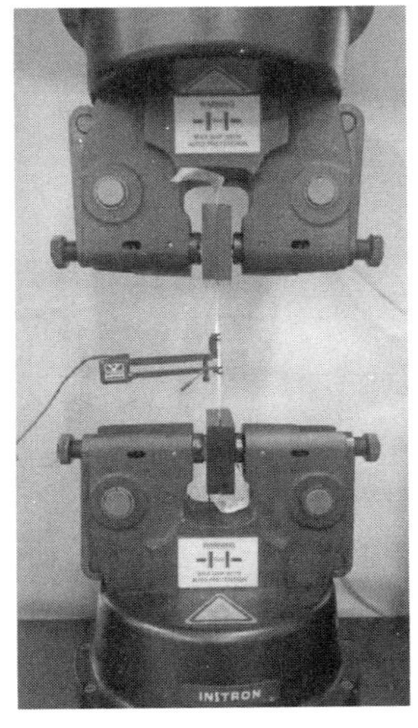

图 3-3　UD 织物拉伸测试

预浸料表面光滑，摩擦系数非常小，拉伸过程中同样存在试样打滑的问题。可选择橡胶面锯齿夹具或带有防滑胶垫的夹具来增加摩擦力，以防止试样在拉伸过程中滑脱。不采用在试样两端用树脂黏合加强片的方法，这样容易导致加强片边缘位置试样的应力集中，从而提前断裂。

3.1.2　面内剪切性能测试

软质防弹材料属于柔性材料，在冲击作用下材料面内变形较大，为反映不同材料变形程度的差异，参照标准 ASTM D 3518—14，采用 45°拉伸测试法进行面内剪切实验。试样尺寸规格为 260mm×50mm 的矩形，如图 3-4 所示，纤维与加载受力方向的夹角为 45°，加载方式与拉伸试验相同，测试隔距为 100mm，如图 3-5 所示，加载速率为 2mm/min。重复测试 5 次，按照 5 次测试的平均值计算。

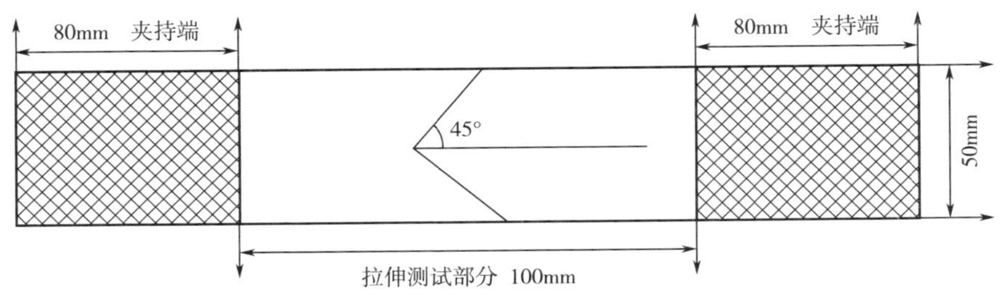

图 3-4　织物面内剪切测试的试样规格示意图

（a）拉伸前

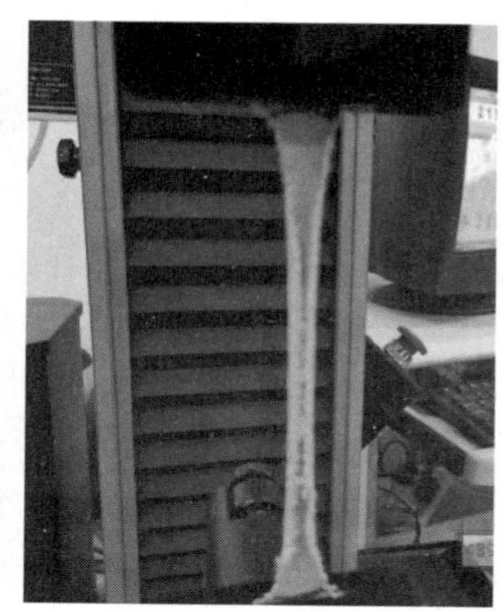

（b）拉伸中

图 3-5 柔性材料面内剪切测试

由于织物内纱线间没有黏结作用，在外力作用下易产生滑移，织物组织变形严重，导致试样只能产生大变形而无法剪切，如图 3-5（b）所示。因此该实验方法不用于织物，只用于软质或硬质复合材料的测试，如 UD 无纬布和织物层合板。

织物面内剪切强度和剪切应变值的计算见式（3-4）~式（3-6），面内剪切模量取拉伸初始一段曲线 1%应变处的斜率。

$$\tau_{12i} = \frac{P_i}{2A} \tag{3-4}$$

$$\gamma_{12}^{m} = \varepsilon_{xi} - \varepsilon_{yi} \tag{3-5}$$

$$G_{12}^{\text{chord}} = \frac{\Delta\tau_{12}}{\Delta\gamma_{12}} \tag{3-6}$$

式中：τ_{12i}——第 i 个数据点的剪应力，MPa；

P_i——第 i 个数据点的载荷，N；

A——试样的截面积，mm^2；

ε_{xi}——第 i 个数据点的横向正应变，$\times 10^{-6}$；

ε_{yi}——第 i 个数据点的纵向正应变，$\times 10^{-6}$；

γ_{12}^{m}——最大剪应变，$\times 10^{-6}$；

G_{12}^{chord}——弹性剪切弦向模量，GPa。

3.1.3 层间剪切性能测试

测量层间剪切强度，目前广泛应用的有短梁剪切法、双切口剪切强度试验法、四点弯曲法和非对称四点弯曲法。尽管上述几种方法在测量复合材料层间剪切强度的应用上已发展多年，但每种方法都有局限性。

参考测试标准 ASTM D 2733—70，软质 UD 无纬布可采用层间测试。纤维由树脂黏结层合，层间结合力反映了材料在外力作用下材料的分层性能。层间剪切性能的测试采用错层拉伸的测试方法，矩形试样尺寸为 250mm×12.5mm，如图 3-6 所示。试样两端层合数减半，拉伸时厚度方向上一半试样向上运动，一半试样向下运动，测试试样两端用夹具夹持，试验机通过垂直向上运动对试样产生拉伸作用，致使试样发生层间破坏，拉伸载荷作用在中间界面上，如图 3-7 所示。以此测得 UD 无纬布的层间结合力，取最大失效载荷时的层间剪切应力作为层间剪切强度，根据式（3-7）可求得对应的层间剪切强度 ILSS（MPa）。

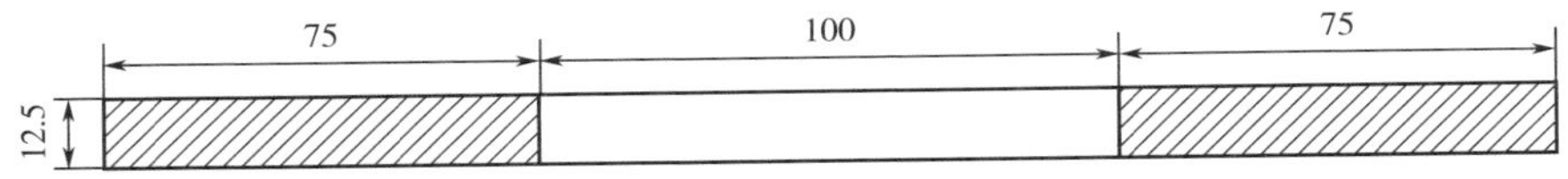

图 3-6　层间剪切试样示意图

$$\mathrm{ILSS} = \frac{P_U}{W \cdot L} \tag{3-7}$$

式中：P_U——最大失效载荷，N；

W——宽度；

L——槽间距，m。

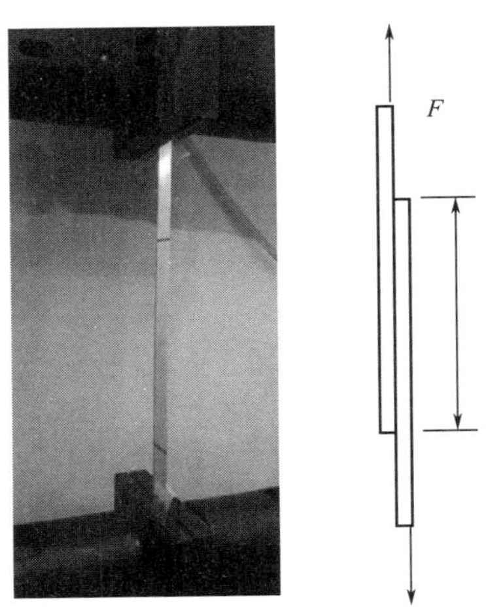

图 3-7　层间剪切拉伸测试

3.1.4　横向剪切性能测试

在弹道冲击下，靶板的迎弹面主要受压缩和剪切作用，随着靶板在厚度方向上产生横向变形，靶后会受到明显的拉伸作用。因此材料厚度方向的抗剪切性能也是影响靶板弹道冲击性能的主要因素之一。

防弹材料的横向剪切性能测试采用冲压剪切测试方法，参考 ASTM D 732 测试标准的要求，测试所用夹具如图 3-8 所示。该夹具包括上模、下模和穿孔器。试样为正方形，边长为 50mm，中心开孔直径为 11mm，试样厚度为 1.27～12.7mm。测试时将试样夹在穿孔器和垫片之间，然后将穿孔器固定在上下模具中间，拧紧夹具上的螺栓，如图 3-9 所示。

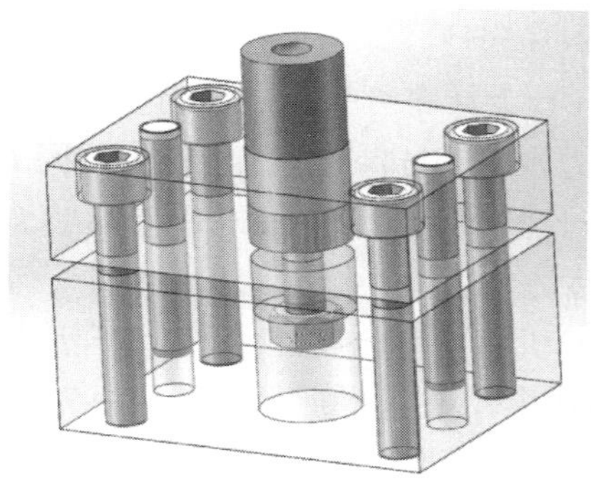

图 3-8　横向剪切性能测试夹具

采用类似压缩测试的方法，使上冲头向下移动，对试样进行横向冲压，测试载荷发生的位移变化。厚度方向剪切强度的计算，见式（3-8）：

$$\tau_s = \frac{P}{\pi D h} \tag{3-8}$$

式中：τ_s——横向剪切强度，MPa；

P——最大剪切力，N；

D——冲头直径，mm；

h——试样厚度，mm。

图 3-9　横向剪切性能测试试样

3.2　防弹材料力学性能对比

3.2.1　拉伸性能

（1）纤维束

针对五种防弹靶板常用的高性能纤维，采用以上拉伸试验测试方法可测得的纤维束的拉伸应力—应变曲线，如图 3-10 所示，发现纤维束的断裂应力均小于单丝的断裂应力，只有单根纤维断裂应力的 15%～20%。这是由纤维束在拉伸过程中的断裂不同时性导致的，而且纤维束内纤维根数较多，加载时不可避免会有个别纤维滑脱，因此断裂应力不及单根纤维的断裂应力。

对比几种防弹材料的拉伸应力，可以发现，不同材料的性能差异与纤维的力学性能规律一致。PBO 纤维的拉伸强度最高，高于芳纶和超高分子量聚乙烯纤维，见表 3-1。

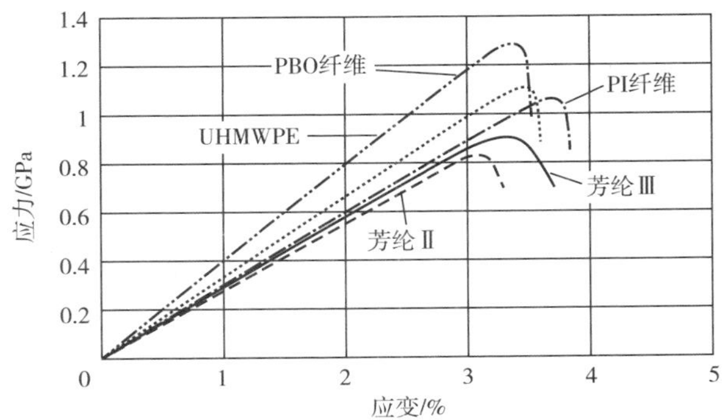

图 3-10　防弹材料应力—应变曲线

表 3-1　材料拉伸性质

材料	线密度/tex	面密度/（kg/m^2）	拉伸强度/GPa	伸长率/%	拉伸模量/GPa
芳纶Ⅱ（Twaron）	110	1440	0.81	3.1	78
芳纶Ⅲ	200	1440	0.85	3.2	80
UHMWPE	200	970	1.15	3.5	93
PBO 纤维	200	1540	1.22	3.3	105
PI 纤维	170	1430	1.08	3.6	86

一般有效的纤维束拉伸试验测试，试样都是在中部断裂，拉伸断裂后的纤维束断口处呈现明显的纤维劈裂形态，形如细丝状，纤维断裂长度不一，典型的高性能纤维拉伸断裂形态如图 3-11 所示。如果试样在夹具位置处断裂，则断口整齐，试验测试无效。

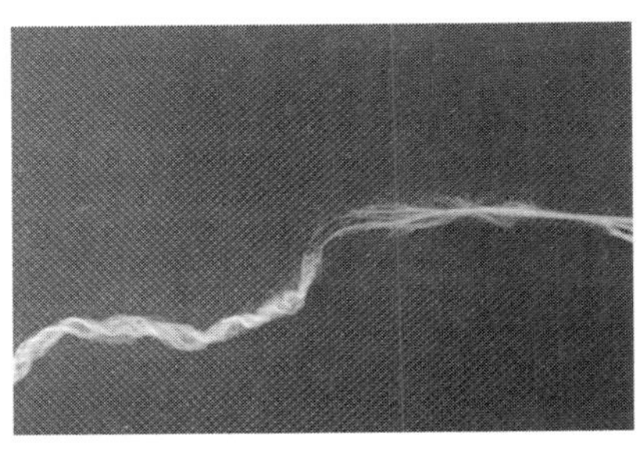

图 3-11　试样断裂形态

（2）芳纶织物

芳纶织物中纱线截面呈透镜形，纱线径向呈现屈曲形态结构，如图 3-12 所示。织物在拉伸过程中，首先受拉系统纱线加载后受力变直，非受拉系统纱线变得更为弯曲。拉伸初始时，织物伸长主要是受拉系统的纱线从屈曲变成伸直状态，纱线伸长；而非受拉纱线弯曲增加，长度缩短，导致试样宽带减小，这种现象称为“束腰现象”。随后受拉纱线在外载荷作用下，纤维逐渐抽长拉细，最终断裂。由于织物内受拉系统的纱线在夹具中张紧的程度不可避免地存在差异，因此纱线的断裂时间有所不同，先达到断裂应力的纤维和纱线断裂后形成切口，随后织物内纱线逐根断裂，直至织物内纱线完全断裂，如图 3-13 所示。

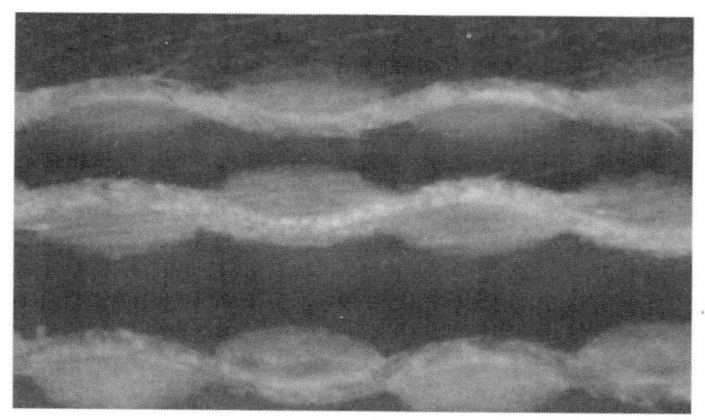

图 3-12　芳纶Ⅲ织物的屈曲形态

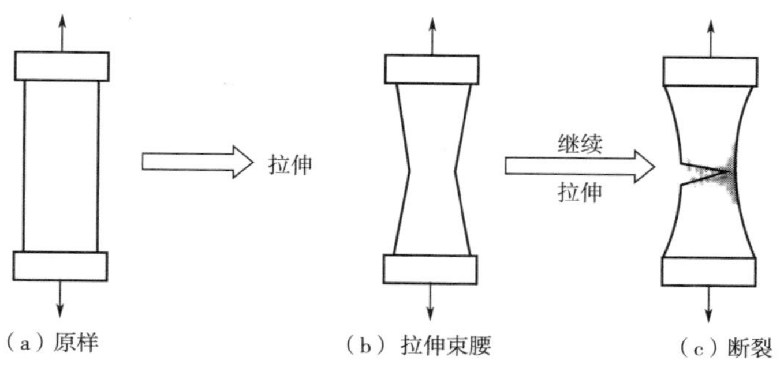

图 3-13　芳纶织物拉伸断裂机理示意图

与纤维束的拉伸曲线不同，芳纶织物的拉伸曲线明显分为两部分，在拉伸曲线刚开始时应变较大，织物内的纱线进行解屈曲，纱线受力后由屈曲逐渐伸直，随后应力开始呈线性增长，到断裂载荷时纱线断裂。这一部分的拉伸曲线形态类似于纱线的拉伸曲线，如图 3-14 所示。

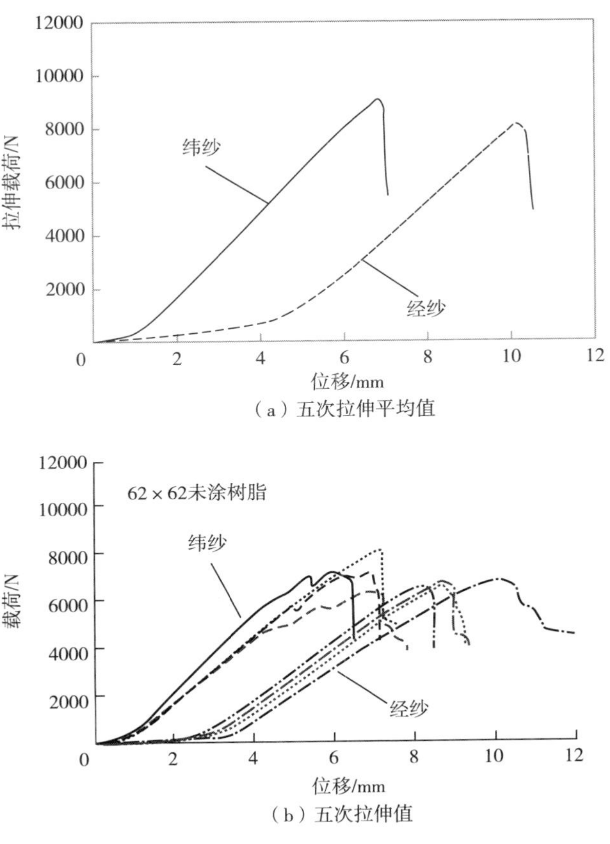

（a）五次拉伸平均值

（b）五次拉伸值

图 3-14　芳纶织物的拉伸曲线

以面密度为 196g/m² 芳纶织物为例。芳纶织物的平均断裂载荷为 11049N，只有纱线平均断裂载荷的 23%，其平均断裂伸长率为 11.47%，与芳纶纱线 3.91%的断裂伸长率相比大幅增加。说明织物在外力的作用下，纱线产生大幅位移，而织物内纱线断裂的不同时性导致断裂载荷下降。织物的断裂应力为 1.8GPa。由于织物在开始伸长阶段应变较大，因此织物的拉伸模量采用第二阶段受力伸长 7%时所对应的斜率作为拉伸模量，计算所得的拉伸模量为 72GPa。织物在伸直后，开始受力伸长，这一阶段可认为是伸长率从 6%到 10%~11%之间，这是织物内纱线产生应变的过程，直至纱线失效断裂。据此计算织物的断裂应变为 3%~4%。

将织物中拉伸断裂的纱线在 SEM 扫描电镜下观测试样的断口形态，可以发现，试样的细小断口处呈现明显的纤维劈裂形态，如图 3-15 所示。说明芳纶织物中纱线的断裂发生在高应力作用条件下，这一点与纱线的拉伸断裂机理是相同的。

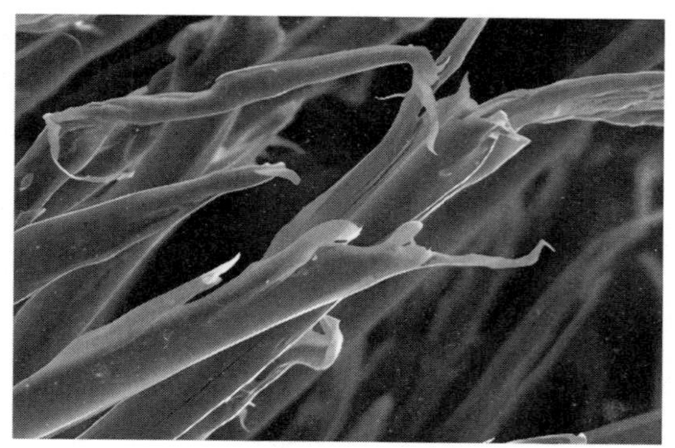

图 3-15　芳纶Ⅲ织物试样的断口形态

（3） UD 无纬布

UD 无纬布是软质纤维铺层复合材料，可以直接制作软质防弹衣，也可以多层叠合固化制成硬质靶板。对芳纶 UD 无纬布（面密度为 196.5g/m^2）和超高分子量聚乙烯 UD 无纬布（面密度为 242.6g/m^2）进行拉伸试验。UD 无纬布的拉伸应力—应变曲线如图 3-16 所示。由于 UD 无纬布结构内纱线平行伸直，因此其拉伸曲线与织物不同，呈现明显的线弹性特点。

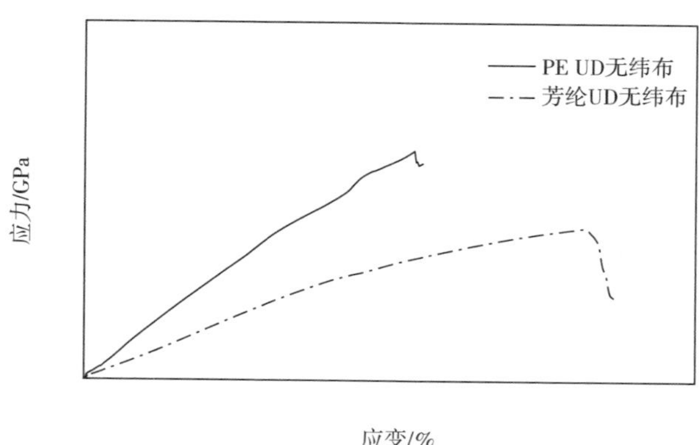

图 3-16　UD 无纬布的拉伸曲线

应力—应变曲线的前半部分呈线性增长，在应变达到 1.5%后增长趋势变缓。其中超高分子量聚乙烯 UD 无纬布最终在应变达到 2%～2.5%时试样失效断裂，而芳纶 UD 无纬布在应变达到 2.5%～3%时试样失效断裂。超高分子量聚乙烯 UD 无纬布的平均断裂应力和弹性模量大于芳纶 UD 无纬布，而芳纶 UD 无纬布的断裂应变高于超高分子量聚乙烯 UD 无纬布。

拉伸断裂后试样的损伤形态如图 3-17 所示。UD 无纬布试样的断口处呈现显著的分层和纤维的纰裂。由于 UD 无纬布采用 0°/90°铺层，试样在拉伸作用的初始阶段，层间树脂先发生破坏，导致层间分层；随着继续加载受力，受拉纤维逐根断裂。从断口位置可发现，纤维断裂位置各不相同，说明纤维断裂具有不同时性。断裂纤维上几乎没有树脂基体的痕迹，说明在拉伸过程中树脂基体已提前剥落。

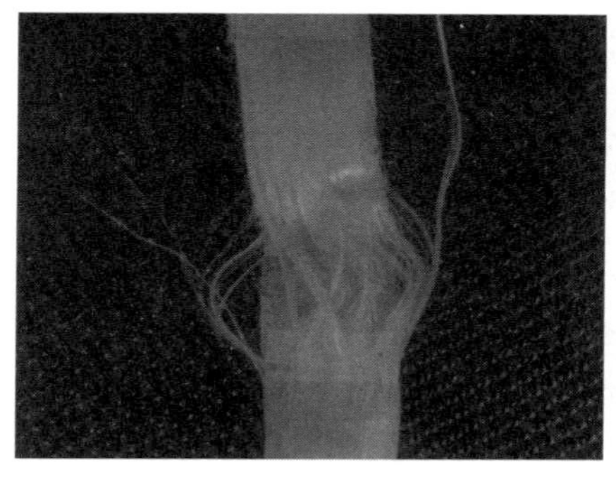

（a）芳纶无纬布

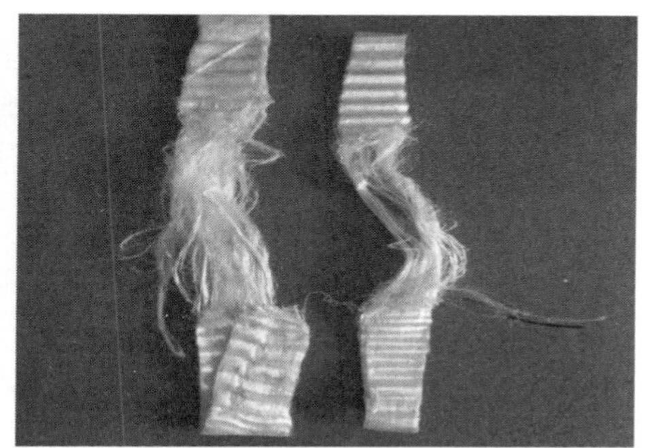

（b）超高分子量聚乙烯无纬布

图 3-17　UD 无纬布拉伸断裂后试样的损伤形态

断裂纤维的断口处呈现严重的纰裂形态，纤维头端纰裂产生多根细丝，这是高性能纤维典型的拉伸断裂形态，且沿受力方向纰裂长度较长，说明拉伸力作用范围较长，如图 3-18 所示。

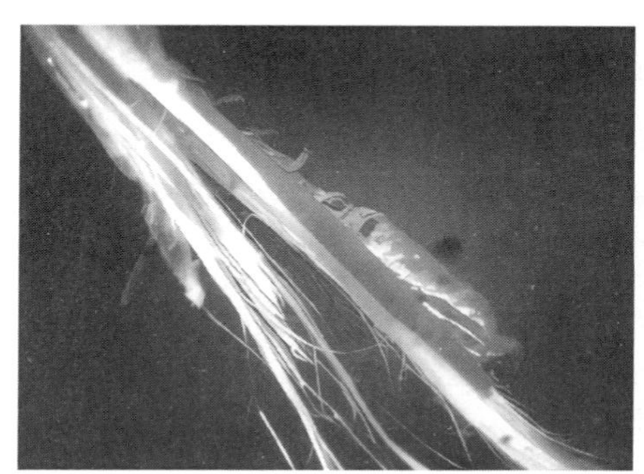

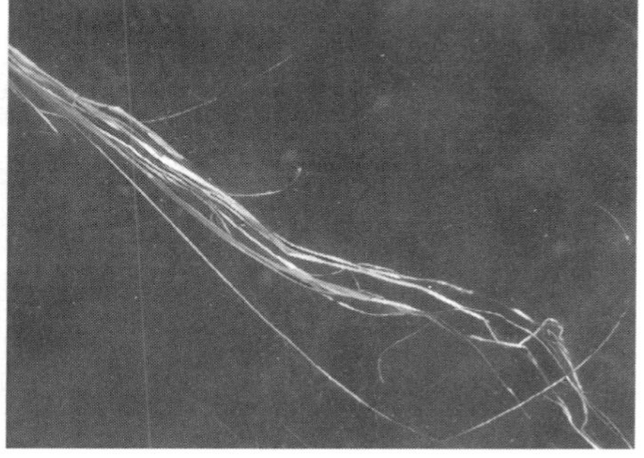

图 3-18　拉伸试样断口处纤维的纰裂形态

(4)芳纶织物层合板

织物铺层复合材料广泛应用于硬质靶板、防弹头盔和防弹装甲。涂覆树脂的织物是这种硬质复合材料的基本单元。因此硬质靶板力学性能一般针对基本单元层合板展开。织物层合板一般采用树脂浸渍固化，或用树脂膜直接在织物表面铺层固化。经树脂浸渍后，织物截面上松散的纤维被黏结成整体，如图 3-19、图 3-20 所示。

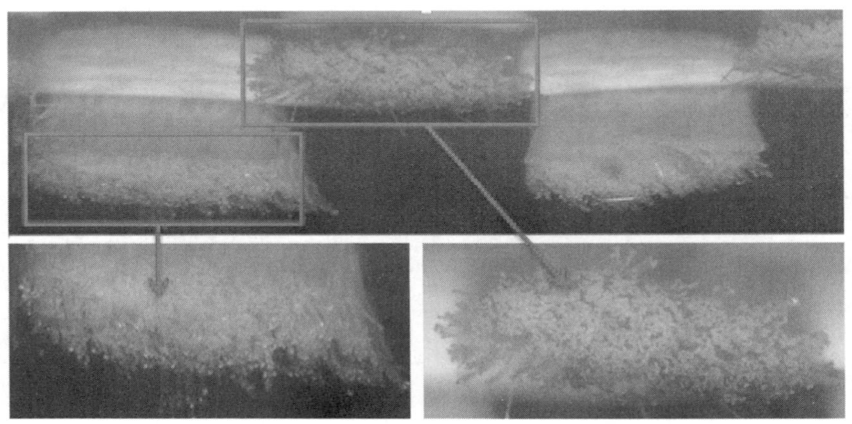

图 3-19　织物截面

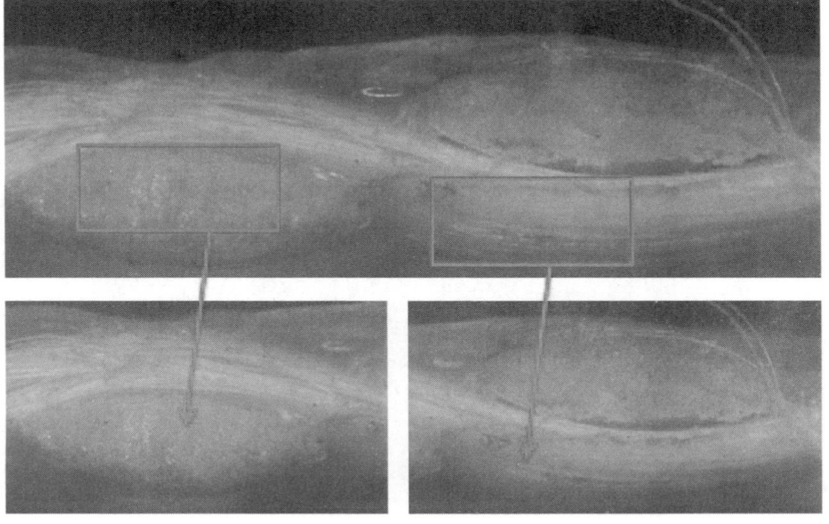

图 3-20　织物层合板截面

芳纶织物层合板的载荷—位移曲线如图 3-21 所示。与织物拉伸载荷位移曲线相比，浸渍树脂后织物中经纱的解屈曲时间明显缩短，经纬向的最大载荷显著提升。当树脂含量为 14%（质量分数）时，织物层合板经纬向的最大载荷提高约 40%。说明织物经树脂固化整理后，纱线间的抱合力增加。拉伸加载时，拉伸载荷能够在织物层合板内均匀传递，各受拉纱线的断裂同时性一致，因此拉伸强度提高。

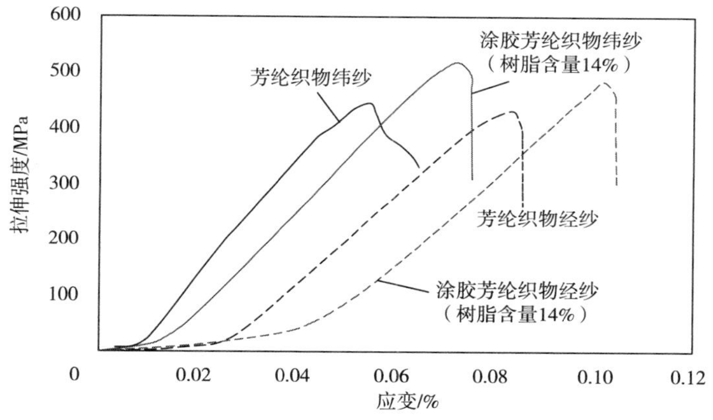

图 3-21　芳纶织物层合板拉伸性能

织物层合板的拉伸强度受树脂的含量影响，如图 3-22 所示。随着树脂含量的增加，织物层合板的拉伸强度会增加到一个极限值，然后下降。与织物相比，当树脂含量为 10%~20%时，织物层合板的拉伸强度最多能增加 30%左右。再继

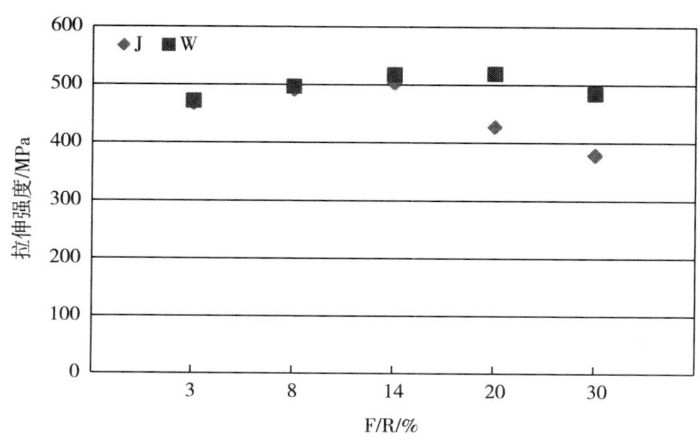

图 3-22　树脂含量对织物层合板拉伸强度的影响

续增加树脂含量，织物层合板强度开始下降，说明树脂含量过高时，承力的有效纤维材料相应减少，因此整体拉伸性能下降。

3.2.2 面内剪切性能

（1） UD 无纬布

对超高分子量聚乙烯 UD 无纬布进行面内剪切性能测试，应力—应变曲线如图 3-23 所示。由于 UD 无纬布含胶量少，易产生面内大变形，如图 3-24 所示。以剪切应变 1%对应的斜率作为材料的剪切模量，其剪切模量为 400MPa。

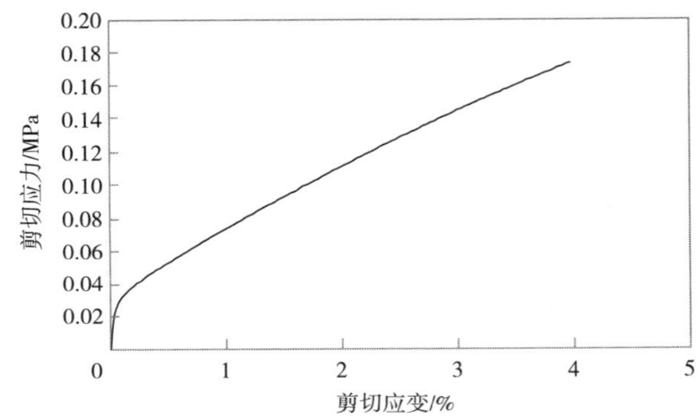

图 3-23 超高分子量聚乙烯 UD 无纬布面内剪切应力—应变曲线

超高分子量聚乙烯 UD 无纬布在测试过程中，试样受力后发生弹性变形，呈束腰状。由于试样呈±45°铺层，失效试样的断口位置呈明显的 V 字形，断裂位置大多集中在试样中部，如图 3-24 所示。纤维间的树脂基体在受到一定的作用力后产生断裂，故断口处整体，较平整和光滑。芳纶层合板内树脂对纱线起到黏结作用，拉伸过程中试样产生束腰现象，但只能产生一定的剪切变形，试样就失效了，因此试样无法被拉断。

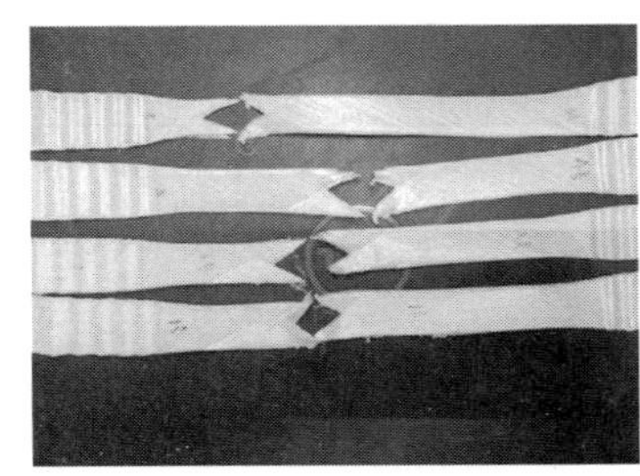

图 3-24 超高分子量聚乙烯 UD 无纬布面内剪切试样损伤形态

（2）芳纶织物层合板

芳纶织物层合板的面内剪切曲线如图 3-25 所示。剪切曲线上前 5%的变形属于面内剪切变形，变形超过 5%时，受拉纱线的夹角减小，逐渐由剪切受力变为拉伸受力。随着树脂含量的增加，织物预浸料的剪切断裂载荷随之提升。这是由于织物内纱线被树脂黏结，黏结力越大，抗剪切变形能力越强。芳纶织物层合板的剪切损伤形态如图 3-26 所示。

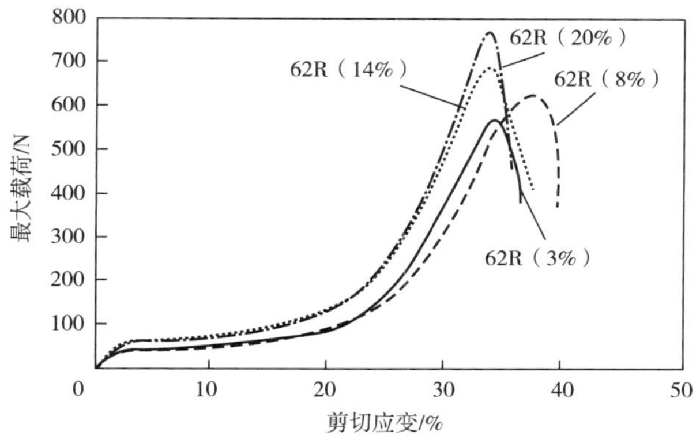

图 3-25　芳纶织物层合板剪切性能

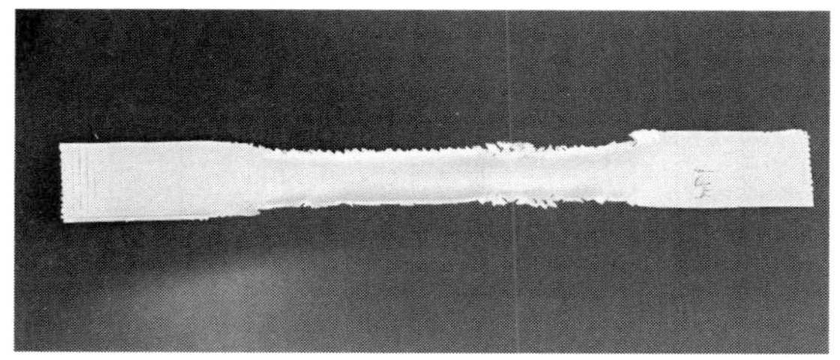

图 3-26　芳纶织物层合板面内剪切试样损伤形态

3.2.3　层间剪切性能

层间剪切测试主要反映纤维铺层或织物铺层复合材料层间的黏结作用力。由于拉伸载荷作用在层间界面上，因此也可看作是层间剪切性能。采用层间剪切测试方法测得超高分子量聚乙烯复合材料的层间剪切破坏应力为 0.5MPa，如图 3-27（a）所示。由于防弹复合材料一般树脂含量少，层间结合力及横向结合力均较弱，拉伸时纤维横向解体，纰裂严重，纤维未达到断裂已失效，如图 3-27（b）所示。

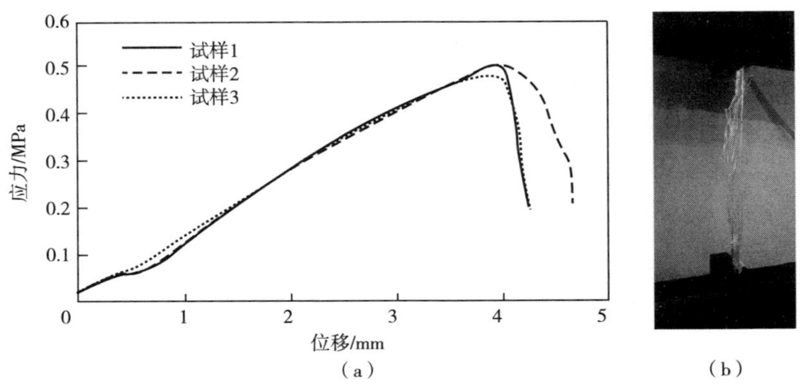

(a) (b)

图 3-27 超高分子量聚乙烯复合材料层间剪切性能测试

周磊等研究了树脂含量对树脂基复合材料层间剪切强度的影响，发现复合材料层合板的层间剪切强度随单向布相对体积含量的增加而增加。当单向布相对体积含量达到 100%时，试样的层间剪切强度可以达到 40.76 MPa，如图 3-28 所示。

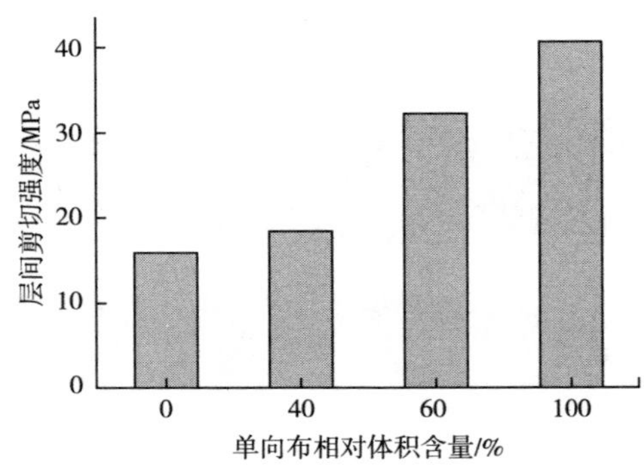

图 3-28 单向布相对体积含量对层间剪切强度的影响

3.2.4 横向剪切性能

(1) UD 无纬布

UD 无纬布横向剪切测试后的试样如图 3-29 所示。在冲切过程中，试样中心出现冲切痕迹，痕迹为向下的圆形凹痕，直径与穿孔器直径一致，均为 25.37mm。部分材料在测试过程中因受到穿孔器实施的横向剪切力而被切断，切口光滑且平整。说明试样在穿孔器的作用下产生横向剪切力，在横向剪切力的作用下产生凹痕，当达到最大剪切载荷时，部分材料沿凹痕断裂，产生光滑且平整的切痕。

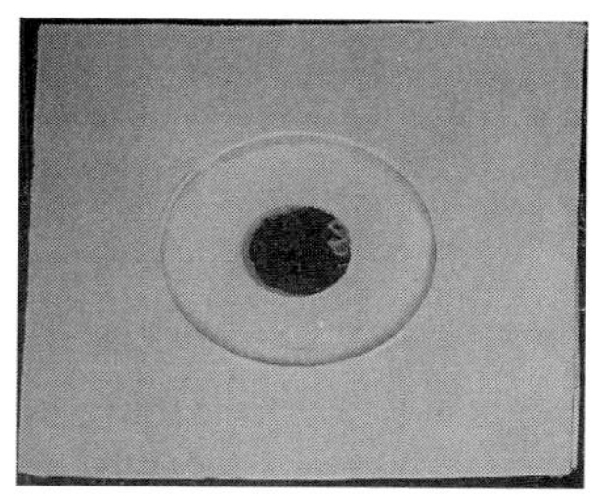

图 3-29　UD 无纬布的断口形态

横向剪切测试中发现，随着夹持力的增加，试样厚度减小，而试样的横向剪切强度增加。分析原因，可能是由于剪切受力区域的材料密度增加，纱线的断裂同时性提高，导致试样厚度减小，从而引起横向剪切强度的增加。因此在对比不同试样的横向剪切性能时，需保证测试试样在夹具中的夹紧厚度一致，且厚度必须大于 10mm。根据上述实验标准进行实验，UD 无纬布横向剪切强度—位移曲线如图 3-30 所示。UD 无纬布的横向剪切强度为 120~140GPa，横向剪切模量约为 0.5MPa。材料的横向剪切性能与树脂含量及材料刚度有关。

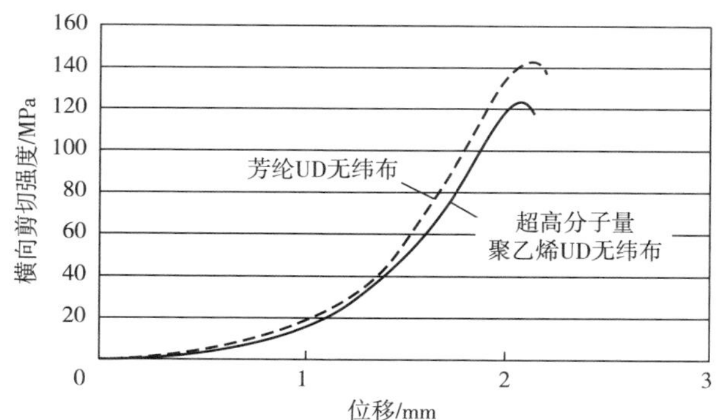

图 3-30　UD 无纬布横向剪切强度—位移曲线

(2) 织物层合板

织物层合板横向剪切形态与 UD 无纬布基本一致，如图 3-31 所示。织物层合板的横向剪切性能如图 3-32 所示。随着树脂含量的增加，织物层合板的横向剪切强度逐渐增加至一个稳定数值。与织物相比，织物层合板的横向剪切强度最多能增加 30%左右。在测试过程中发现，随着树脂含量的增加，横向剪切断裂的纱线根数越来越少，说明少量树脂的浸渍包覆作用有利于增加织物的抗剪切性能，如图 3-33 所示。

图 3-31　织物层合板横向剪切断口形态

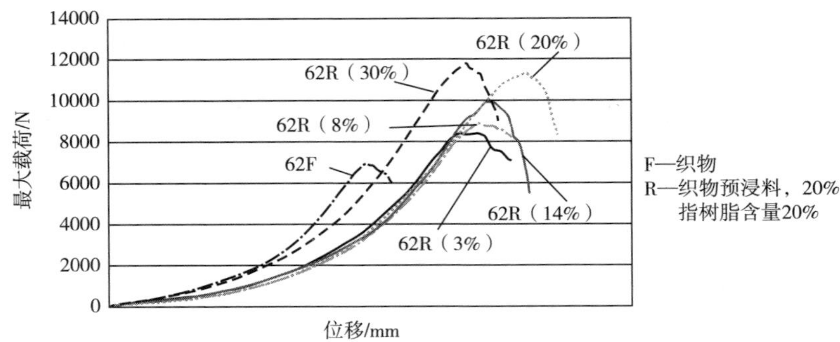

图 3-32　织物浸渍树脂前后横向剪切载荷—位移曲线

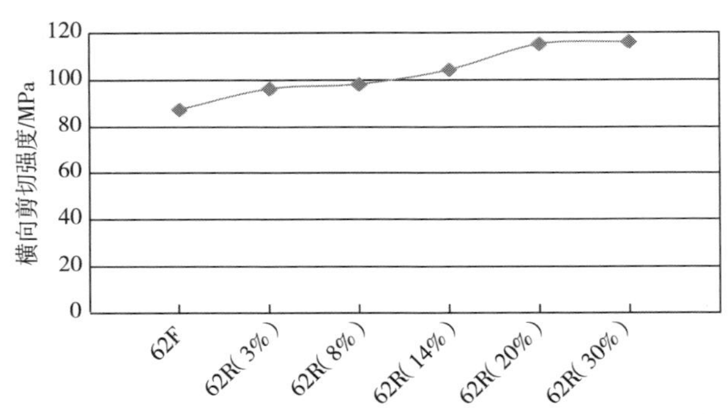

图 3-33　5 种树脂含量的横向剪切强度对比

3.3　纱线抽拔性能及测试

3.3.1　纱线抽拔测试

弹道测试中，织物靶板内的纱线抽拔直至断裂是重要的耗能机制。不同紧密度的织物，纱线间的相互作用力存在差异，或者织物浸渍树脂固化整理后，纱线间的黏结力也会发生变化。因此常采用纱线抽拔测试，以纱线的最大抽拔力来量化织物内纱线间的相互作用力。

纱线抽拔测试参考织物交织阻力的试验方法，测试将一根纱线从织物中抽出来的力值。测试方法有面内抽拔和面外抽拔两种。

面内抽拔测试的织物试样尺寸为 200mm×50mm，试样顶端中心位置预留出一根纱线，长度为 150mm，如图 3-34 所示。试样两侧夹持，底端自由，中心抽拔纱线夹持于上夹具中，加载后可在织物内拉出，加载速度为 50mm/min，如图 3-35 所示。

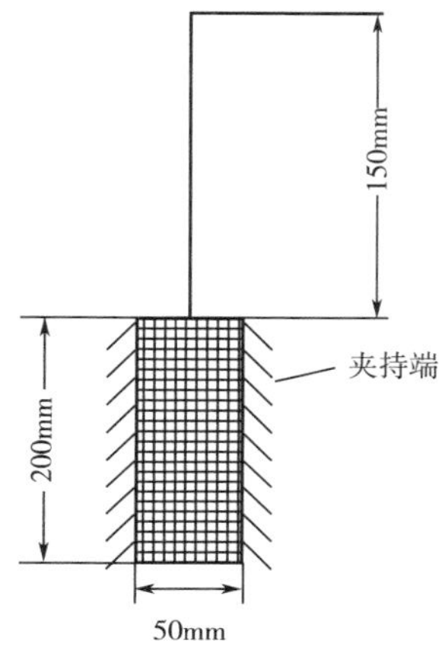

图 3-34　面内抽拔试样尺寸

图 3-35　面内抽拔测试

面外抽拔测试是在织物中间用钩子勾住正中心的一根纱线，模拟织物横向冲击变形中纱线的抽拔。织物试样为 150mm×150mm 的正方形，夹持在圆环形夹具内。抽拔纱线的长度小于圆环的内径，纱线自由抽拔的加载速度为 50mm/min，如图 3-36 所示。每种试样重复测试 3~5 次，最大抽拔力取平均值。

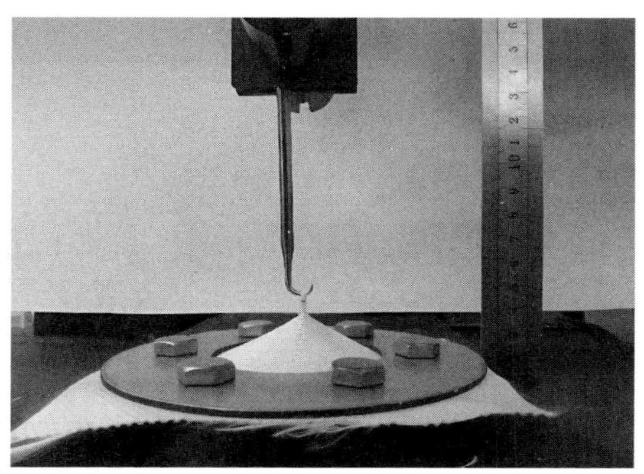

图 3-36　面外抽拔测试

3.3.2 纱线抽拔性能

织物面内纱线抽拔载荷—位移曲线明显由两部分组成，如图 3-37 所示。抽拔初始时，拉伸载荷呈线性上升阶段，抽拔纱线逐渐从屈曲状态变为伸直状态。这一阶段拉伸位移仅是纱线伸直后增加的长度，由纱线在织物内的屈曲率决定，一般位移较小。当受拉纱线完全伸直后，载荷达到峰值点。此后进入第二阶段，纱线开始在织物内越过相交织的纱线，向上滑移，这一阶段纱线处于动摩擦阶段，抽拔力非线性振荡下降。抽拔纱线每滑移越过一个交织点，载荷即下降，滑移进入下一个交织点时，抽拔力逐渐上升。抽拔曲线第二阶段振荡的波峰或波谷个数即为抽拔纱线滑移经过的交织点个数。

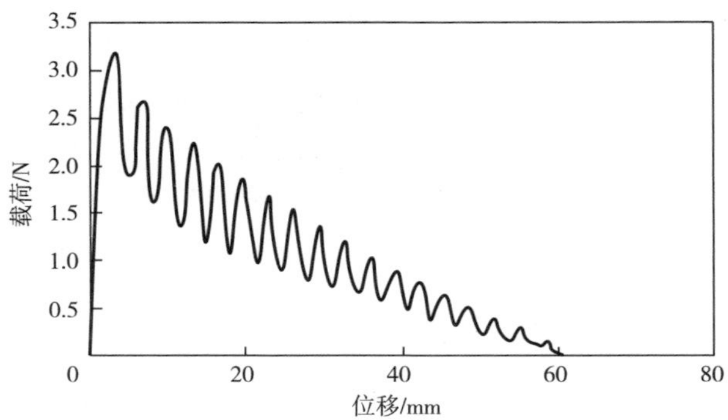

图 3-37 织物面内纱线抽拔载荷—位移曲线

对同样的织物进行面外纱线拉伸抽拔测试，载荷—位移曲线如图 3-38 所示。

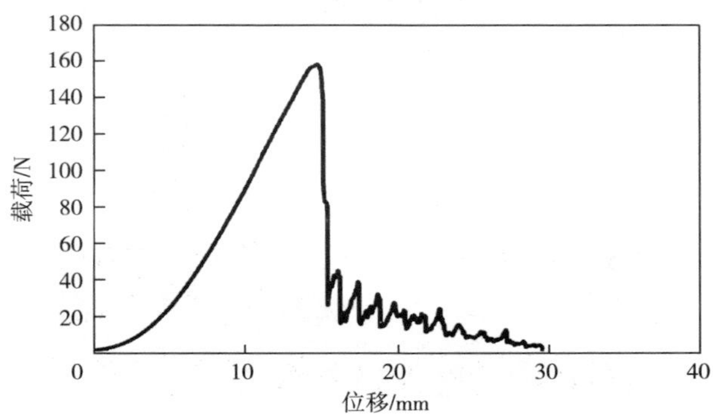

图 3-38 织物面外纱线抽拔载荷—位移曲线

面外抽拔测试纱线是从中心点抽出，纱线带动织物产生面外横向变形，呈圆锥形，纱线横向位移更为显著。考虑到织物横向变形的影响，对织物进行受力分解，如图 3-39 所示。用式（3-9）计算得出沿织物平面方向的最大抽拔力，结果与面内抽拔测试的结果接近。因此可采用面内抽拔测试确定织物纱线间的黏结力。

$$P_1 + P_2 = 2P\tan\alpha \tag{3-9}$$

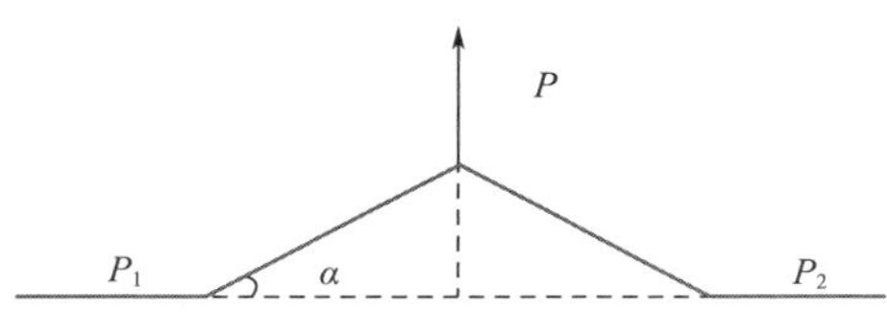

图 3-39 面外抽拔受力分析图

纱线抽出过程中，在达到最大抽拔力之前，织物通过被纱线拉伸来储存应变能，并在拉出过程中逐渐释放。在纱线抽拔滑移的过程中，纱线间产生摩擦作用。当织物密度较大，或经树脂整理后，纱线间的摩擦力会增加，纱线之间产生相互滑移会变得更加困难。因此，纱线在抽拔过程中产生摩擦耗能。

在低速弹道冲击过程中，织物内的纱线抽拔也是重要的耗能方式。但是当冲击速度较高时，织物靶板容易产生应力集中，在纱线抽拔前就已经被穿透。

第4章

防弹性能测试

4.1 防弹性能指标

防弹产品的性能评价指标主要包括两个方面：一个是靶板穿透时的弹道极限速度（Limit Velocity），另一个是靶板未穿透时靶后凹陷深度（Backface Signature，BFS）。一般防弹靶板的弹道极限速度越高、BFS 越低，则防弹性能越好。在弹道测试中主要针对这两个指标进行测试。

4.1.1 弹道极限速度

弹道极限速度是指子弹刚好穿透，或刚好无法穿透靶板的临界入射速度。高于该临界速度时，靶板即被穿透；低于该速度时，靶板恰好无法被穿透。对于不同的防弹靶板，弹道极限速度越高，则代表靶板防弹性能越好。然而，弹道冲击过程中存在一定的波动性。子弹、弹壳、火药、枪管以及靶板和背衬材料等影响因素都有可能影响子弹的入射速度，从而导致试验测试所得到的弹道极限速度在一定范围内波动，而非一个精确数值。也就是说某种规格的防弹衣并非能够100%防住某种弹速的子弹，只能在一定概率下针对性地防住某种条件下某种规格的子弹或弹片。图 4-1 所示为防弹靶板。

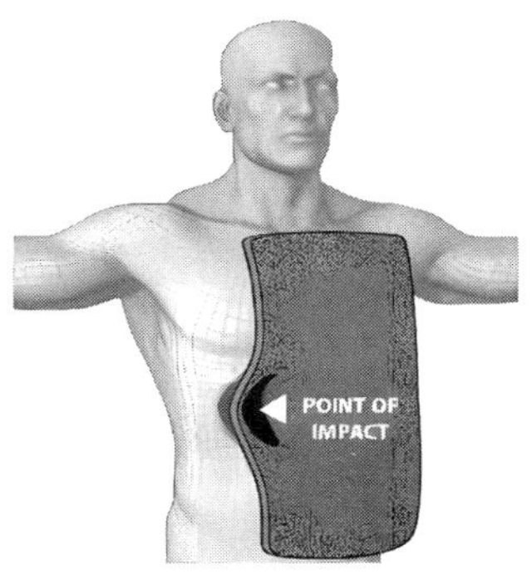

图 4-1　防弹靶板

因此，对弹道极限速度的描述需要包含指定的统计显著性，如 V50、V100 等。V50 表示在该弹道极限速度下，指定规格的子弹或弹丸有 50%的概率可以穿透该靶板；V100 则表示有 100%的概率穿透该靶板。对同一种靶板而言，穿透概率越高，则弹道极限速度越低。NIJ-0101.06 测试标准指定 V50 为弹道极限速度。

4.1.2 靶背特征

BFS 是指非穿透冲击条件下靶后背衬材料的冲击变形极限深度。这一指标要求防弹衣不但能防住子弹，而且能有效防止钝伤。靶后钝伤可能对穿着者造成严重伤害，极端情况下会导致身体内部器官损伤甚至死亡。因此，弹道测试标准规定，除 V50 测试之外，防弹衣还必须进行非穿透测试。

非穿透测试要求在防弹靶板后放置背衬材料。NIJ 标准中指定的背衬材料为 Roma Plastilina No. 1（RP 1#）。RP 1#是一种油基胶泥，这种材料的密度、弹性接近人体肌肉组织，经高速冲击后能够产生变形且保持凹坑形态，用于记录靶后凹陷程度。值得注意的是，子弹动能较高时，冲击波会在胶泥上形成远大于子弹或弹片直径的空腔，并将胶泥向外挤压，凹坑边缘是突起的。测试的 BFS 要以基准平面为准，如图 4-2 所示。

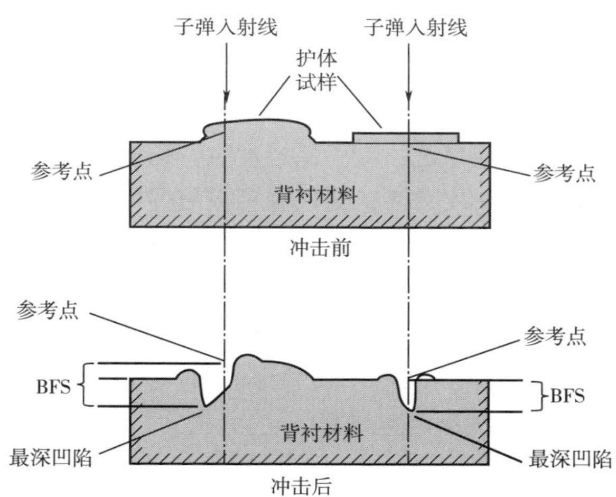

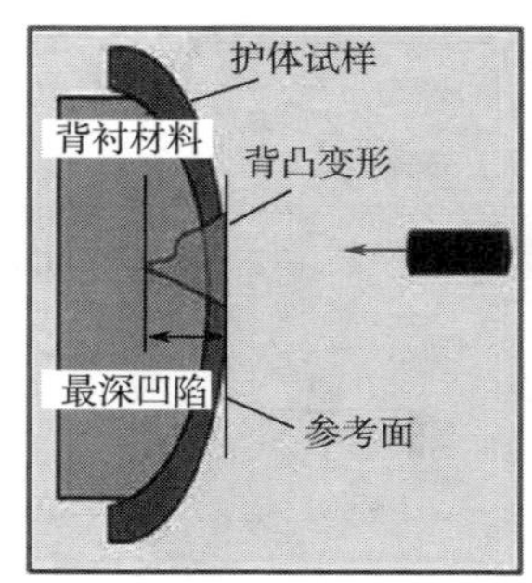

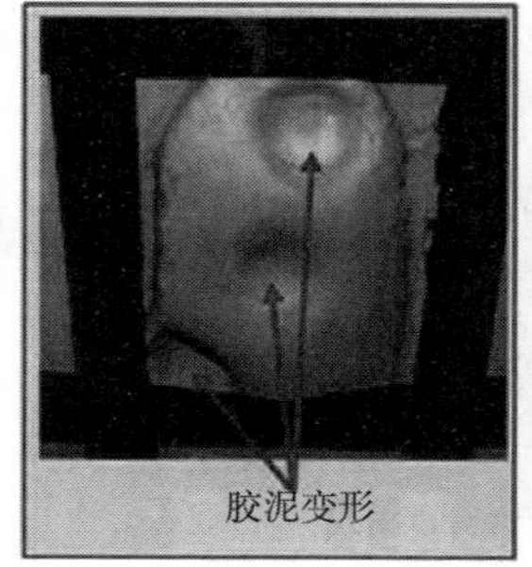

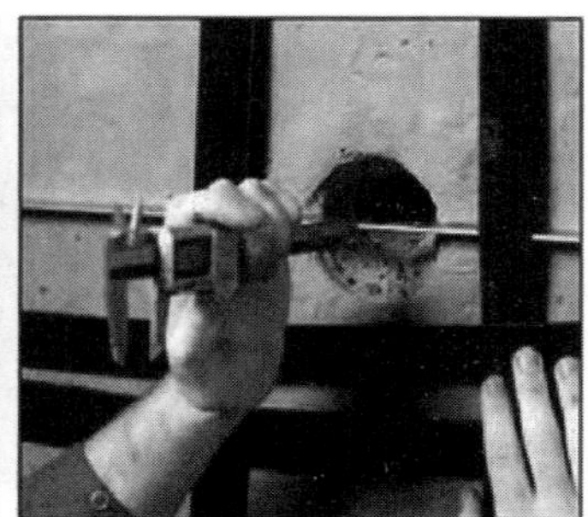

图 4-2 根据 NIJ-0101.06 标准进行 BFS 测试

4.2　弹道冲击条件

弹道冲击条件对防弹性能有显著影响。在提到防弹性能时，必须明确其弹道冲击条件。弹道冲击条件包括子弹或弹片规格、弹速、入射角度和靶板边界条件等。

4.2.1　子弹

枪弹和弹片是人体面临的主要武力威胁。目前的枪支种类主要包括手枪、自动步枪、冲锋枪和狙击步枪等。不同种类的枪所配用的子弹类型也不同。子弹可分为轻弹（普通弹、步枪弹）和重弹（机枪弹）两大类。枪弹的结构如图 4-3 所示，由子弹、弹壳、发射药、底火（或称雷管）四部分组成。子弹嵌入弹壳内，弹壳存储火药提供推进力。发射时激发底火点燃火药，燃烧瞬间产生强大的能量推动子弹高速射出。子弹的武力威胁级别与子弹的形状、口径、质量、火药量、入射角和冲击速度等因素有关。子弹质量越大，出射速度越高，子弹动能越大，武力威胁也越高（注：本书中子弹仅指可以射出的子弹头，不包括弹壳）。

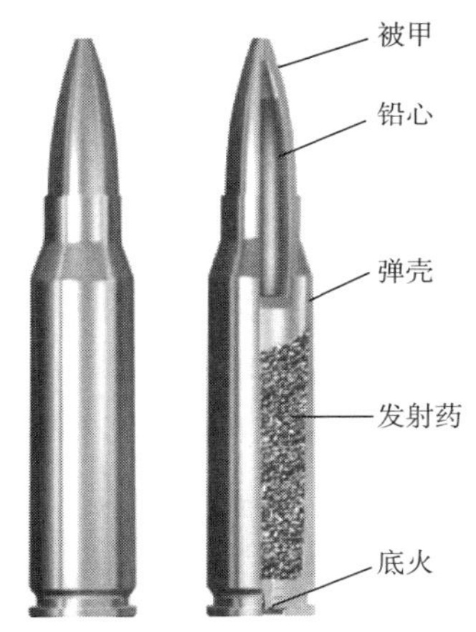

图 4-3　子弹结构

由于子弹种类繁多，而且同一口径的子弹可配备不同的弹壳，同时可能存在手装弹药的情况，因此，防弹衣即使在弹道测试中能够防住某一口径的子弹，在实际使用时也有可能防不住。在测试中一般只选用最常规的枪弹来评估防弹衣的防弹性能，弹道测试常用的子弹类型如图 4-4 所示。

世界上各国子弹种类繁多，一般包括手枪弹、步枪弹和冲锋枪弹。子弹规格一般包括直径、长度、弹头形状和材质。子弹直径主要有 5.56mm（22 英寸）、7.62mm（30 英寸）、9mm（35 英寸）和 12.7mm（50 英寸）四种，各国常用的子弹长度略有不同。子弹弹头有尖头、圆头和平头之分，弹头一般由铜被甲和铅弹心构成（Full Metal Jacket，FMJ）。手枪弹一般三种弹头形状都有，步枪弹一般都是尖头，弹头穿透力更大，飞行距离更远，威力要比手枪子弹大很多。

从左到右：

· 50 行动快递
· 44 马格南
· 357 马格南
· 45ACP
· 40S&W
· 9mm 卢格帕挂贝鲁姆
· 22 长来复

图 4-4　弹道测试常用子弹

1977~1979 年，北约组织进行了一系列试验，最终将直径 5. 56mm 的小口径子弹确定为北约成员国的标准制式弹（5. 56mm×45mm）。目前主要包括 M855 型和 M193 型（图 4-5、图 4-6）。除此之外，0. 22 英寸口径长步枪弹也是 5. 56mm 直径的子弹（图 4-7），这种小口径子弹具有更好的精度和穿透力，而且容易携带，作战效率高，目前逐渐取代大口径子弹。

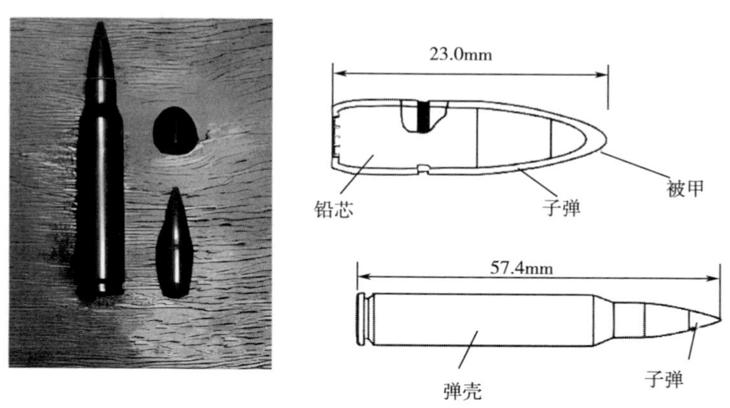

图 4-5　M855 型 5. 56mm×45mm 子弹

规格：子弹直径 5. 56mm，子弹长 57. 4mm，子弹质量 4g，弹壳长 44. 7mm，轮缘直径 9. 6mm，枪口初速 987m/s，枪口动能 1813 J，有效射程 600m 左右。

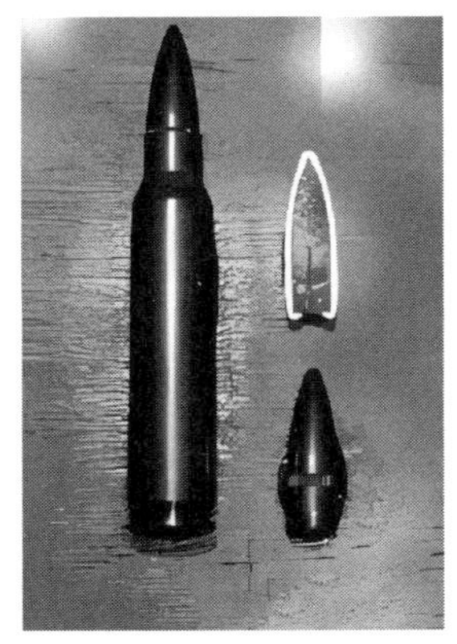
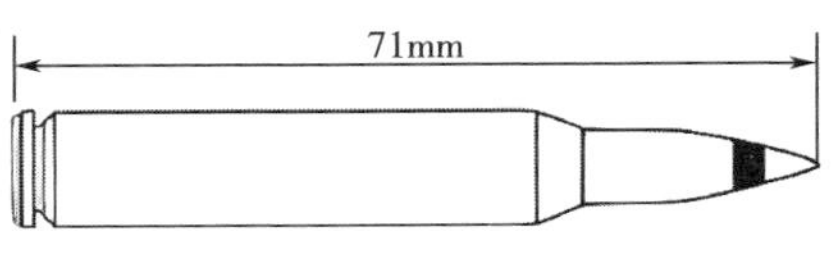

图4-6 M193型5.56mm×45mm子弹

规格：子弹直径5.56mm，子弹长57.3mm，子弹重量3.56g，外壳长44.5mm，轮缘直径9.5mm。

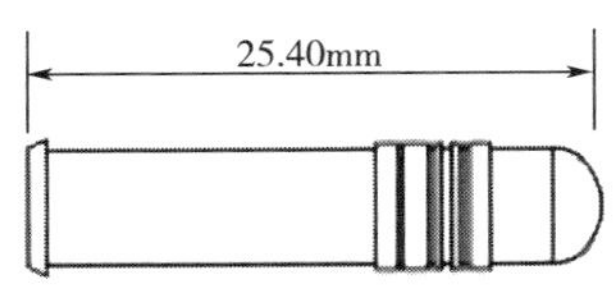

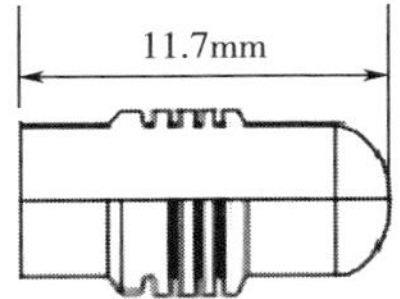

图4-7 0.22英寸口径长步枪子弹

规格：子弹长11.7mm，弹壳长10.7mm，全弹长25.4mm，
轮缘直径7.1mm，子弹直径5.56mm，子弹质量3.56g。

直径7.62mm子弹更大，长度不一，质量也更大，其武力威胁更高，有效射程可达800~1000m。M80型、AK47型、357Magnum型子弹如图4-8~图4-10所示。

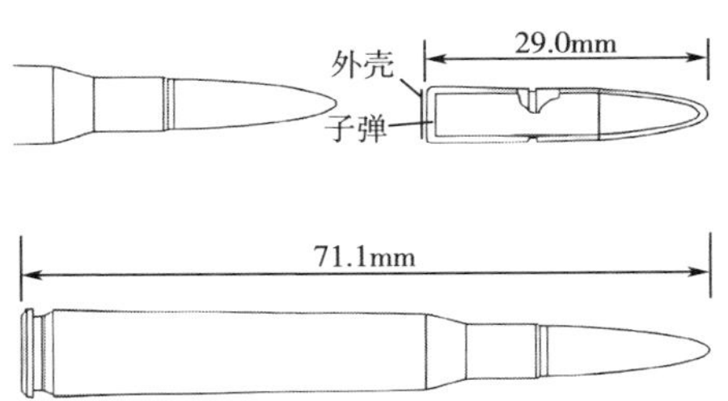

图4-8 M80型7.62mm直径的NATO子弹

规格：全弹长71.1mm，子弹长29mm，弹壳长51.18mm，子弹直径7.62mm，
子弹质量9.46g，全弹质量25.4g，轮缘直径11.94mm。

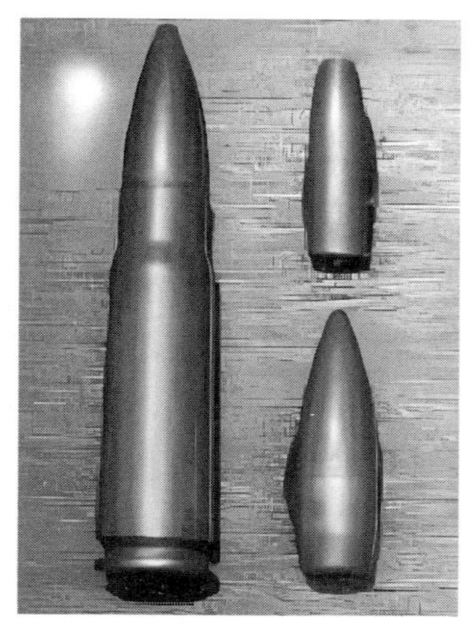

图 4-9 AK47 型子弹
规格：全弹长 55.8mm，子弹长 26.8mm，
弹壳长度 39mm，轮缘直径 7.9mm，
子弹直径 7.62mm，子弹质量 7.91g，
枪口初速 710m/s，枪口动能 2010J。

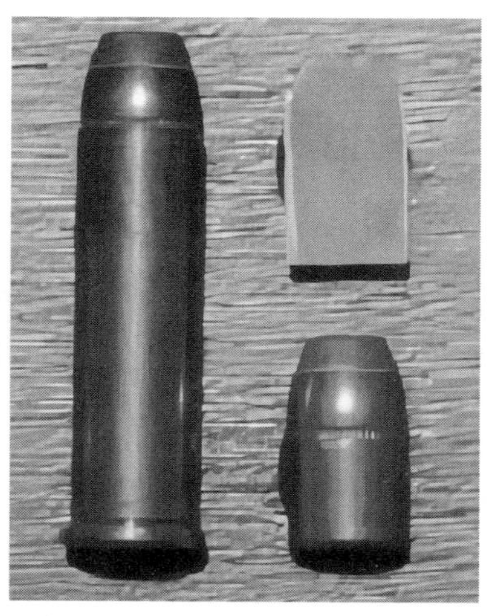

图 4-10 357Magnum 型子弹
规格：弹长 40mm、弹壳长度 32.76mm、
轮缘直径 11.17mm、子弹直径 9.07mm、
子弹质量 10.23g、枪口初速 436m/s、
枪口动能 972J。

9mm×19mm Parabellum 子弹最早起源于德国。最初的设计为平头弹头，后改进为椭圆形扁平弹头，这使子弹初速度高，枪口冲量小，具有较好的存速、储能和停止作用，手枪、冲锋枪均可使用，也是目前各国军、警、民用最多的手枪弹，如图 4-11 所示。

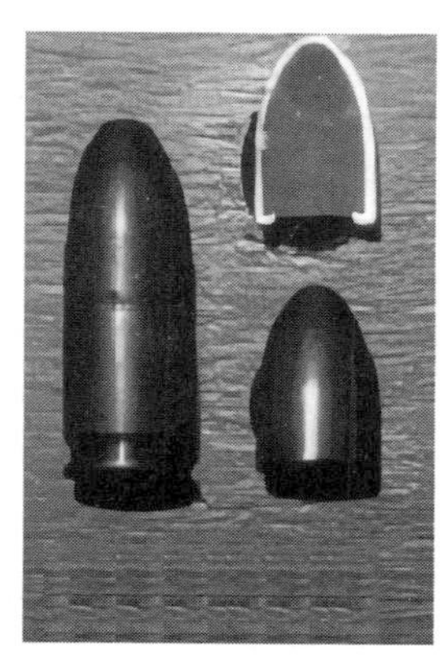

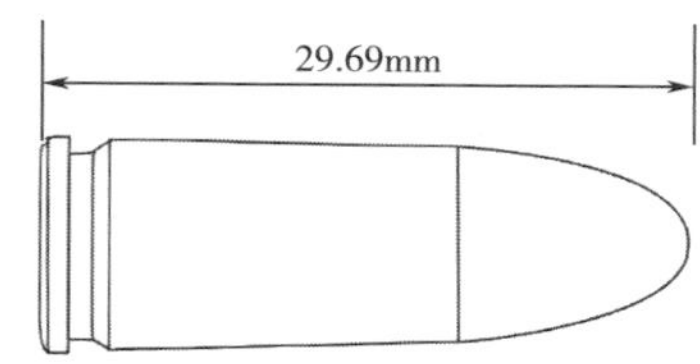

图 4-11 9mm FMJ 子弹
规格：子弹长度 29.69mm，弹壳长度 19.35mm，轮缘直径 9.94mm，
子弹直径 9mm，子弹质量 7.45g，枪口初速 396m/s，枪口动能 584J。

4.2.2　弹片

据统计，战场上士兵面临的最大威胁并不是子弹，而是炮弹和手榴弹的弹片，因此防弹衣主要的作用是抵御弹片。根据弹片的速度分布来看，弹头火药的爆炸速度为 6100～9100m/s，弹出的弹片速度可超过 1000m/s。炸弹爆炸时，有 95%的弹片，质量大约为 0.26g，速度不超过 910m/s。

炸弹、手榴弹或炮弹一般由硬化钢制成，爆炸后会产生弹片，弹片形状各异，大小不同（图 4-12），冲击速度不一。为模拟弹片冲击，最早美国军方提出使用五种大小的模拟弹片，来模拟战场上各种形状和大小的弹片。根据爆炸时产生碎片的形状、尺寸、剪切、穿透特性等特点，采用硬化铸铁或硬化钢制成大、中、小不同规格的弹片进行弹道测试。模拟弹片主要有两种：倒角模拟弹片（FSP）和正圆柱体模拟弹片（RCC）。

图 4-12　弹片形状和尺寸

根据美国军用规范 MIL-P-4659A（ORD），倒角模拟弹片（FSP）的规格包括以下五种：口径 0.22 英寸类型 1（装甲弹丸）、口径 0.22 英寸类型 2（装甲弹丸）、口径 0.30 英寸、口径 0.50 英寸、口径 20 毫米，如图 4-13 所示。其由 4337H 和 4340H 的冷轧退火钢制成，各种弹片的洛氏硬度和质量，见表 4-1。

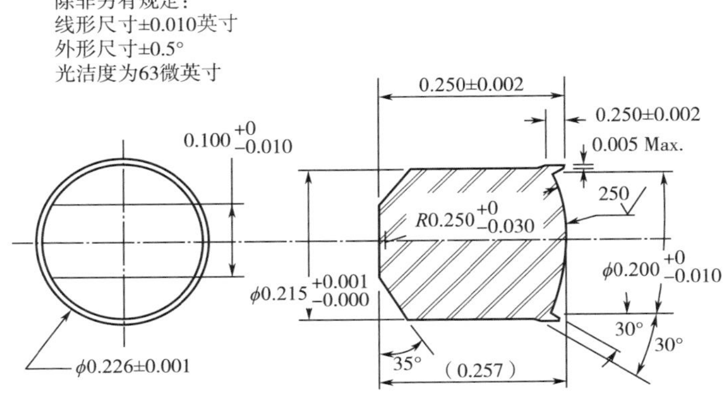

图 4-13

图 4-13　倒角模拟弹片

表 4-1　模拟弹片的硬度和质量

倒角模拟弹片	洛氏硬度	质量/格令
口径 0. 22 英寸类型 1	30±1	17. 0±0. 5
口径 0. 22 英寸类型 2	27±1	17. 0±0. 5
口径 0. 30 英寸	30±1	44. 0±0. 5
口径 0. 50 英寸	30±1	207. 0±0. 5
口径 20mm	30±1	830. 0±0. 5

注　1 格令=0. 0648g。

正圆柱体模拟弹片（RCC）边缘更锐利，剪切作用和穿透作用更强。图 4-14 中的正圆柱体模拟弹片（RCC）由 4337H 和 4340H 的冷轧退火钢制成，质量有 4 种规格：2 格令、4 格令、16 格令和 64 格令。RCC 的洛氏硬度较高，见表 4-2。弹片整体硬度均匀，以保证冲击靶板时没有变形。

图 4-14　正圆柱体模拟弹片（2 格令、4 格令、16 格令、64 格令）

表 4-2　正圆柱体模拟弹片硬度

正圆柱体模拟弹片	洛氏硬度	正圆柱体模拟弹片	洛氏硬度
2 格令	30±1	64 格令	30±1
4 格令	30±1	128 格令	30±1
16 格令	30±1		

4.2.3　冲击条件

在弹道冲击中，弹速是最重要的因素。一般将弹速分三个范围，其破坏分三种机制。在第Ⅰ机制内，弹速较低（<100m/s），材料失效服从线弹性断裂机制；在第Ⅱ机制内，冲击速度接近声速（500m/s），应变率达到 10^3/s，应力波在材料中传递，材料的防弹性能与应力分布有关；在第Ⅲ机制内，冲击速度非常高（>800m/s），应变率>10^3/s，在超高速条件下，冲击区域的防弹材料瞬间熔化，几乎无法发挥力学性能。

在不同的冲击速度下，同样的防弹材料表现出不同的弹道吸能特性。一般来说，弹速较低时，防弹靶板有足够的时间产生横向变形，从而使防弹纤维吸收更多的能量。在弹速较高时，防弹材料来不及响应就已经迅速失效，导致靶板弹道吸能有限。在弹道极限速度时，靶板可达到最大的弹道吸能，然后随着弹速的提升，靶板的弹道吸能急剧下降，如图 4-15 所示。

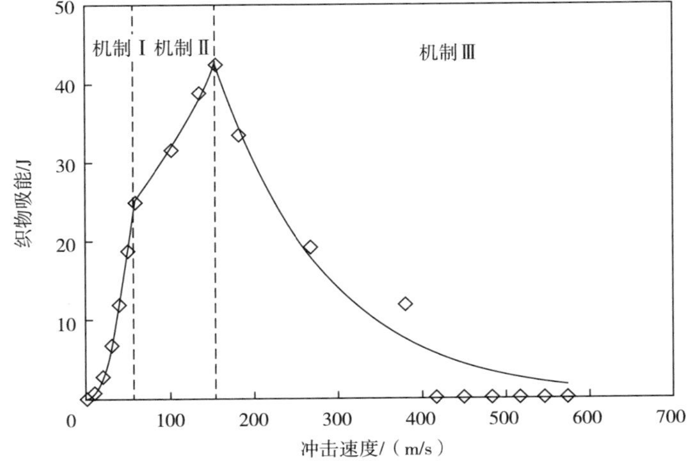

图 4-15　不同入射速度下圆锥形弹丸的三种能量吸收状态

机制Ⅰ：低于弹道极限速度吸能　机制Ⅱ：高于弹道极限速度吸能　机制Ⅲ：高速穿透吸能

弹丸的几何形状直接影响其穿透能力。有研究表明，圆锥形和尖头弹丸穿透织物的模式主要是从织物组织的孔隙中挤入滑过，从而导致 V50 速度最低（只有 58m/s 和 76m/s）。平头弹丸在整个厚度上剪切纱线（V50 速度为 100m/s），而半球形弹丸产生的纱线抽拔力最大（V50 速度最高为 159m/s）。由于冲击点区域的剪切应力不同，防弹靶板对正圆柱体弹片的抵御能力低于对圆球形弹片的抵御能力。但是，随着面板中层数的增加，弹丸几何形状的影响变得不那么显著。不同几何形状的弹丸对织物产生的损伤形态如图 4-16 所示。

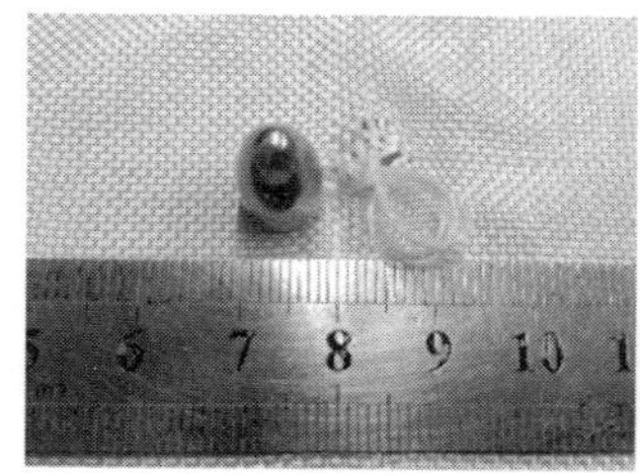
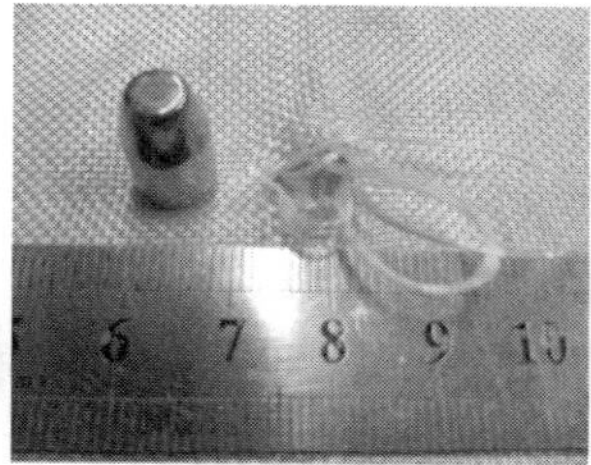

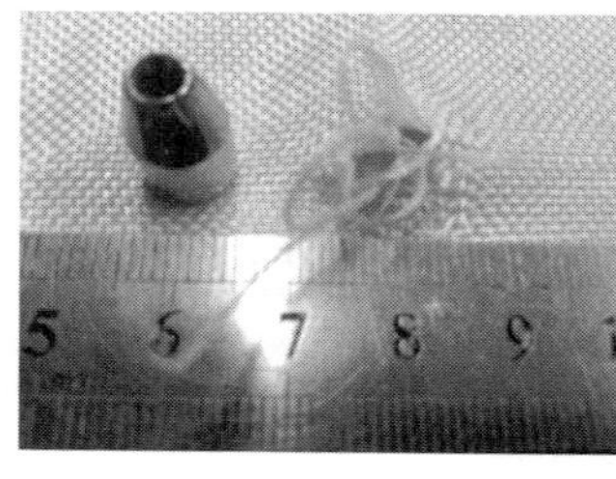
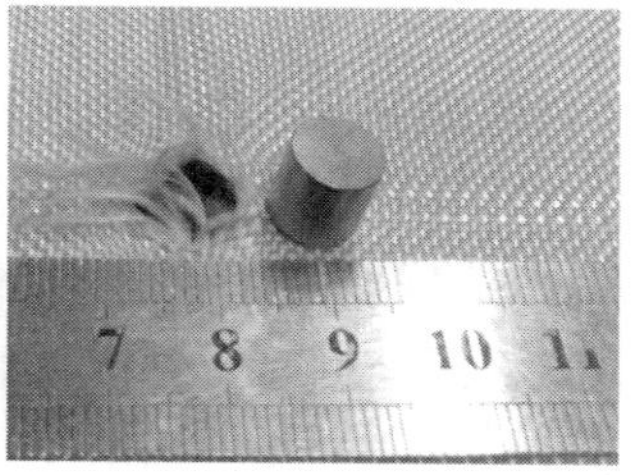

图 4-16　不同几何形状的弹丸对织物产生的损伤形态

靶板大小和边界条件对弹道吸能也有影响。有研究采用四种靶板尺寸（1 英寸、2 英寸、4 英寸和 8 英寸）测试 Kevlar® 和 Spectra 织物的弹道极限速度，结果发现，靶板尺寸越小，弹道极限速度越低，织物吸能越少。这是由于靶板尺寸小，织物横向变形受限，参与弹道吸能的材料下降。但是当入射速度超过弹道极限速度时，靶板大小的影响不再显著。不同边界条件下织物的能量吸收情况，如图 4-17 所示。

在弹道测试中，靶板边缘的夹持条件决定了织物的边界条件。织物的能量吸收与夹持力存在相关关系。在低速时（<300m/s），边缘没有夹持的织物处于自由边界状态，其弹道吸能高于四边夹持的织物。这是因为当纱线末端被夹持时，纱线上的应力迅速增加，加持力越大，应力越集中，导致纱线断裂越快，从而使织物提前断裂，吸能减少。然而当入射速度超过一定值时（>300m/s），边界条件对靶板弹道吸能的影响会逐渐下降。

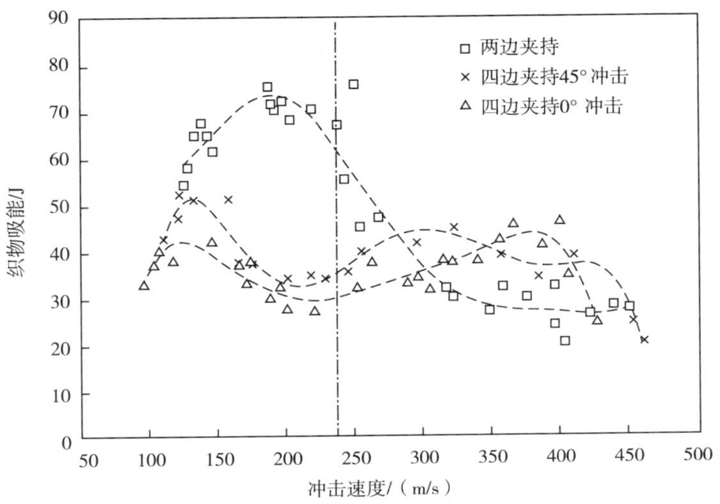

图 4-17　不同边界条件下织物的能量吸收

4.3　测试标准

为评定防弹衣和其他防弹产品对子弹和弹片的防护水平，不同国家和地区制定了不同的防弹性能标准。目前世界上使用较广泛的标准有美国的 NIJ 标准、北约组织的 NATO 标准、英国的 HOSDB 标准等。我国目前使用 GA 系列标准，包括军用标准和警用标准。研究机构和生产商可根据以上标准对防弹衣进行弹道试验测试，并分等定级。

4.3.1　NIJ 标准

美国国家司法研究所 2008 年出台的 NIJ-0101.06 标准，目前在世界上应用最广，见表 4-3。此标准中有 5 个级别，分别是ⅡA 级、Ⅱ级、ⅢA 级、Ⅲ级、Ⅳ级，防护能力从低到高。一般防弹衣需要达到ⅢA 级防护级别，能够防护弹速为 420m/s 的口径 9mm 手枪弹。ⅢA 级以下的一半产品都为软质防弹衣，ⅢA 级以上的需要加装陶瓷插板。如Ⅲ级防护一般是在前胸后背处加两块陶瓷复合板，质量为 2.6kg 左右，可防北约 M80 型子弹（口径 7.62mm，弹速 800m/s）。

表 4-3　NIJ-0101.06 防弹衣测试标准

防护等级	枪弹规格				防弹性能要求				射击要求				
	枪弹口径豚类型	弹头标称质量/g	环境适应性实验枪弹初速/(m/s)	新防弹衣枪弹初速/(m/s)	0°角度射击次数	凹陷深度/mm	有角度射击次数(30°/45°)	射击次数/靶片	靶片尺寸	靶板状态	靶片数量	射击次数	总射击次数
ⅡA	9mm 全金属披甲圆头弹	8.0	355±9	373±9	4	44	2	6	大号	新防弹衣环 境适应性试验	4 2	24 12	144
									小号	新防弹衣环 境适应性试验	4 2	24 12	
	0.40 英寸 S&W 手枪弹	11.7	325±9	352±9	4	44	2	6	大号	新防弹衣环 境适应性试验	4 2	24 12	
									小号	新防弹衣环 境适应性试验	4 2	24 12	
Ⅱ	9mm 全金属披甲圆头弹	8.0	379±9	398±9	4	44	2	6	大号	新防弹衣环 境适应性试验	4 2	24 12	144
									小号	新防弹衣环 境适应性试验	4 2	24 12	
	0.357 英寸麦格农软尖弹	10.2	408±9	436±9	4	44	2	6	大号	新防弹衣环 境适应性试验	4 2	24 12	
									小号	新防弹衣环 境适应性试验	4 2	24 12	

续表

防护等级	枪弹规格				防弹性能要求				射击要求				
	枪弹口径豚类型	弹头标称质量/g	环境适应性实验枪弹初速/（m/s）	新防弹衣枪弹初速/（m/s）	0°角度射击次数	凹陷深度/mm	有角度射击次数（30°/45°）	射击次数/靶片	靶片尺寸	靶板状态	靶片数量	射击次数	总射击次数
ⅢA	0. 357 英寸西格手枪弹	8. 1	430±9	448±9	4	44	2	6	大号	新防弹衣 环境适应性试验	4 2	24 12	144
									小号	新防弹衣 环境适应性试验	4 2	24 12	
	0. 44 英寸麦格农半空尖弹	15. 6	408±9	436±9	4	44	2	6	大号	新防弹衣 环境适应性试验	4 2	24 12	
									小号	新防弹衣 环境适应性试验	4 2	24 12	
Ⅲ	NATO 7. 62mm×51mm 步机枪弹	9. 6	847±9	—	6	44	0	6	AⅡ	环境适应性试验	4	24	24
Ⅳ	0. 30 英寸卡宾 M2 穿甲弹	10. 8	878±9	—	1~6	45	0	1-6	AⅡ	环境适应性试验	4-24	24	24

4.3.2 NATO 标准

北大西洋公约组织（North Atlantic Treaty Organization，NATO）简称北约组织或北约，是美国与西欧、北美一些国家为实现防卫协作而建立的一个国际军事集团组织。因为各成员国都有自己的枪支制式，枪支的通用性非常重要。北约制定发布了许多军事设施和装备的标准，其中防弹标准应用较多的有 STANAG 2920《个人装甲材料和战斗服装的弹道测试方法》和 STANAG 4569《装甲车辆成员防护等级》。NATO 标准的测试条件见表 4-4。

表 4-4 NATO 标准测试条件和动能弹

防护等级	动能弹				炮弹（20mm 破片）		
	类 型	防住速度/（m/s）	入射角/（°）	偏转角/（°）	防住速度/（m/s）	入射角/（°）	偏转角/（°）
1	7.62 mm × 51 NATO 弹 5.56mm×45 NATO SS109 5.56mm× 45 M193	833 900 937	0～360	0～30	（520）**	0～360	0～18
2	7.62 mm×39 API BZ	695	0～360	0～30	（630）**	0～360	0～22
3	7.62 mm×54R B32 API 7.62 mm×51 AP（WC core）	854 930	0～360	0～30	（770）**	0～360	0～30
4	14.5mm×114 API/B32	911	0～360	0	960	0～360	0～90
5	25mm×137 APDS-T PMB 073	1258	±30	0	960	0～360	0～90

注 防住速度指的是平均值，允许速度偏差为±20m/s 防弹。

API：arm protection insert，插板；AP（WC core）：穿甲弹 C；APSD-T：电光脱壳装甲弹。

4.3.3　HOSDB 标准

HOSDB 标准最早由英国的内政部科学发展处（Home Office Scientific Development Branch）于 1993 年制定。和 NIJ 标准类似，它制定的目的在于为英格兰警方提供保护，但与 NIJ-0101.06 标准不同的是，HOSDB 标准涵盖了针对道具和矛等冷兵器的防刺标准。其对硬质和软质防弹衣的防弹性能和凹陷深度的要求见表 4-5 和表 4-6。

4.3.4　GA 标准

我国现用的标准 GA 141—2010《警用防弹衣》是 2010 年 10 月 17 日发布的，2010 年 12 月 1 日起实施的，就警用防弹衣的产品结构、防护等级、分类和命名、技术等级、检验标准等做出了规范，以方便警用防弹衣的产品研发、生产和购买。该标准规定的防弹衣防护等级分类，见表 4-7。

表 4-5　HOSDB 硬质防弹衣标准

防护等级	枪弹口径/mm	弹头标称质量/g	射击距离/m	枪弹初速/（m/s）	靶片（2 靶板/子弹类型）		总射击次数	凹陷深度/mm
					0°射击次数	有角度射击次数（45°）		
RF1	7.62	9.3	10	830±15	3	0	6	25
RF2	7.62	9.7	10	850±15	3	0	6	25
SG1	12 霰弹枪	28.4	10	435±25	1	0	2	25

表 4-6 HOSDB 软质防弹衣标准

防护等级	枪弹口径及类型	子弹描述	弹头标称质量/g	射击距离/m	枪弹初速/(m/s)	小号靶片(2靶片/子弹类型)		中号靶片(1靶片/子弹类型)		大号靶片(3靶片/子弹类型)		总射击次数	凹陷深度/mm
						0°射击次数	有角度射击次数(45°)	0°射击次数	有角度射击次数(45°)	0°射击次数	有角度射击次数(45°)		
HG1A	9mm	9 mm 全金属披甲弹 DM11A182	8.0	5	365±10	2	1	6	0	4	2	30	44
	0.357 英寸马格南	软光弹平头莱明顿 R357M3	10.2	5	390±10	2	1	6	0	4	2	30	44
HG1	9mm	9mm 全金属披甲弹 DM11A182	8.0	5	365±10	2	1	6	0	4	2	30	25
	0.357 英寸马格南	软光弹平头莱明顿 R357M3	10.2	5	390±10	2	1	6	0	4	2	30	25
HG2	9mm	9mm 全金属披甲弹 DM11A182	8.0	5	430±10	2	1	6	0	4	2	30	25
	0.357 英寸马格南	软光弹平头莱明顿 R357M3	10.2	5	455±10	2	1	6	0	4	2	30	25
HG3	5.56mm ×45mm NATO	联邦战术边界 5.56mm (223) LE22313 执法武器弹药	4.01	10	750±15	2	1	6	0	4	2	30	25

表 4-7　GA 141-2010 警用防弹衣标准

防护等级	枪弹类型	弹头标称质量/g	射击距离/m	枪弹初速/(m/s)	试验状态	防弹性能要求			
						0°射击次数	有角度射击次数(30°/45°)	凹陷深度/mm	射击次数/防弹衣数量
1	64 式 7.62×17 铅芯，圆弹头	4.87	5	320±10	新防弹衣 环境适应性试验	4 3	2 0	25	12 发/1 件 24 发/4 件
2	P54 51 式 7.62×25 铅芯，圆弹头	5.60	5	445±10	新防弹衣 环境适应性试验	4 3	2 0	25	12 发/1 件 24 发/4 件
3	M79 51 式 7.62×25 铅芯，圆弹头	5.60	5	515±10	新防弹衣 环境适应性试验	4 3	2 0	25	12 发/1 件 24 发/4 件
4	M79 51 式 B 7.62×25 软质铅芯，圆弹头	5.68	15	515±10	新防弹衣 环境适应性试验	6 3	0 0	25	6 发/1 件 12 发/4 件
5	56 式 7.62×39 软质铅芯，圆弹头	8.05	15	725±10	新防弹衣 环境适应性试验	6 3	0 0	25	6 发/1 件 12 发/4 件
6	56 式 7.62×54 软质铅心，光头	9.60	15	830±10	新插板	2	0	25	2 发/1 件

注　6 级以上的防护等级列为特殊等级。

GA 141—2010《警用防弹衣》中规定，警用防弹衣包括防弹衣外套、躯干防弹层部件和附件。防弹层部件分为防弹层、缓冲层和保护套，防弹层是由防弹材料组成的吸收和损耗能量、阻止弹头穿透的结构体；缓冲层则是位于防弹层后面，用于减轻被阻断弹头冲击对人体造成钝伤的结构体。有效命中指的是射击试验时，在规定弹头类型和射击速度的情况下，弹头入射角偏差小于±5°，弹着点间距离≥51mm，弹着点距边缘距离≥75mm 的单头冲击。该标准采用 $V50$ 作为弹道极限，即对某一种枪弹类型，被测试样形成穿透的概率为 50%的速度。警用防弹衣通常分为 6 级，每一个防护等级对应不同的枪弹类型、弹头标称质量、枪弹初速、弹头结构、弹头弹壳尺寸和适用枪型。标准中规定防弹衣躯干的实际投影面积≥0. 25m^2，硬质防弹插板不得小于 250mm×300mm，倒角不得超过 25mm。对于防弹性能的试验，在有效击中情况下，防弹衣应阻断弹头，并且背衬最大凹陷深度应≤25mm，而美国 NIJ 标准规定，被测试样的凹陷深度<44mm，根据相关检测标准可知，GA 标准中的 2 级、3 级对应 NIJ 标准中的ⅢA 级，相比之下，我国的 GA 标准更加严格。

第5章

防弹靶板断口分析

防弹靶板的断口形态是非常重要的弹道冲击响应之一。通常针对冲击后靶板的弹孔形态以及靶板层、纱线、纤维等不同层次的断口形态，采用直接观察、光学显微镜和扫描电子显微镜（SEM）进行观测识别，分析靶板在弹道冲击过程中的受力状态、变形程度和损伤机制，为靶板的设计选材以及有限元模拟分析的有效性验证提供重要的物理依据。

在弹道冲击下，不同的防弹靶板材料和结构具有不同的损伤模式，一般是从宏观和微观两个层面进行分析。宏观层面主要是观察冲击后的靶板整体、织物内或铺层结构内纱线和纤维的损伤特征，也称断口分析。微观层面主要分析高性能纤维聚合物大分子结构的变化，可以为宏观层面的失效模式提供理论依据。

5.1 高性能纤维断裂机理

目前应用于防弹材料的高性能纤维都是高聚物纤维。在弹道冲击作用下，宏观层面上纤维在力的作用下拉伸变形直至断裂，微观层面上表现为大分子链的断裂。聚合物大分子链由主价键和次价键结合，主价键是共价键，将单个原子连接在一起，形成大分子链；次价键是指范德瓦耳斯力和氢键，用来连接主链和各种基团，形成大分子结构。当纤维大分子键在一定温度或外力作用下被激发超过其活化能时，分子键产生断裂。

脆性断裂和韧性断裂是高聚物纤维的两种主要失效模式。在脆性断裂中，主价键和次价键都会断裂，裂纹会垂直扩展穿过纤维轴，形成整齐的断口表面。在这个过程中，主价键的断裂通常更明显，塑性流动较小。而在韧性断裂中，分子间滑移是次价键断裂的主要机制。这种失效模式通常需要大分子链有足够的可滑移性，从而产生塑性流动。与分子间滑移相比，主价键断裂需要更多的断裂能。实际上，在大多数情况下观察到的是这两种混合失效模式。

根据时—温等效原理，在高应变率条件下或低于高聚物的玻璃化温度时，大多数高聚物都会发生脆性断裂，这时主价键和次价键同时发生断裂。在低应变率条件下（$0.01s^{-1}$）或者高于玻璃化温度时，分子结构的断裂主要是塑性变形和分子间滑移，从而导致大分子链的次价键断裂而非主价键断裂。正是由于这个原因，宏观层面上高性能防弹材料的力学性能才表现出明显的应变率效应。在高应变率条件下，高性能纤维往往产生脆性断裂，在分子结构内部塑性变形和分子间滑移的时间不足，从而降低了材料的弹道吸能。

作为防弹材料的高性能纤维，如芳纶和 UHMWPE 纤维，分子链刚性较强。在高应变率加载作用下，材料总是优先通过耗能最少的机制失效，分子链主要以次价键断裂为主，难以直接产生主价键的断裂。而且由于纺丝加工过程中纤维表面或内部结构不可避免地存在缺陷，导致纤维在高应力拉伸时缺陷周围产生剪切应力，即使裂纹周围非常微小的剪切应力，也足以导致分子间滑移并克服较弱的分子间键，如图 5-1 所示。这种断裂机制的宏观表现是纤维产生轴向纰裂，也称为原纤化。这种断裂形态是高强高模、高韧性纤维在外力作用下的主要损伤模式。在高应变率作用下，UHMWPE 纤维产生典型的非晶区裂纹扩展，与低应变率相比，这是更为有利的吸能机制。有研究认为，正是这个原因，UHMWPE 纤维比芳纶能产生更多的应变能。

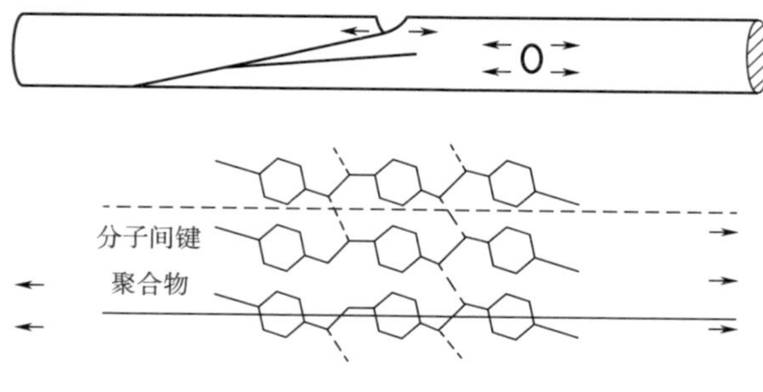

图 5-1　纤维分裂演化示意图

UHMWPE 纤维作为防弹材料，在弹道冲击过程中的热熔损伤始终是防弹性能关注的焦点。在子弹冲击过程中，UHMWPE 靶板首先受到向下的压缩作用，继而产生面内的拉伸作用，从而产生横向变形。与子弹接触的材料向冲击点外围推开，子弹边缘和纤维之间产生剧烈摩擦作用，导致界面处积聚热量。由于 UHMWPE 纤维的导热率低，且子弹穿透速度快，摩擦产生的热量迅速增加却来不及向外传递，从而在纤维局部上形成“热点”。由于 UHMWPE 纤维的熔点较低（130~145℃），“热点”足以使纤维软化或熔化。虽然很难测量弹道冲击下织物的局部温度，但可以肯定子弹与靶板的摩擦生热是导致 UHMWPE 纤维热损伤的主要原因，子弹与 UD 层在冲击下的相互作用，如图 5-2 所示。

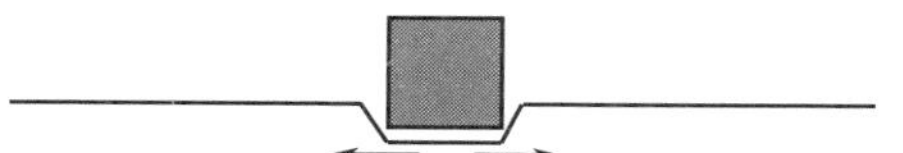

图 5-2　子弹与 UD 层在冲击下的相互作用

5.2　芳纶织物靶板

在弹道冲击下，织物靶板损伤模式主要有纤维断裂、纱线抽拔、纱线脱散和织物变形，这些是织物靶板最主要的弹道冲击耗能机制形式。在弹道冲击下，引起纱线断裂有两个因素：纱线轴向的拉伸作用和垂直于轴向的剪切作用，如图 5-3 所示。而纱线的剪切断裂耗能远低于纱线的拉伸断裂耗能，除纤维断裂外，纱线间的相互摩擦作用也会导致纱线抽拔、横移，从而产生摩擦耗能。特别是低速冲击下，靶板在自由边界条件下，纱线抽拔耗能更为显著。

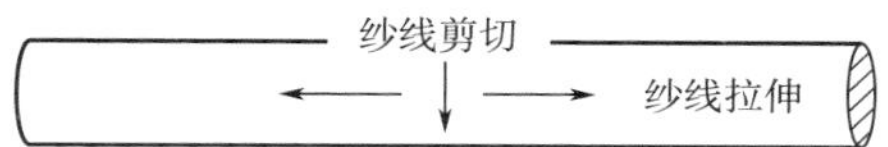

图 5-3　在弹道冲击下纱线所受的两种力

子弹刚接触靶板时，与子弹直接接触的纱线受到压缩和剪切作用，如图 5-4 所示。同时，应力波从冲击点沿中心纱线迅速向两端传播，主要纱线上的纤维被拉伸，纱线应力逐渐增大。在弹道冲击过程中，纱线断裂通常是由拉伸应力、剪切应力和压缩应力共同作用的结果。当纱线上的综合应力超过材料屈服应力的极限值时，纱线断裂，织物被穿透。

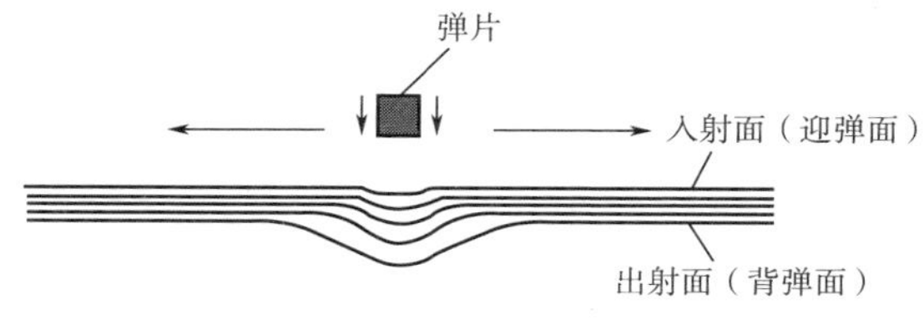

图 5-4　应力传播示意图

在叠层织物靶板内，尽管是由同样的织物叠合而成，但由于各层所处的位置不同，其断裂形态也存在差异。针对三种芳纶织物靶板：单层织物靶板、穿透织物靶板和非穿透织物靶板，深入分析断裂形态的差异，从而可明确织物靶板在不同条件下的损伤机制。

5.2.1 单层织物靶板

作为叠层织物靶板的基本单元，首先对单层织物的断裂形态进行观测分析。单层 Twaron®织物的弹片冲击过程如图 5-5 所示。单层织物的断裂时间为 5.5~11μs。当弹体高速冲击织物时，冲击区域产生面外横移，形成清晰的菱形凸起，形状类似于“金字塔”，冲击点为“金字塔”顶点，底部的四角位于中心纱线上。由于织物是正交各向异性材料，应力波只能从冲击点沿弹片直接接触的中心纱线传播，中心纱线的抽拔清晰可见。对于本研究中使用的弹丸类型，有 5~6 根中心纱线直接与弹丸接触，并在冲击作用下拉伸至断裂。

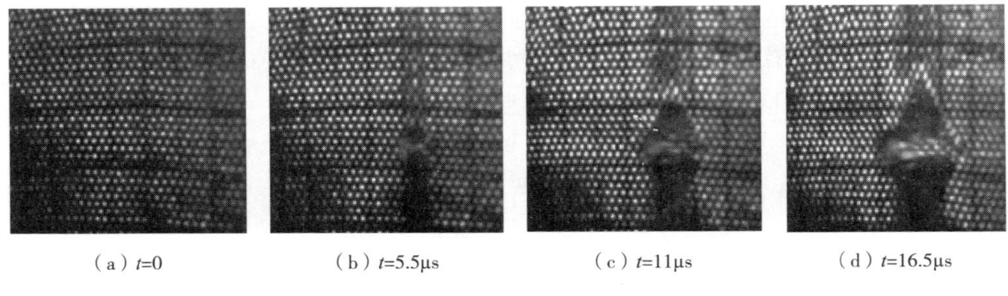

（a）t=0　（b）t=5.5μs　（c）t=11μs　（d）t=16.5μs

图 5-5　单层芳纶织物的冲击过程

穿透织物中的断裂纤维采用 SEM 观察可以发现：芳纶织物中纤维的轴向纰裂是主要损伤形态，如图 5-6 所示。这是具有高取向、高结晶、线性大分子链纤维的典型断裂形态。

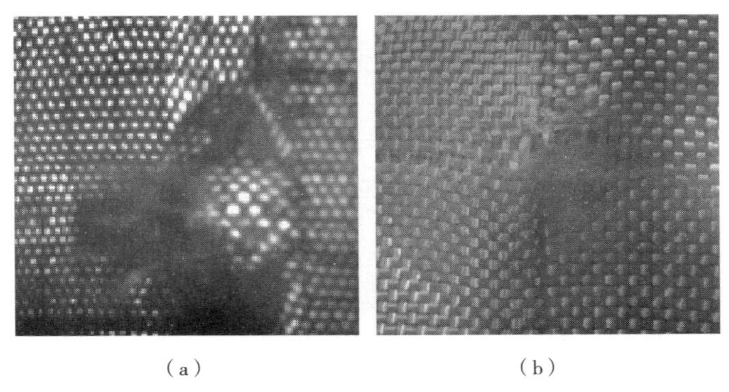

（a）　（b）

图 5-6　穿透的芳纶织物

从图 5-7（a）（b）可以看出，纤维轴向表面呈现纵向条纹，这是纤维在高应力作用下的初始形态。随着应力的增加，这种纵向条纹会变得更加明显，达到一定程度后纤维形成轴向纰裂，如图 5-7（c）（d）所示。纤维的轴向纰裂可进一步发展成为多个轴向纰裂，使得纤维断裂头端产生多个分叉，如图 5-7（e）所示。在外力作用更为严重的情况下，纤维的轴向纰裂会衍生出许多细的丝束和条带，如图 5-7（f）所示。在冲击后织物的弹孔边缘，通常可以观察到芳纶纤维这种极端的断裂形态。

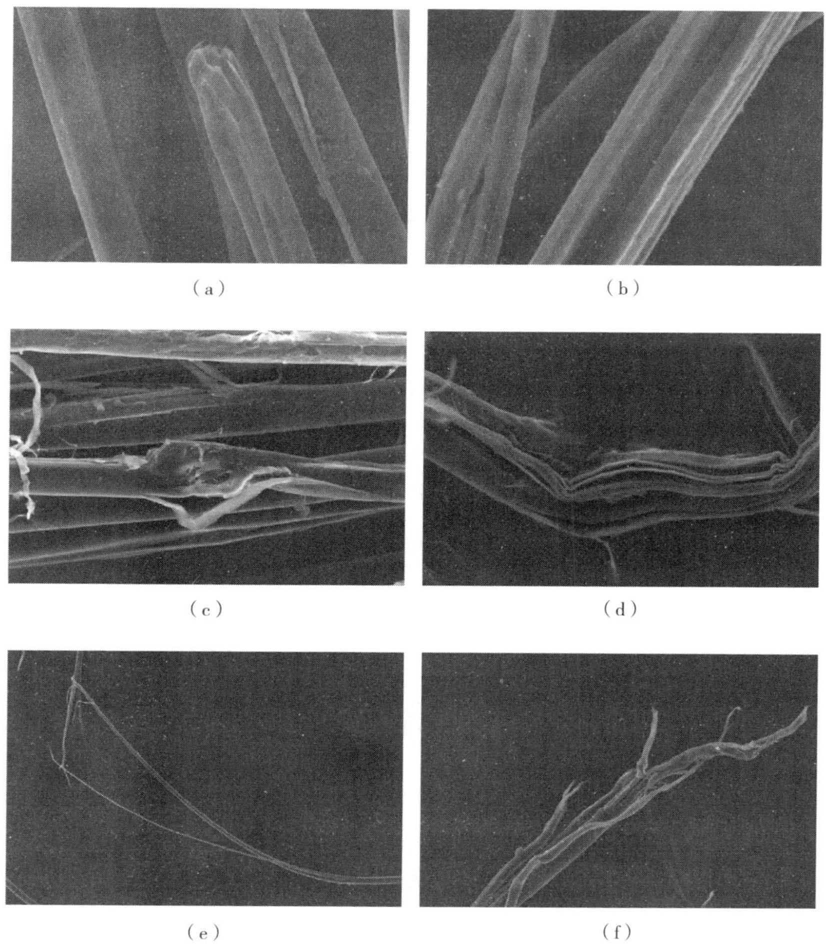

图 5-7　芳纶纤维的失效形态

为了对比不同的失效模式，采用 SEM 观察剪刀剪断的芳纶纱线，如图 5-8 所示，与弹道冲击引起的纤维轴向纰裂不同，剪断的纤维主要是受到剪切力的作用而断裂。断裂的纱线呈现光滑的表面，而断口位置处呈现类似压缩的平面。纤维只有在断裂位置处局部损伤，断口面积小，而纤维轴上其他区域不受影响。

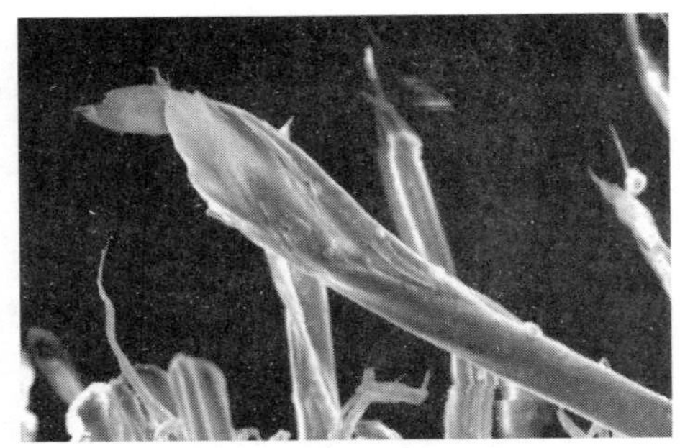

图 5-8 芳纶纤维的剪切破坏形态

5.2.2 穿透织物靶板

在 9 层芳纶织物靶板 $11F_9$ 的冲击过程中，由于织物层数的增加，断裂时间也相应增加，子弹从接触到穿透织物靶板耗时大约 18μs。靶板冲击点位置同样出现类似于金字塔形状的横向变形。在子弹穿透织物层后，金字塔形状的横向变形逐渐转变为圆拱形，这是织物叠层的结果，如图 5-9 所示。

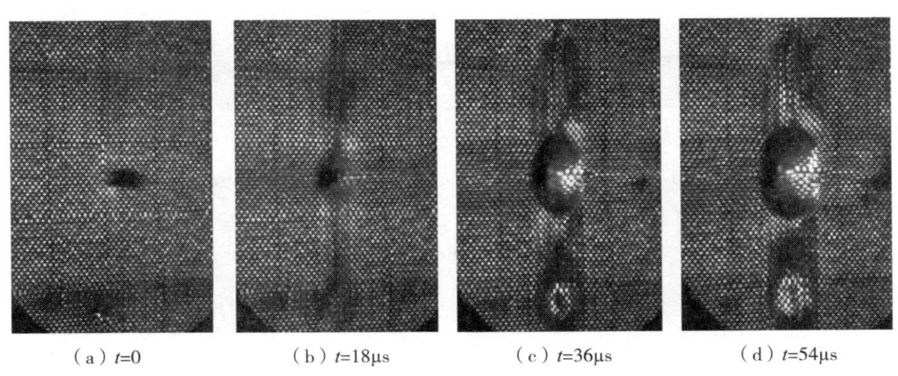

(a) t=0 (b) t=18μs (c) t=36μs (d) t=54μs

图 5-9 9 层芳纶织物靶板 $11F_9$ 的冲击过程

在弹道冲击作用下，织物产生横向变形，中心纱线被拉伸并抽拔出织物表面，在织物中心纱线附近形成褶皱。织物上的褶皱程度可以反映冲击过程中织物的应变程度。在织物靶板入射面的最后一层（第 9 层），可以观察到比前层织物更严重的褶皱，如图 5-10 所示，说明出射面位置的织物层产生了更加显著的横向变形。由此可推断，在穿透织物靶板中，从前层到后层的横向位移是逐渐增加的。

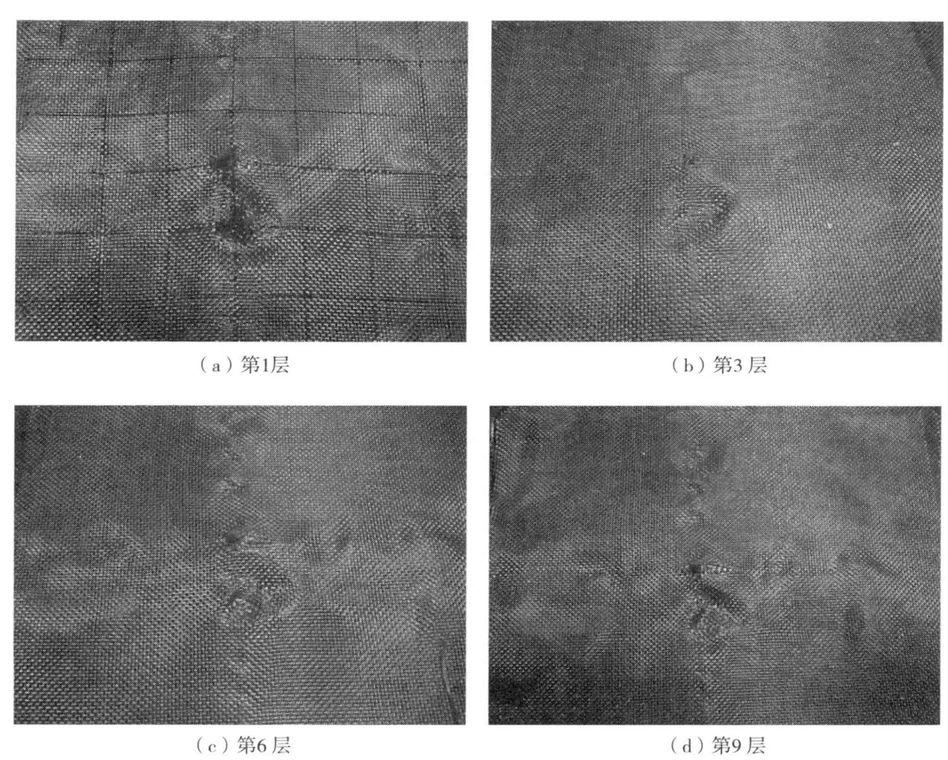

（a）第1层　（b）第3层

（c）第6层　（d）第9层

图 5-10 芳纶织物靶板 $11F_9$ 中各穿透层的破坏形态

织物靶板中不同织物层的穿透形态如图 5-11（a）所示。入射面织物层的冲击区域弹孔边缘不清，弹孔周边纱线断口形态清晰整齐，断裂的纱线根数从入射面到出射面依次减少。在出射面织物层上仅有一根中心纱线断裂，弹孔周边纱线松弛突出，被抽拔出织物表面，纱线间形成很大的孔隙。纱线之间的孔隙就像一个“窗口”，使子弹可以轻易地滑过织物，而不会使纱线断裂，织物吸能就会相应减少。因此，织物的组织密度不能过小，以防止弹片从纱线间的孔隙滑移。

靶板内各层织物弹孔位置处纱线的断裂形态在显微镜下的观察结果如图 5-12 所示。在入射面附近的第一层和第三层织物上，纱线断口整齐清晰，断裂的纤维长度接近，反映出纱线断裂位置处应力较集中。随着织物层后移，断裂纱线上的断裂纤维明显具有不同的长度，说明纤维断裂时应力分布区域较大，导致纤维上在不同的位置断裂。

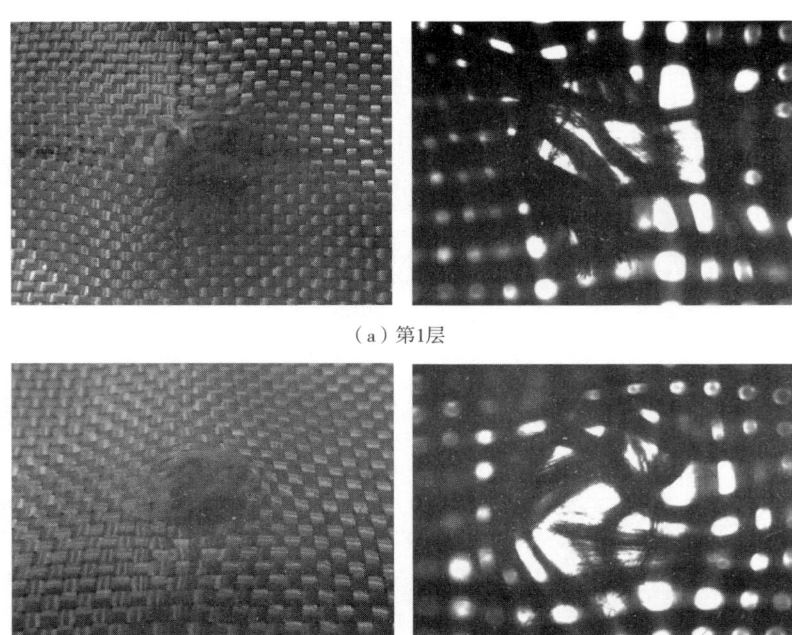

（a）第1层

（b）第9层

图 5-11　芳纶织物靶板 $11F_9$ 不同织物层的穿透形态

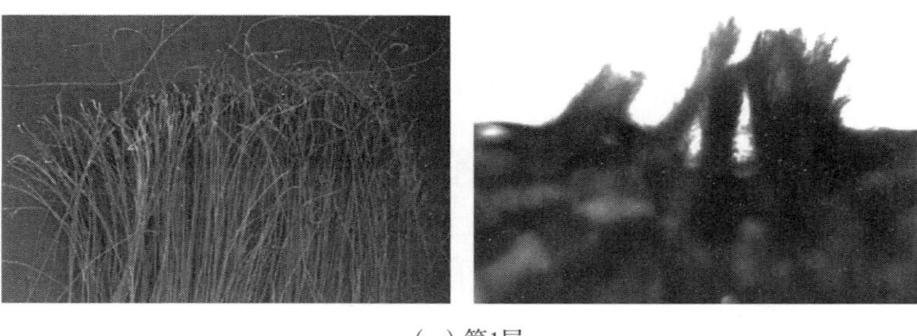

（a）第1层

（b）第3层

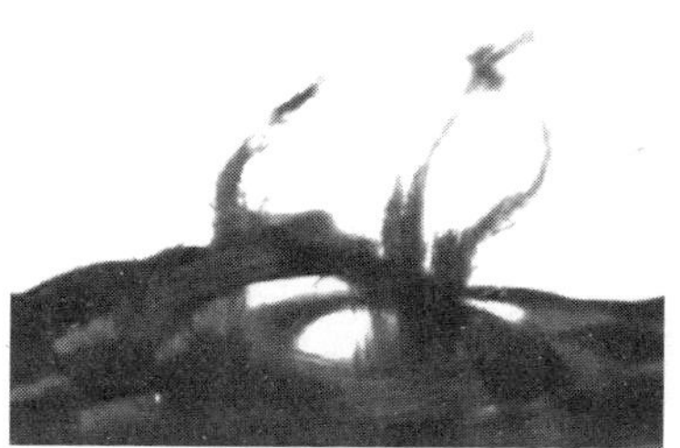

（c）第6层

（d）第9层

图 5-12　芳纶织物靶板 $11F_9$ 中不同层的纱线断裂形态

通过 SEM 高倍观察，各层织物中断裂纤维的不同损失形态如图 5-13 所示。在穿透织物靶板中，纤维轴向纰裂仍是每层纤维的主要破坏形态，但是各层断裂纤维的损伤程度存在一定的差异。

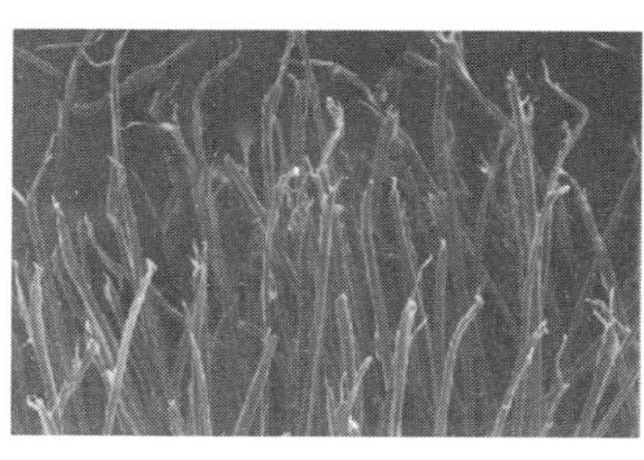
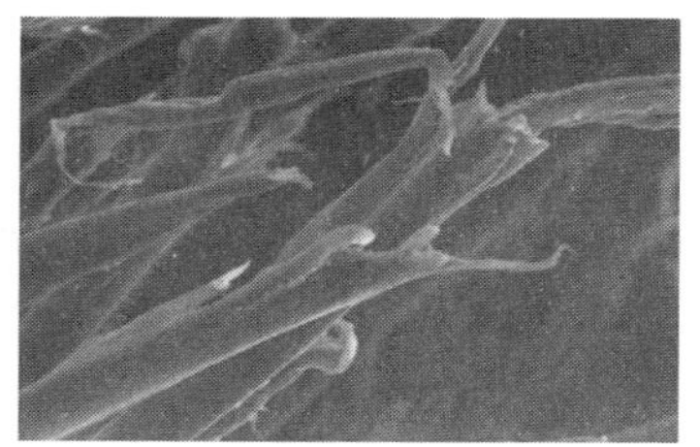

（a）第1层

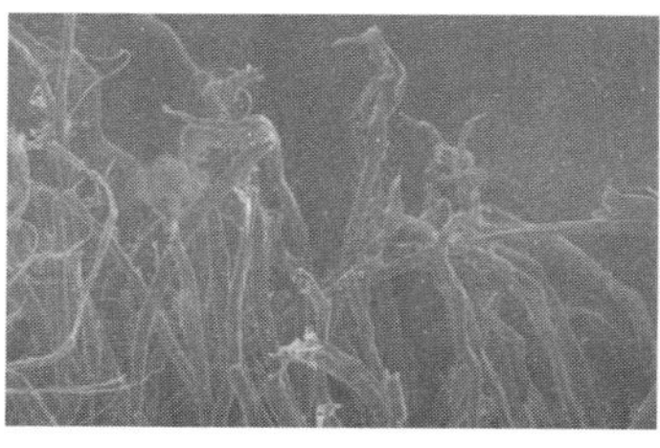
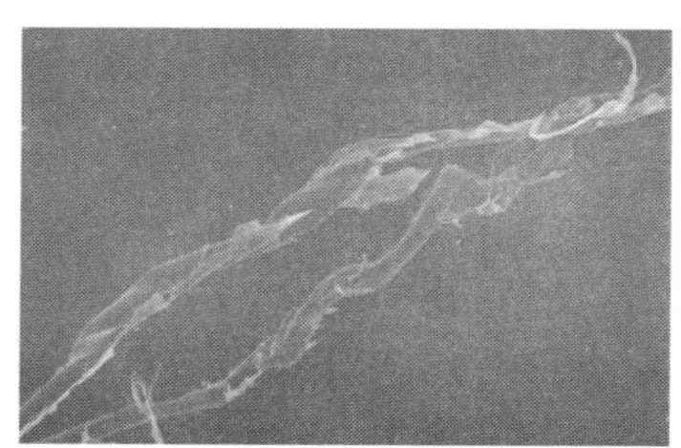

（b）第3层

图 5-13

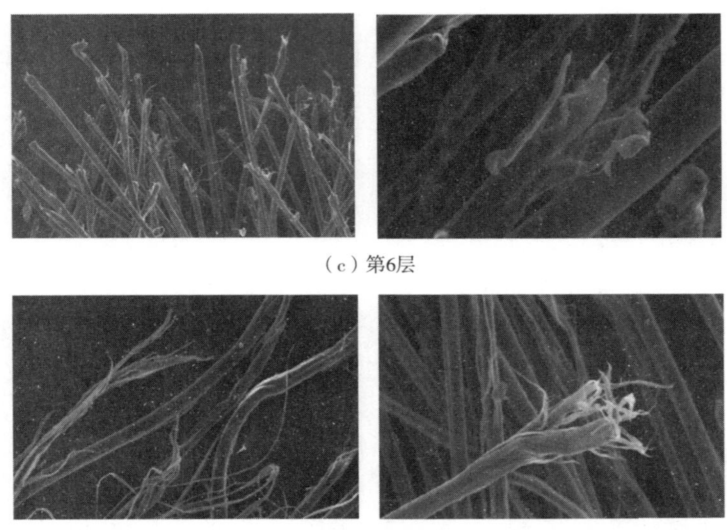

（c）第6层

（d）第9层

图 5-13　芳纶织物靶板 $11F_9$ 不同织物层中断裂纤维的损失形态

在靶板入射面的第 1、第 3 层上［图 5-13（a)(b)］，断裂纤维的断口处有细小分叉，分叉区域不大，主要集中在断口处。这是由于纤维受到冲击后，局部高应力集中所导致。如图 5-13（b）所示，在第 3 层上，断裂纤维的末端呈现严重的扭曲形态，这表明纤维断裂前受到了严重的扭绞拉伸作用。

在第 6 和第 9 层上，断裂纤维呈现严重的轴向纰裂，纤维断口处分叉严重，断裂位置衍生出大量的细丝，纤维径向被细丝缠绕，劈裂程度严重的甚至能从纤维断口位置沿径向延伸很长［图 5-13（c)(d)］。这种逐渐加剧的劈裂现象表明，在穿透靶板内从入射面到出射面应力分布的范围逐渐扩大。

5.2.3　非穿透织物靶板

在非穿透织物（Twaron）靶板 $11F_{24}$ 中，前 10 层是穿透的。由于靶板四周边界自由，与穿透靶板织物 $11F_9$ 相比，非穿透靶板内的织物能够产生更显著的面内变形和横向位移，如图 5-14 所示。

在非穿透情况下，当子弹穿过织物后，织物层会反弹，形成鼓包和大面积的褶皱，如图 5-15（a）所示。在织物靶板后面的黏土上产生的凹坑如图 5-15（b）所示。从靶板织物 $11F_{24}$ 中各层的变形程度来看，第 10 层织物（最后一层穿透层）的褶皱比前面第一层（ply-18）和最后一层（ply-24）更加明显，如图 5-16 所示。以上各织物层断裂形态的差别说明，靶板在弹道冲击作用下，由于织物所处的位置不同，各层变形程度存在差异，中间层的横向变形更加显著。

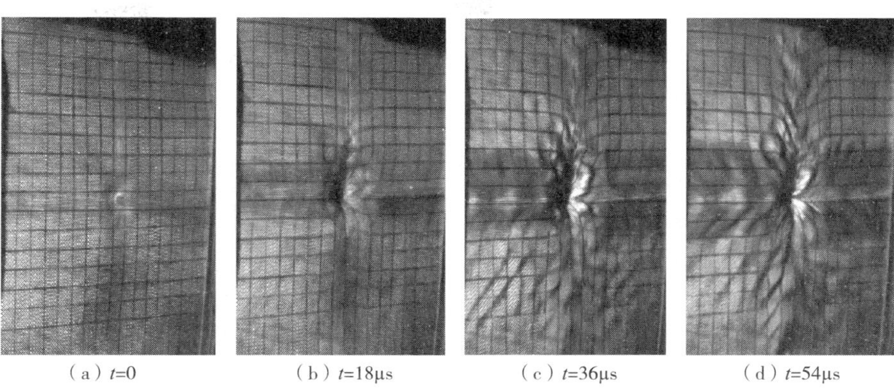

（a）t=0　（b）t=18μs　（c）t=36μs　（d）t=54μs

图 5-14　非穿透织物靶板 $11F_{24}$ 的冲击过程

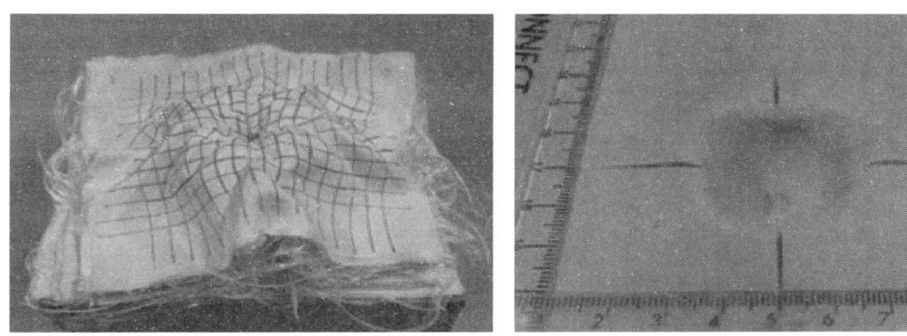

（a）冲击后非穿透Twaron靶板　（b）黏土中的凹坑

图 5-15　织物靶板 $11F_{24}$ 在非穿透情况下的形态

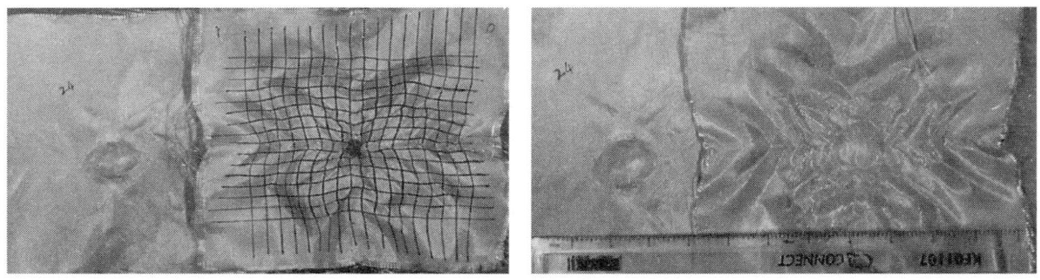

（a）第1层（右）和第24层（左）　（b）第10层（右）和第24层（左）

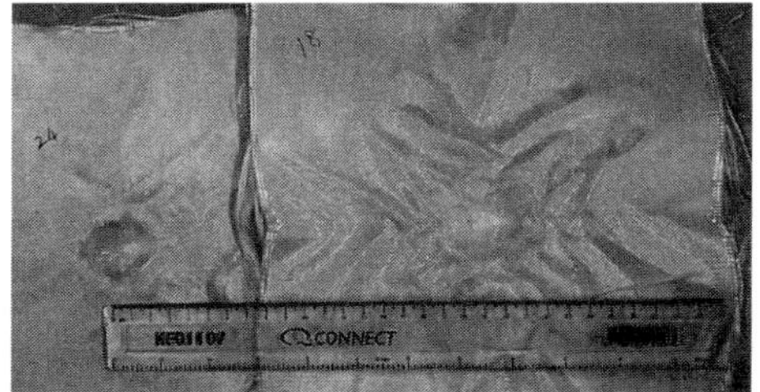

（c）第18层（右）和第24层（左）

图 5-16　织物靶板 $11F_{24}$ 中织物层上不同程度的褶皱

靶板各层的横向变形区域面积如图 5-17（a）所示。在入射面第 1 层上，变形区域仅局限于弹孔周围，由于弹孔边缘的高应力集中，这些织物层被快速穿透，断裂前无法产生明显的横向位移。

在最后一层穿透层第 10 层上，只有一根断裂的纱线，冲击区域存在一个明显的菱形凸起，附近位置存在明显的横向变形，如图 5-17（b）所示。这种损伤形态清楚地表明织物上应力分布的范围更广，能够使更多的材料参与横向变形。在靶板后面的几层织物上（第 18 层、第 24 层），织物未穿透，只产生横向变形。这说明后层织物所受应力较低，该应力只能使纱线拉伸变形，而不能使纱线断裂。

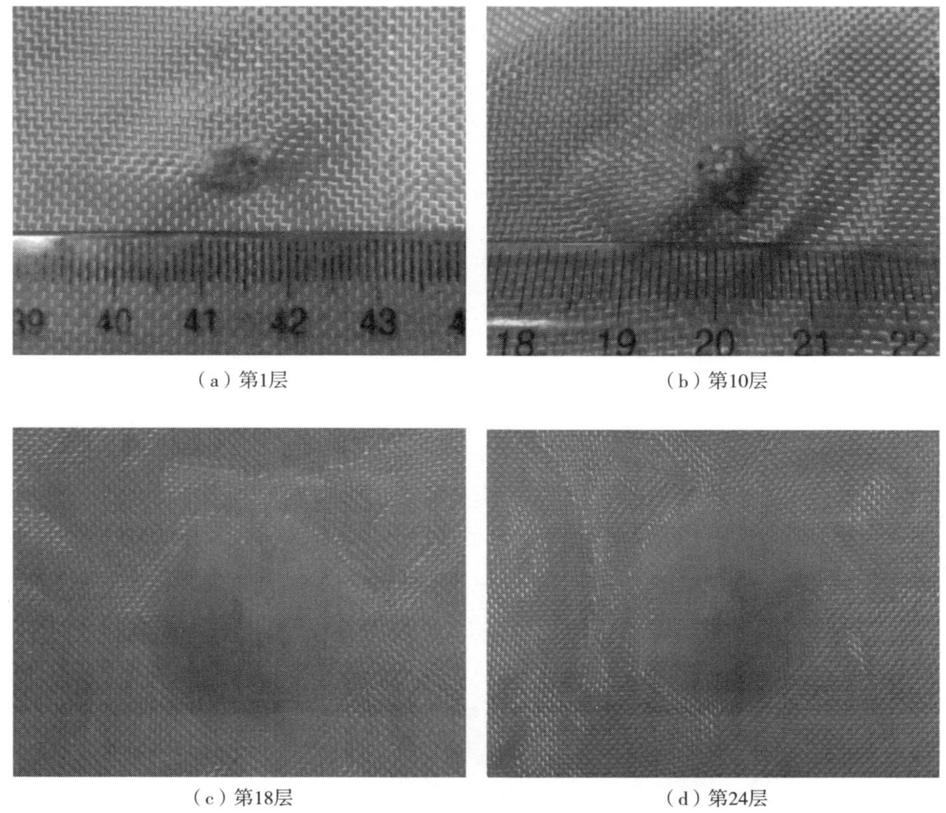

（a）第1层　（b）第10层

（c）第18层　（d）第24层

图 5-17　织物靶板 $11F_{24}$ 不同织物层的冲击区域

在弹孔周围还观察到纤维碎屑，从宏观上看，是松散蓬松的纤维丝，结构不清晰。通过 SEM 观察发现，这些碎屑状纤维呈现条状或扁平带状，如图 5-18 所示。这一形态表明，在子弹的作用下，纤维受到了严重的压缩作用和拉伸作用。

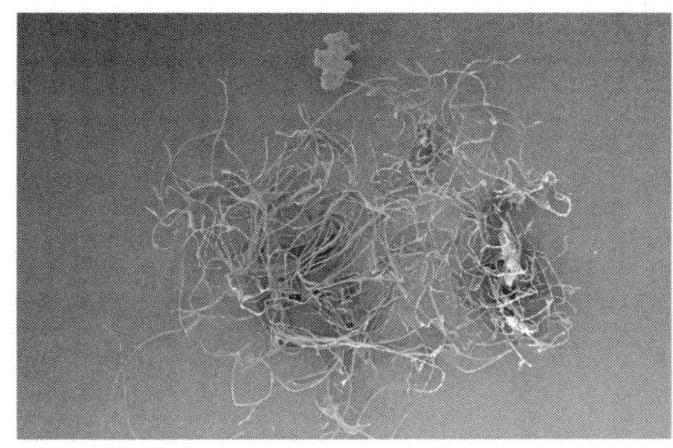
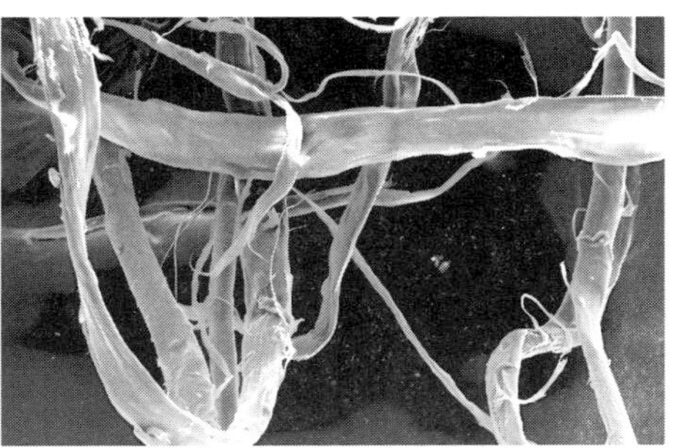

图 5-18　织物靶板 $11F_{24}$ 中的断纱形态

在穿透的织物层上，第 1 层和最后一层穿透层之间的轴向纰裂程度不同，但差异并不如穿透织物靶板 $11F_9$ 明显，如图 5-19 所示。断裂纤维的损伤区域主要集中在每个穿透层的弹孔附近。在所有穿透层中，纤维轴向纰裂的程度并不严重。穿透层上的许多断裂纤维具有整齐的末端，压扁的纤维端头朝向同一个方向。

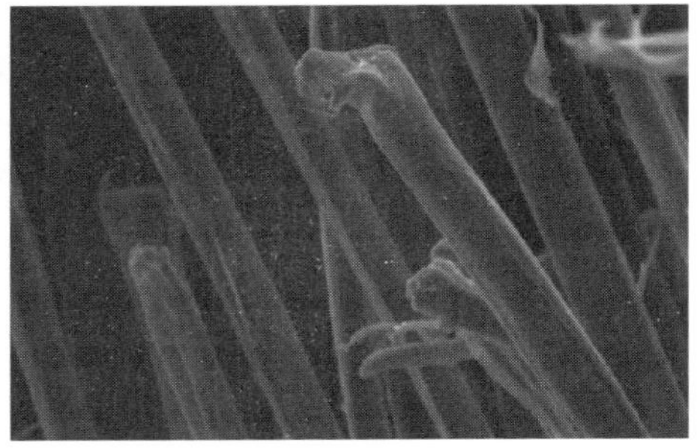

（a）第1层

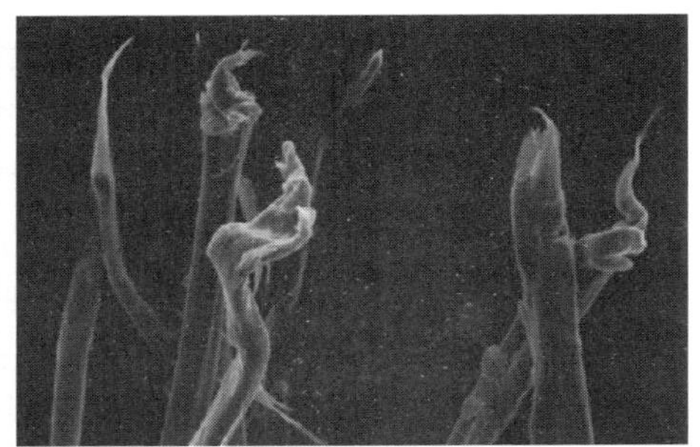

（b）第10层

图 5-19　非穿透织物靶板 $11F_{24}$ 中的断裂纤维

纤维断裂的这种破坏形态，表明了在冲击下穿透层的局部区域应力集中，这是由于后面的靶板层和其后面的胶泥限制了穿透层的横向变形。断裂纤维的断口整齐，表明在冲击下显著的压缩应力和施加的冲击方向。这种破坏形态与穿透情况下靶板前层中观察到的形态相似。在非穿透情况下，靶板上的压缩力由于靶板背面的胶泥而增加。

5.2.4 叠层织物靶板损伤机制

在冲击作用下，子弹的动能主要通过纱线断裂和织物变形的形式被耗散。通过对靶板内各层织物的损伤程度，纱线的断裂形态、横向变形程度等断口形态差异的分析，可以在一定程度上反映出各织物层横向变形、应力分布和各层吸能等弹道冲击响应的差异。

织物内当纤维的应力值超过材料的屈服应力值时，纤维即发生断裂，且纤维一定是在应力值最大的位置断裂的。因此，各织物层的断裂位置和断裂形态可以反映靶板内的应力分布。根据各织物层的横向变形程度和应力分布的差异，可以推断各织物层的吸能情况。织物上明显的横向位移，表明材料承受了较大的应力从而产生应变，而织物上冲击区域的大小，则意味着应力分布的范围及参与应变的材料量。显然冲击区域覆盖面积越大，损伤程度越显著的织物层能够产生更多的应变能。

此外，根据 Griffith 断裂能理论，产生两个断裂面的断裂能源于材料的弹性应变能。断裂能代表在裂痕扩展中所吸收的能量，而部分应变能在裂痕扩展时通过断裂能的形式被消耗。有研究表明，材料在拉伸断裂的过程中有四分之三的应变能主要转化为断裂能和不可恢复的塑性变形。因此，可认为形成的断裂面越大，则消耗的应变能越多。

在穿透靶板中，与入射面织物层相比，后层织物的褶皱程度更严重，横向变形更明显。从入射面到出射面各织物层的损伤程度逐层增加。前层断裂纱线主要集中在弹孔周围，断裂头端整齐、均匀，局部应力集中特点明显。而在最后一层织物上，断裂纤维纰裂严重，断裂长度差异明显，各根纤维断裂位置不同，说明纤维的应力分布范围更大，应力传递距离更远。相应地，各织物层的吸能从入射面到出射面是增加的。以上断口形态的差异也反映出：织物靶板从前层到后层是由剪切破坏逐渐过渡到拉伸破坏的损伤机制。

而在非穿透靶板内，最后一层穿透的织物层上，织物变形最为严重，褶皱程度和范围比入射面和出射面织物都更明显。入射面织物平整，弹孔清晰；后层织物没有穿透，只有起拱变形。这些断裂形态的差别说明在非穿透靶板中，从入射面到出射面的织物层，横移程度和纱线损伤程度先增加后减小，应力从前层到后层逐渐衰减。可以说明各织物层的吸能从入射面到出射面呈现先增后降的趋势，而子弹停止的位置，即最后一层穿透的织物具有最大的应变能。

5.3　UHMWPE UD 无纬布靶板

UHMWPE UD 无纬布是一种柔质复合材料，由于树脂含量少，UD 无纬布手感较复合材料软，但整体刚性比机织物大。其弹道冲击破坏模式不同于机织物和传统硬质复合材料，失效模式包括层压变形，纤维拉伸、抽拔、分层和冲塞等。以 Dyneema[1] UD 靶板为例，针对穿透靶板和非穿透靶板分析各层断口损伤的差异。

5.3.1　热熔损伤

分别对单层和非穿透 UD 靶板的冲击过程进行高速摄影，可以发现：在单层 UD 靶板和非穿透靶板的冲击区域上均观察到了白色光斑，如图 5-20、图 5-21 所示。有许多研究都有同样的发现，认为是局部摩擦生热使温度升高所致。这种光斑在芳纶靶板的冲击中不明显。

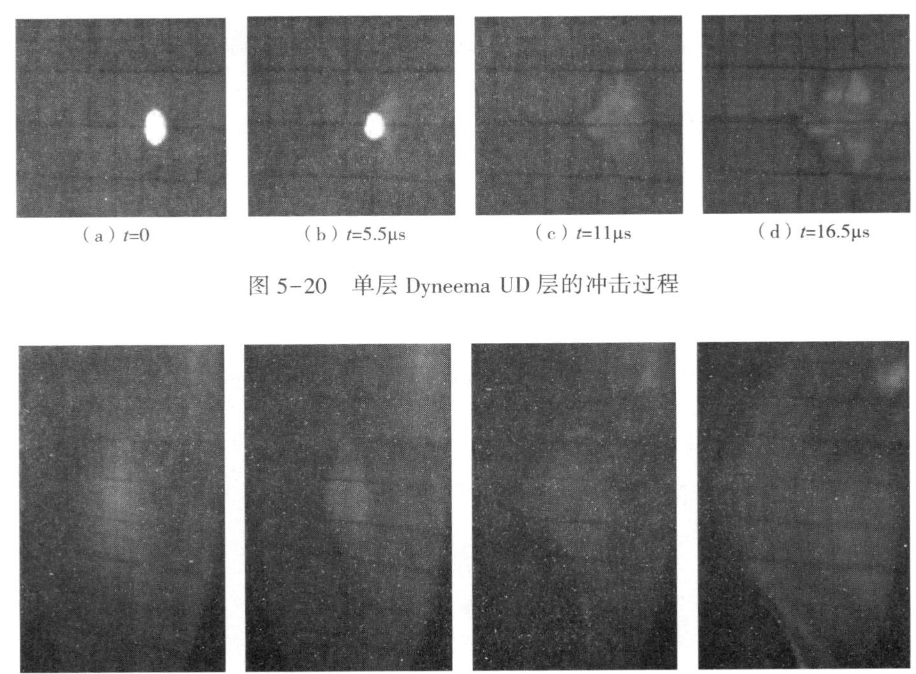

（a）t=0　（b）t=5.5μs　（c）t=11μs　（d）t=16.5μs

图 5-20　单层 Dyneema UD 层的冲击过程

（a）t=0　（b）t=38μs　（c）t=76μs　（d）t=114μs

图 5-21　非穿透 Dyneema UD 靶板 $7U_9$ 的冲击过程

[1] Dyneema 注册商标是超高分子量聚乙烯纤维（UHMWPE）产品中的知名品牌。

在冲击后的 9 层靶板上，弹孔位置处的纤维断裂收缩，形成一个方形弹孔，弹孔边缘清晰，纤维纵横叠层结构明显，如图 5-22 所示。在弹孔周围，断裂纤维呈现出皱缩的纤维末端，并带有凝固的颗粒。这些颗粒十分坚硬，难以散开，这是纤维热熔收缩的典型特点。有研究表明，UHMWPE 纤维在高于熔点温度的条件下会产生 100 倍的收缩。弹孔周围的这种热熔收缩意味着 UHMWPE UD 材料在弹道冲击下产生了热熔损伤。

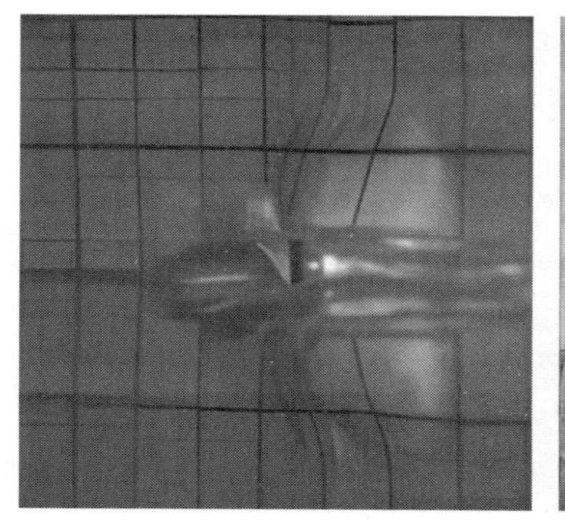

(a)

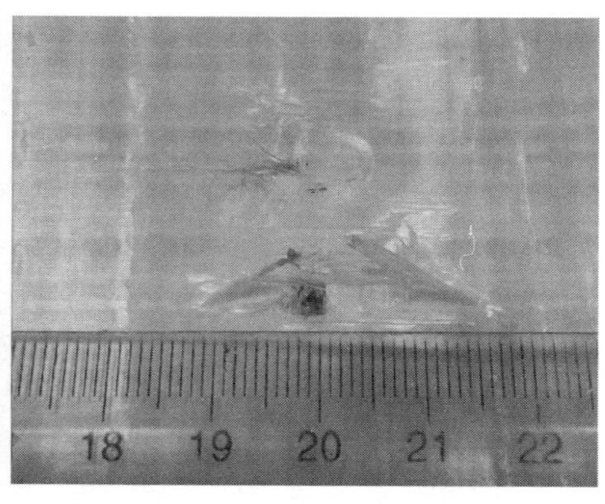

(b)

图 5-22　穿透的 Dyneema UD 靶板

在靶板的不同区域上，分层损伤的特点不同。在冲击中心区域，树脂呈现熔融和拉伸的特点，如图 5-23（b）所示。在远离冲击部位的区域 2 中，树脂呈现明显的纤维剥离痕迹，如图 5-23（c）所示。这些不同的形态表明，冲击区域的热熔损伤更加显著。一定程度上可以判断冲击区域摩擦产生的热量不是均匀分布的，而是从冲击点位置向外逐渐衰减，从而导致平面内不同区域的热损伤程度不同。

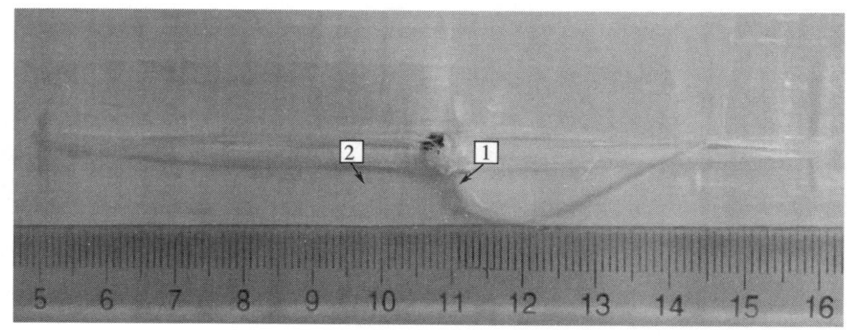

（a）层间分裂

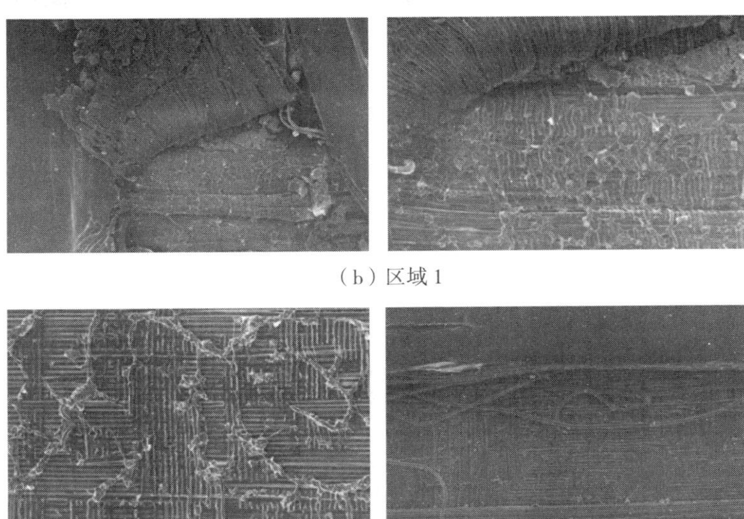

（b）区域 1

（c）区域 2

图 5-23　冲击后 Dyneema UD $7U_9$ 出口面上的层裂

通过 SEM 观察断裂的 UHMWPE 纤维，如图 5-24（a）（b）所示。大部分断裂的纤维末端是光滑的，部分呈球面。另有一些纤维末端呈蘑菇状，如图 5-24（c）（d）所示。这种断口形貌表明材料经历过软化和塑性流动阶段，这是典型的热熔损伤断口形态，表明纤维在冲击下遭受了显著的热熔损伤。

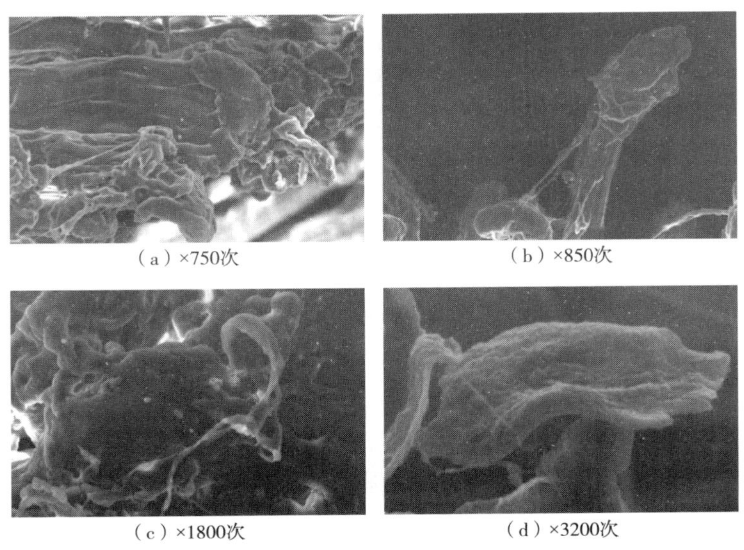

（a）×750次　　（b）×850次

（c）×1800次　　（d）×3200次

图 5-24　Dyneema UD 靶板 $7U_9$ 纤维断口形态

在未穿透的 UHMWPE UD 靶板中，在所有弹孔边缘处的纤维上均可以观察到球面状和熔融收缩表面的断裂形态。这表明无论在靶板内任何位置，只要 UD 层被穿透，则都伴随热熔损伤。有研究认为，UHMWPE 纤维有可能是在断裂后，弹体穿过 UD 层时与断口处的纤维摩擦生热，导致出现热熔损伤的形态。如果是这种情况，那么纤维断裂前，其力学性能是不受热效应影响的。

然而，对非穿透的 UD 靶板观察发现，子弹在最后一层穿透层（第 9 层）之前停止，第 9 层并未穿透，只是局部开裂，产生了一个小孔隙。这种情况下，子弹的侧面和断裂的纤维末端之间没有相互作用。然而，通过用 SEM 观察断裂处纤维发现，纤维末端也同样呈现热熔损伤的形态，如图 5-25 所示。这说明即使子弹没有穿透，弹片的边缘与材料的摩擦也足以产生足够的热量来引起热损伤。

以上现象充分说明，UHMWPE 靶板上的纤维是先产生热熔损伤而后断裂的。这就意味着材料的力学性能不可避免地会受到热熔损伤的影响，甚至衰减失效。

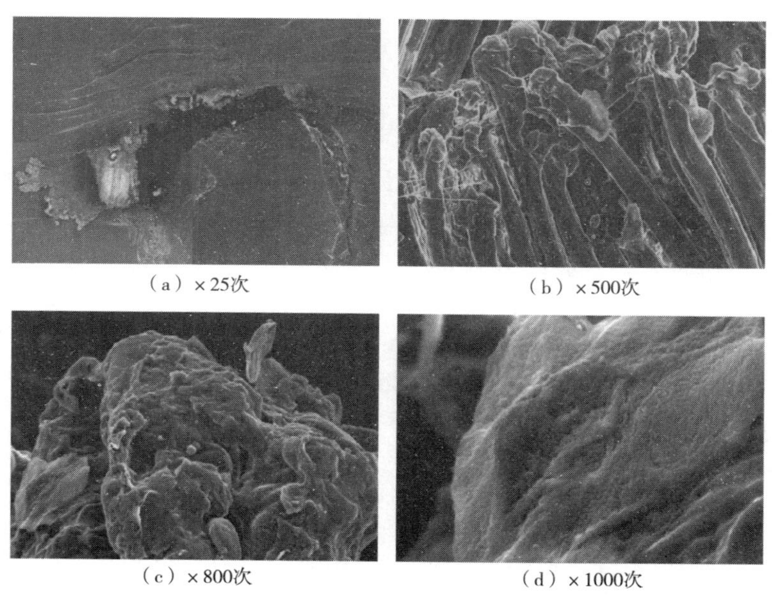

（a）×25次　（b）×500次

（c）×800次　（d）×1000次

图 5-25　冲击后 Dyneema UD 靶板 $7U_{24}$ 中第 9 层的断裂纤维

5.3.2 局部失效模式

除热熔损伤外，UHMWPE UD 这种柔质复合材料靶板与传统的硬质复合材料有相似的失效机制。在弹道冲击下，穿透的靶板上只有冲击区域的局部变形。弹孔周围材料平整，无明显褶皱，方形穿孔清晰可见，这是由于 UD 无纬布的正交铺层结构所致。在穿透靶板层上，弹片的冲击速度越大，变形区域的面积越不显著。

在 9 层 UD 靶板内，入射面弹孔周围的纤维经历了最初的压缩变形，子弹的横向移动将断裂纤维拉向出射面，如图 5-26 所示，继而在弹孔的边缘形成剪切破坏。而在靶板的最后一层背弹面，纤维在外力的作用下与树脂脱粘，从而产生纰裂条带。通过这种方式将应力从冲击点向外传递，扩散到靶板其他区域。靶板分层是由于厚度方向上的剪切和拉伸综合作用的结果。

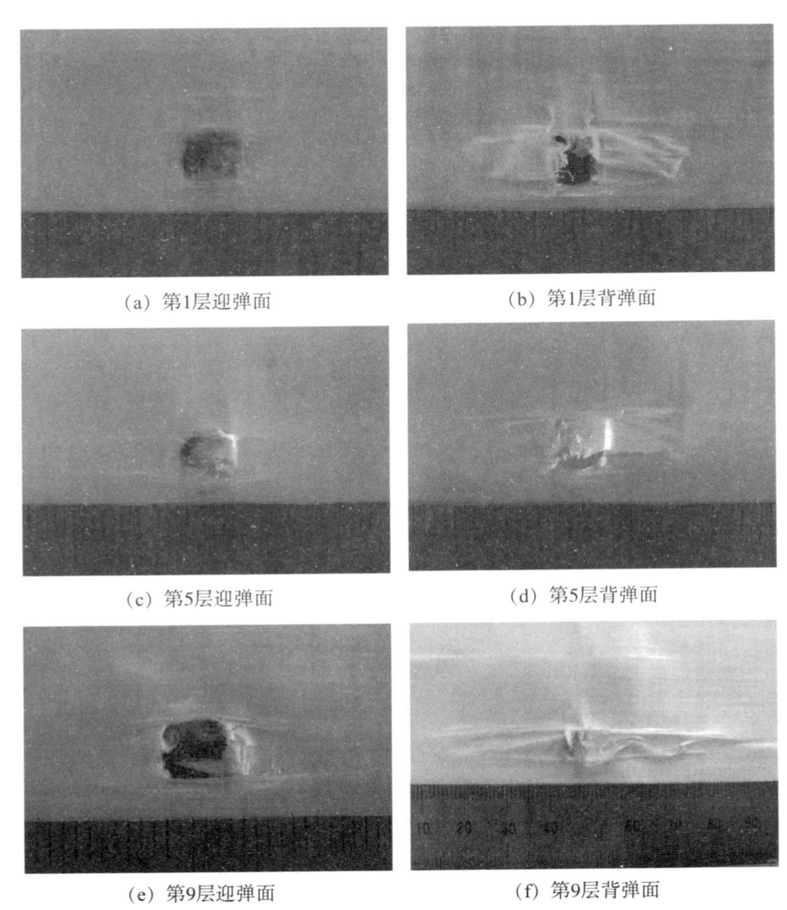

(a) 第1层迎弹面　(b) 第1层背弹面

(c) 第5层迎弹面　(d) 第5层背弹面

(e) 第9层迎弹面　(f) 第9层背弹面

图 5-26　UHMWPE UD 靶板断口形态

在非穿透靶板上，迎弹面的断裂形态与穿透靶板类似，只有弹孔位置的局部损伤。在后面非穿透的 UD 层上存在明显的起拱变形，中间层变形区域呈菱形向后层逐渐过渡为圆形，如图 5-27 所示。且靠近出射面的 UD 层横向变形的面积更小，这是靶板厚度方向上应力递减的结果。

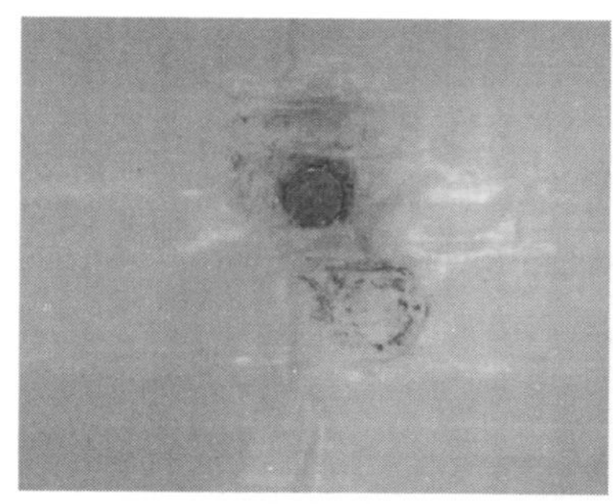

（a）第1层迎弹面

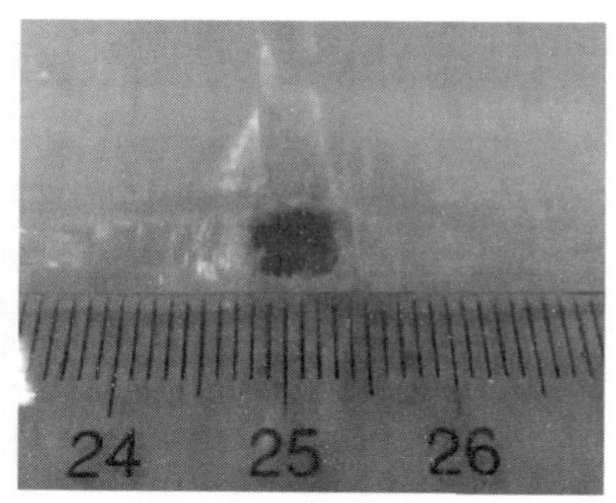

（b）第9层背弹面

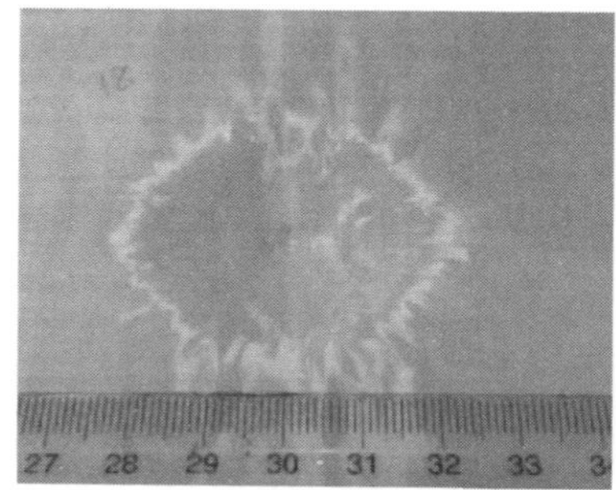

（c）第18层迎弹面

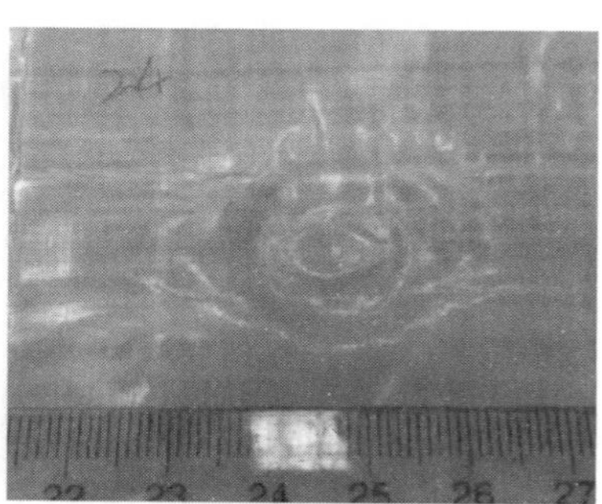

（d）第24层背弹面

图 5-27　非穿透 Dyneema UD 靶板

纤维轴向纰裂也是 UHMWPE 在高拉伸应力下的另一种主要损伤模式，如图 5-28 所示。在断裂的纤维上，同样可以观察到严重的丝束状轴向纰裂，这表明纤维在冲击过程中经受极高的应力作用，这种损伤形态近似于拉伸破坏。在冲击区域的纤维轴上也发现了类似结节的扭结带，如图 5-29 所示。这种形态表明纤维经受了压缩力的作用。有研究认为，这种断口形态是由于材料抗压强度低（约为拉伸强度的 1%），从而使分子链弯曲所致。

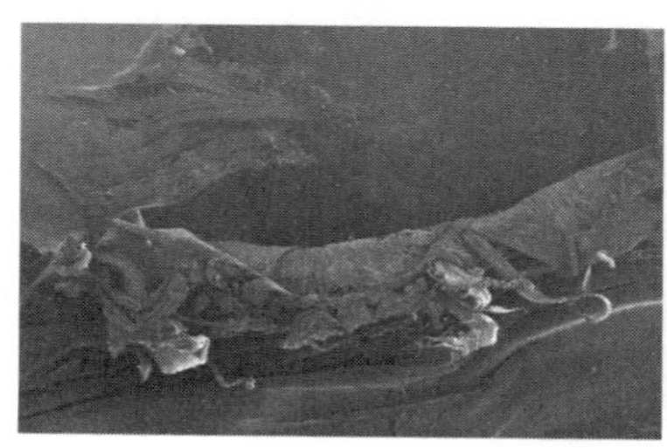

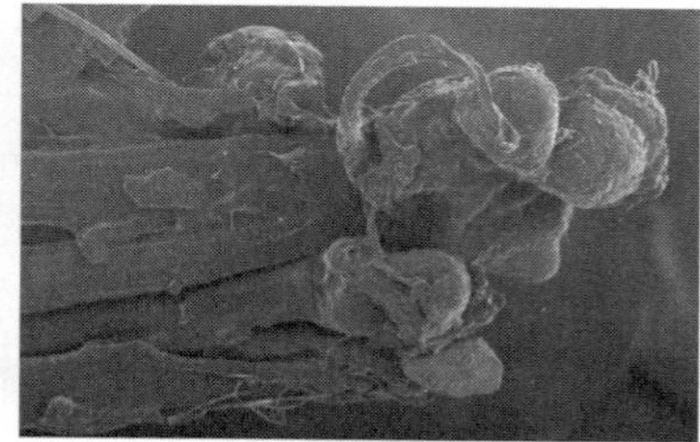

（a）第1层

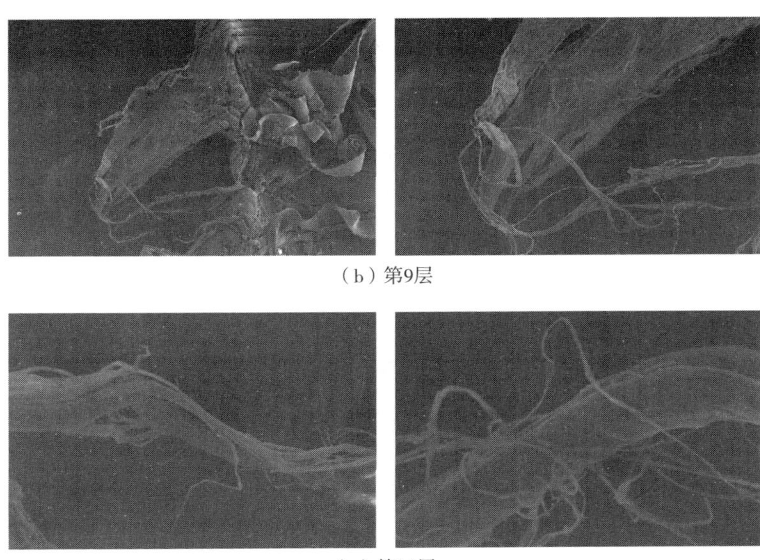

（b）第9层

（c）第10层

图 5-28　Dyneema UD 靶板 $7U_{24}$ 中轴向纰裂的断裂纤维

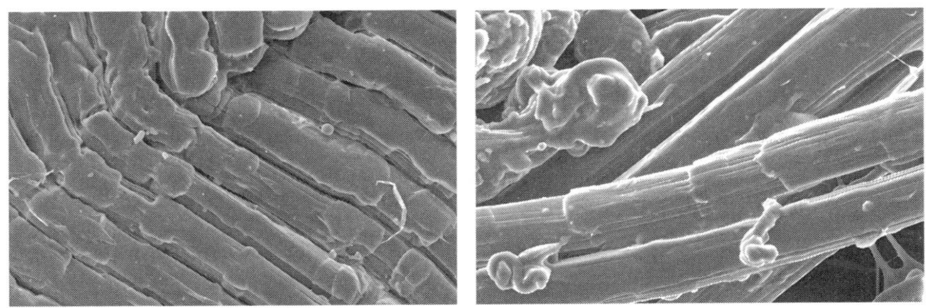

图 5-29　Dyneema UD 靶板 $7U_{24}$ 中有扭结带的断裂纤维

在 UHMWPE UD 靶板的弹道冲击过程中，纤维拉伸断裂仍然是能量吸收的主要模式，而热熔损伤耗能最少。在子弹的冲击作用下材料被压缩，通过纤维伸长和纤维拉出消耗靶板动能。但由于入射面 UD 层所接触的子弹速度较高，相互作用时间短，加之热熔损伤导致纤维力学性能衰减，势必导致 UHMWPE UD 靶板入射面层的吸能极为有限。但根据后层 UD 的断裂损伤形态来看，UD 层断裂前有足够的时间产生横向变形、分层和纤维轴向纰裂，说明拉伸断裂逐渐成为后层 UD 的主要损伤模式，其力学性能优势得以充分发挥，也就意味着后层 UHMWPE UD 层具有更高的吸能效率。

5.4 硬质靶板

UHMWPE 硬质复合材料通常应用于硬质插板或头盔，靶板刚硬质轻，比金属有更加优异的防弹性能。为提升对子弹的制动作用，UHMWPE 靶板前面一般与陶瓷复合。在弹道冲击作用下（弹速为 700~800m/s），陶瓷先破碎，剩余能量使后面的 UHMWPE 靶板产生横向变形并吸能。这样大部分子弹的动能被前面的硬质靶板耗散，少量传递到后面的软质防弹衣上，尽可能减少了对人体的伤害。

在高速弹道冲击作用和小尺寸破片条件下，UHMWPE 硬质靶板以局部响应为主。整体变形区域不大，主要集中在弹孔附近。当子弹速度较低，未能穿透靶板时，靶板会出现大面积的整体响应，并产生明显的横向起拱，如图 5-30 所示。

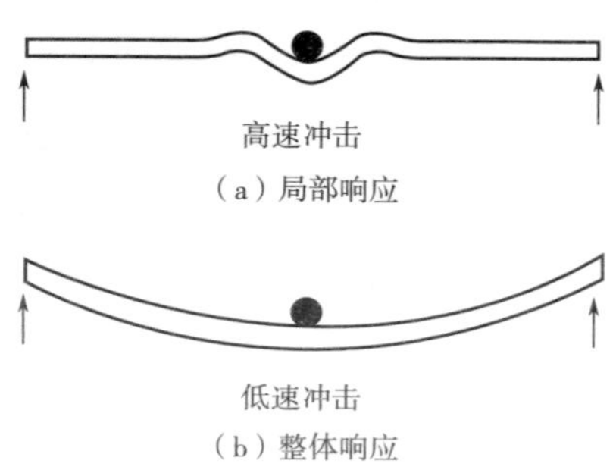

图 5-30　硬质靶板冲击响应

非穿透硬质靶板的损伤形态，如图 5-31 所示。入射面是陶瓷面板，背弹面是 UHMWPE 靶板。由于陶瓷是脆性材料，在弹道冲击的作用下，陶瓷板整体发生大面积破碎，裂纹扩展到整个面板。而 UHMWPE 靶板正面弹孔清晰，弹孔附近有局部凹陷。断裂纤维分层显著，弹孔周围有陶瓷粉末。UHMWPE 靶板非穿透的位置呈现明显的背凸，即横向变形。

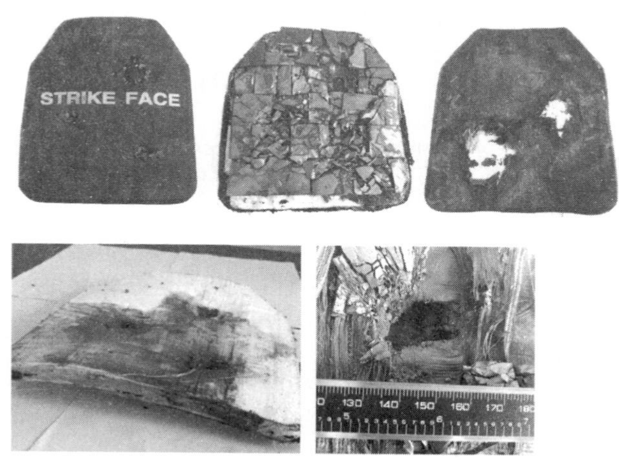

图 5-31　非穿透硬质靶板的损伤形态

5.4.1　硬质靶板横向变形

对 9mm UHMWPE 硬质靶板进行高速摄影并分析其背凸变形特点，如图 5-32 所示。背凸在 1200μs 左右时达到最大。靶板达到最大变形后，背凸反而减小，呈现明显的反弹。对靶板的横向变形历程作图，如图 5-33 所示。弹片在刚开始接触靶板时弹速较高，在 200μs 之前比较容易使靶板产生明显的横向变形；随着弹片的动能损耗，速度下降，导致靶板在 200μs 之后的横向变形减慢。说明硬质 UHMWPE 靶板在此时充分发挥了弹道抵御作用。靶板达到最大背凸后逐渐向后反弹，横向变形减小。这一现象说明 UHMWPE 硬质靶板的背凸 BFS 要留有足够的安全裕度。

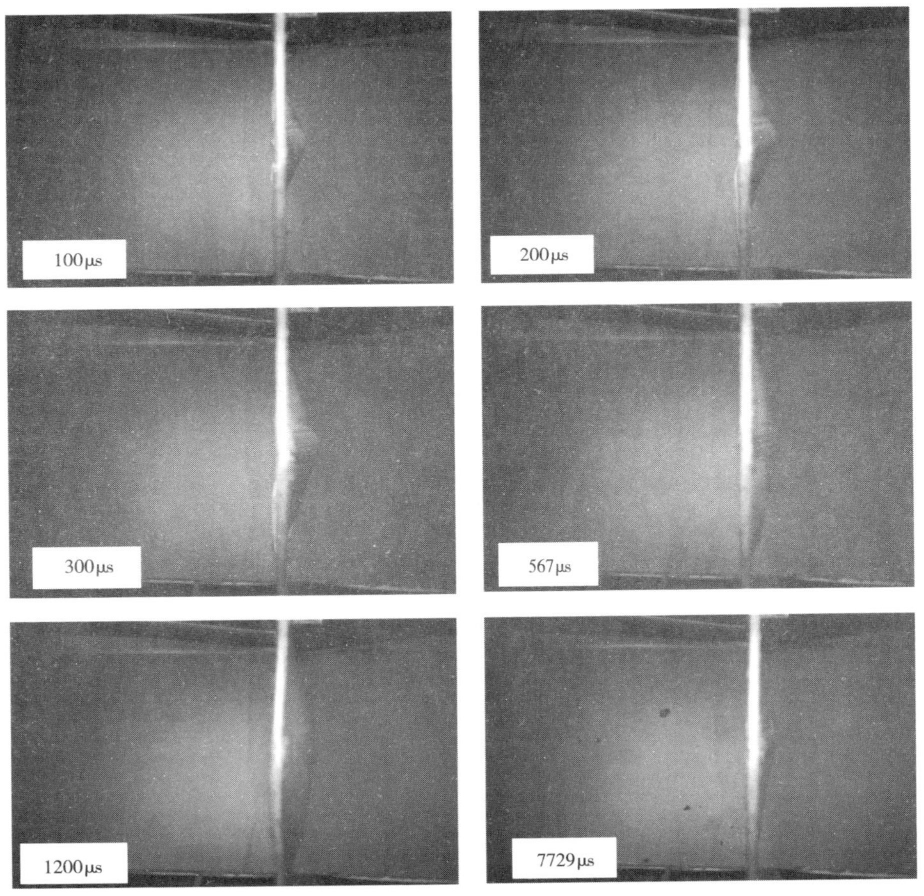

图 5-32　UHMWPE 靶板背凸变形

厚度 6.4mm，Ar=5.89kg/m^2；模拟弹片：直径 12.7mm，质量 13.4g，V_s=354m/s。

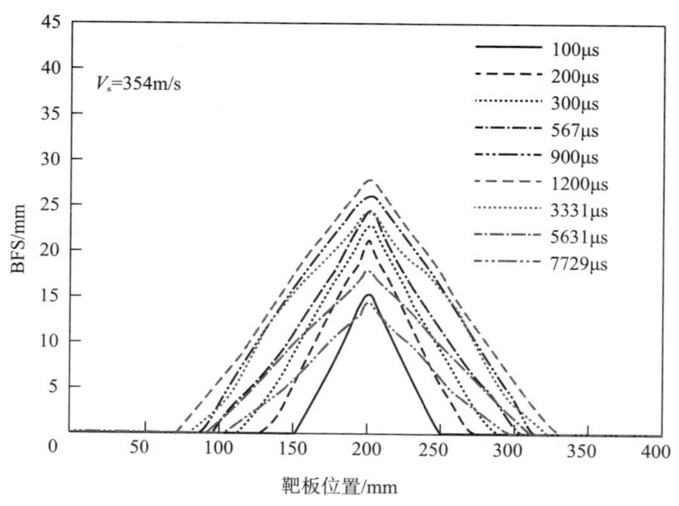

图 5-33　UHMWPE 非穿透靶板的横向变形历程

在非穿透的 UHMWPE 靶板厚度方向上，损伤形态呈现喇叭形，如图 5-34 所示。在迎弹面上以剪切冲塞引起的局部基体压溃和纤维剪切断裂为主；在背弹面上，以纤维和基体的拉伸断裂为主。硬质靶板的主要损伤形式包括纤维断裂、基体碎裂、分层损伤和微裂纹。

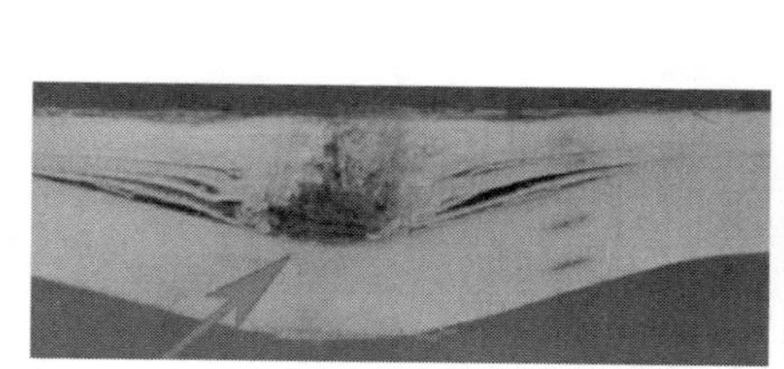

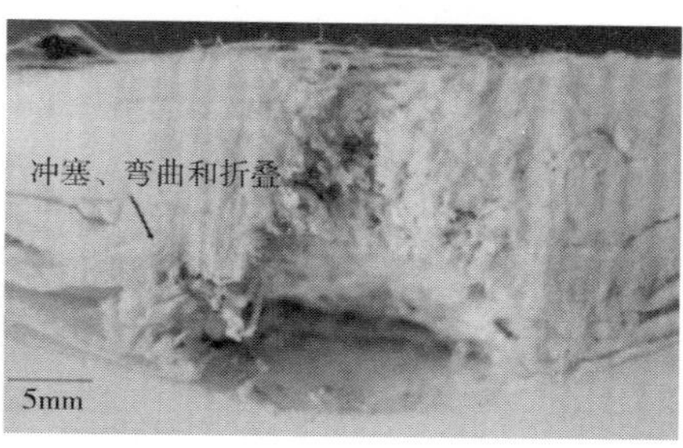

图 5-34　UHMWPE 非穿透靶板厚度方向上的变形

对非穿透 UHMWPE 硬质靶板进行 CT 扫描，如图 5-35 所示，发现靶板内部在破片停留位置下方出现明显分层，且从入射面到出射面分层面积逐渐增大。硬质靶板厚度方向接近入射面附近各层间连接紧密，呈现一体化特点，说明前面层在破片冲击作用下快速断裂，应力波局限于弹孔附近；而在破片停留位置处，弹速显著下降至静止。在应力波的作用下后层产生明显的横向变形，从而使纤维与树脂脱黏，产生分层。尤其在子弹停止的位置最为显著。硬质靶板的分层损伤是一种耗散子弹动能的主要形式。

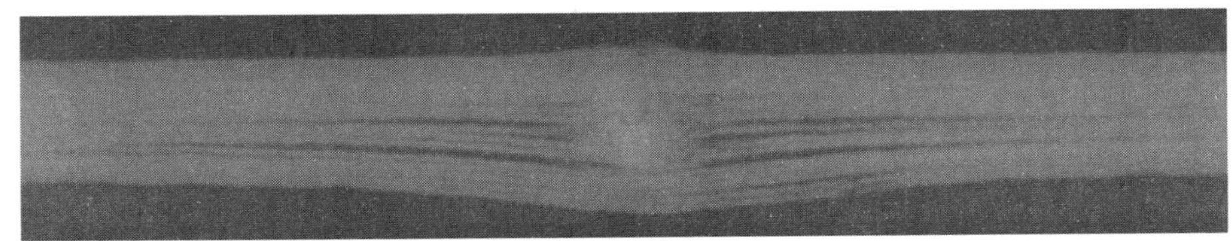

图 5-35　非穿透靶板的 CT 扫描

将芳纶层合板和 UHMWPE 层合板进行复合，将芳纶材料分别置于迎弹面和背弹面制备两种混质复合靶板。对弹道冲击测试后的穿透靶板进行 CT 扫描，如图 5-36 所示。当芳纶置于迎弹面，而 UHMWPE 在后时，靶板内部分层更明显，分层区域更大，说明前面层材料的弱防御作用，使靶板内部损伤更明显。

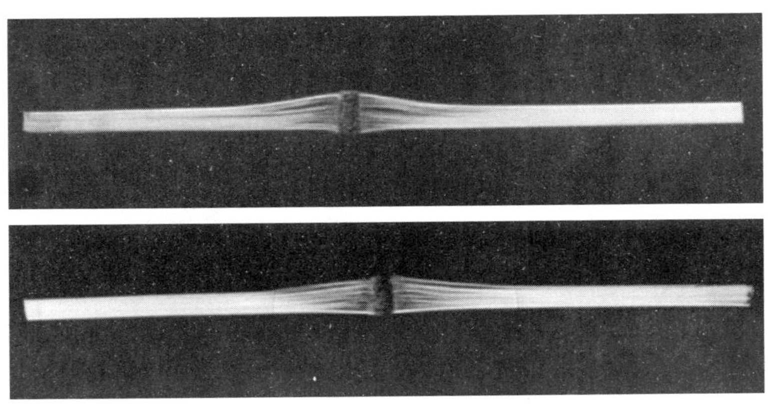

图 5-36　穿透靶板横向变形的 CT 扫描

5.4.2　靶板厚度的影响

为明确硬质靶板厚度对损伤形态的影响，对 1~15mm 不同厚度的 UHMWPE 靶板进行弹道冲击测试。在所有穿透的靶板上，都出现典型的纤维分层纰裂形态，如图 5-37 所示。尤其是靶板厚度较小时，纤维纰裂可以一直延伸到靶板边缘。在 1mm 和 3mm 靶板弹孔周围可观察到黑色的阴影，这是内部层裂的效果。当靶板厚度较小时，内部分层面积大，几乎呈圆形。随着靶板厚度的增加，内部层裂集中到弹孔周围的十字区域，这是由于纤维正交铺层所致。随着靶板厚度达到 6mm 以上时，弹孔周围的纤维纰裂范围减小，而且厚度越大，靶板鼓包越小。

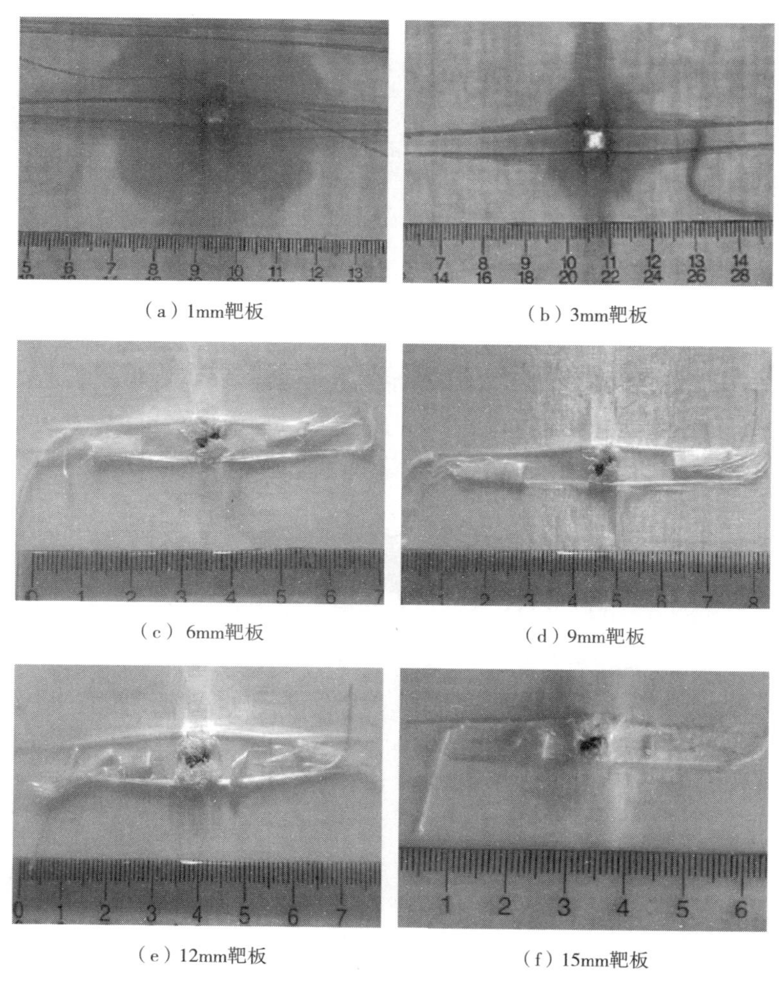

（a）1mm靶板　　（b）3mm靶板

（c）6mm靶板　　（d）9mm靶板

（e）12mm靶板　　（f）15mm靶板

图 5-37　UHMWPE 穿透靶板的纤维分层纰裂形态

在非穿透靶板上，背弹面的纤维纰裂消失，只有在冲击位置处产生背凸，如图 5-38 所示。随着靶板厚度的增加，靶板的背凸也越来越小，越来越不明显。当冲击弹片的动能一定时，随着靶板厚度的增加，弹片的大部分动能耗散在靶板内部，透射动能越来越小，因此靶板的背凸减小。

在对靶板的截面进行观察时发现：在弹孔处都出现了不同程度的变厚现象，如图 5-39 所示。这是因为在弹片侵彻的过程中，产生的横向剪切力导致靶板内部的基体开裂，靶板后部纤维产生明显的拉伸变形，靶板边缘部分被拉进去，造成靶板内部出现分层，靶板变厚。其中 6mm 和 9mm 靶板的内部分层更明显。这

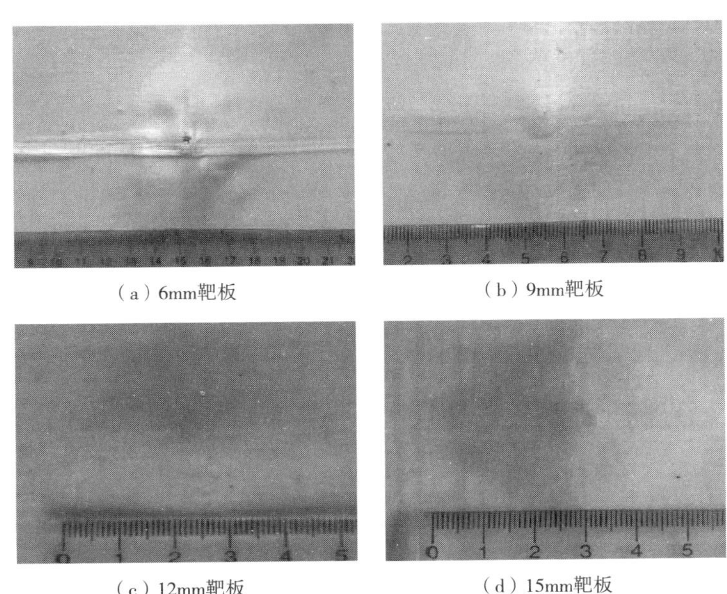

（a）6mm靶板　（b）9mm靶板

（c）12mm靶板　（d）15mm靶板

图 5-38　UHMWPE 非穿透靶板冲击位置处的背凸

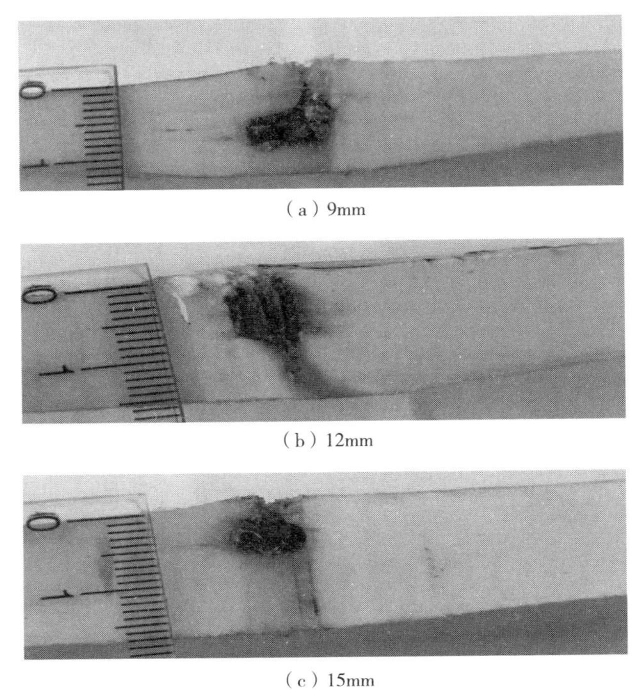

（a）9mm

（b）12mm

（c）15mm

图 5-39　各厚度非穿透硬质靶板弹孔截面图

是因为，这两种靶板的厚度适中，靶板需要通过大量的基体断裂和背部纤维材料的拉伸变形来吸收破片的动能，这种变形会加大分层现象。而 1mm 和 3mm 的靶板厚度较薄，子弹高速侵彻时快速穿透，几乎没有时间产生纤维的拉伸变形，因此分层不明显。而 12mm 和 15mm 的靶板厚度较厚，靶板将破片的速度降为 0 后，靶后部仍有较厚的材料来吸收能量，能量被均摊，故纤维变形量较小，UHMWPE 非穿透靶板的参数见表 5-1。

表 5-1　UHMWPE 非穿透靶板的参数　　单位：mm

靶板厚度	BFS	鼓包直径	弹丸停留位置
9	3.8	50	8
12	3	45	7
15	2	38	6

不同厚度硬质靶板的弹孔剖面图，如图 5-40 所示。靶板的断裂形态可直接反映部分弹道的冲击响应，在弹道测试后需要仔细观察其损伤特点，将不同靶板相互对比，不仅能够分析出靶板内部结构的冲击响应，还可以对靶板的质量进行初步判断。

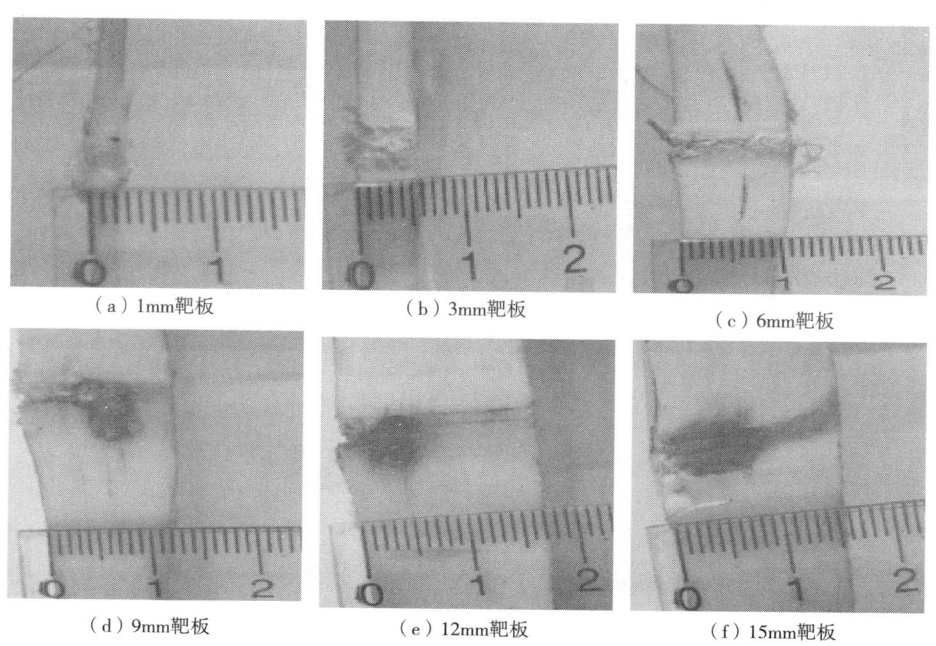

(a) 1mm靶板　(b) 3mm靶板　(c) 6mm靶板

(d) 9mm靶板　(e) 12mm靶板　(f) 15mm靶板

图 5-40　不同厚度硬质靶板的弹孔剖面图

第6章 织物靶板的弹道冲击有限元建模

6.1 有限元数值分析及建模方法

6.1.1 有限元数值分析

随着计算机技术的发展，有限元数值分析已成为研究人员、工程师处理复杂形状实体受力问题的有力工具。有限元分析基本原理是利用数值离散技术将一个实际的几何形状离散成具有有限单元（finite element）的离散结构，其中的每一个单元代表着这个实际结构的一个离散部分，所有单元通过共用节点的方式连接成整体。根据弹性力学的基本原理，采用加权残值法或泛函极值原理，对每一单元进行受力求解，通过每一单元的解，推导所有单元离散结构的满足条件，从而得到整个离散结构的解，达到预测实体几何结构的目的。从 20 世纪 80 年代，有限元数值分析开始广泛地应用到复合材料结构受力的分析计算中。

目前的有限元分析软件有：ABAQUS、LS-DYNA、ANSYS、MSC、NASTRAN 等。靶板的弹道冲击是一种典型的非线性问题，而 ABAQUS/Explicit 在模拟非线性冲击动力学问题方面更有优势。用户只需提供结构的几何形状、材料属性、边界约束、载荷加载，可自动选择收敛准则，计算收敛速度更快，求解更精确。

6.1.2 建模方法

对织物靶板的有限元模拟，主要包括三个分析尺度：宏观尺度、细观尺度和微观尺度。早期的研究是将织物内的纱线假设为节点和杆单元的链接，纤维可灵活弯曲，能很好的模拟织物在受冲击时的整体响应。但这种模型过于简化，无法反映织物的几何结构特点，无法讨论织物结构参数对防弹性能的影响。织物的宏观模型是将织物模拟成二维板壳，不考虑织物中纱线的形状、路径等结构形态，模拟的精度不足，无法具体反映织物结构对防弹性能的影响。但优点是网格数量少，模型计算效率高。织物的细观模型是将单根纱线看作基本单元，纱线上下交织在一起形成织物。这种建模方式可以模拟纱线的截面形状和纱线路径等的特点，能较好地模拟织物的几何结构，计算精度较高。目前有研究采用纤维束尺度的三维实体模型，将纱线内上千根的纤维简化为若干根纤维束。用这些纤维束交织成织物模型。这种建模方法在纱线细观模型的基础上更进一步，能够更加详细地反映织物内纤维的弹道冲击响应。

6.2 织物靶板有限元建模

6.2.1 纱线几何结构

织物靶板是由多层平纹织物（20~30 层）叠合而成，为了确切反映织物的弹道冲击响应，采用纱线为基本单元，构建三维实体靶板模型。织物中的纱线假定为截面是透镜形、具有屈曲路径的三维实体。首先，要确定织物内纱线的几何形状。可以根据纱线的截面切片直接测量纱线的几何结构参数，如图 6-1 所示。然而，需要注意的是，织物内实际的纱线包含孔隙，而纱线模型被模拟成一个实心柱体。因此，纱线的有限元模型结合结构参数与纱线的实际结构参数是存在差异的。直接使用测量的纱线几何参数将导致织物模型的面积克重增加。因此，假设织物内孔隙都被挤出，采用理论来计算织物的几何结构参数。

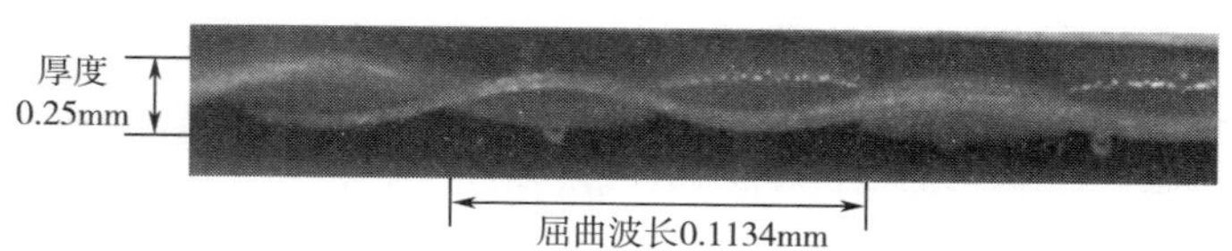

图 6-1　纱线的几何参数

纱线线密度 Tt（tex）是指在公定回潮率下，1000m 长纱线的质量克数。无论纱线横截面的形状如何，排除孔隙后的纱线横截面面积只与纱线细度有关。根据纱线的线密度和纤维的体积密度可以很容易地计算出纱线的横截面面积 S［式（6-1）］。当考虑纱线的孔隙率时，纱线的横截面面积会相应增加。根据纱线中的纤维体积分数 V_f，纱线的实际横截面面积 S' 为：

$$S = \frac{\mathrm{Tt}}{10^5 \rho} \tag{6-1}$$

$$S' = \frac{s}{V_f} \tag{6-2}$$

式中：S——纱线横截面面积，cm^2；

Tt——纱线线密度，tex；

ρ ——纤维的体积密度，g/cm^3；

S'——纱线实际横截面面积，cm^2；

V_f——纱线中的纤维体积分数,%。

由于防弹材料使用的纱线都是无捻纱或弱捻纱，纱线中纤维平行伸直，假设纱线内纤维是紧密排列的，圆形截面的纤维通常以两种方式平行排列，如图 6-2 所示。当纤维以正方形阵列排列时，纤维体积分数最大为 78.54%；当纤维以六角形排列时，纤维体积分数为 90.69%。在大多数纱线中，这两种情况同时存在。因此，纤维在纱线中的体积分数在 78.54%~90.69%之间。所以假设纤维体积比为 85%，以此计算纱线模型的横截面面积。以 93tex 的芳纶纱线为例，实际纱线的横截面面积为 7.58×10^{-2} mm^2。

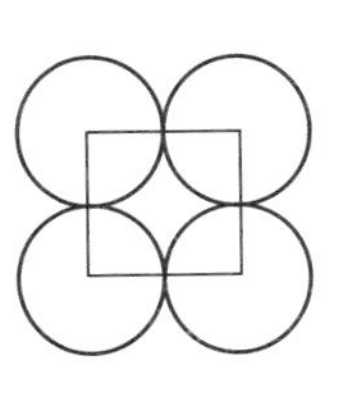

（a）正方形排列

（b）六角形排列

图 6-2　纱线中的纤维排列

为了简化芳纶平纹织物的有限元模型，假设经纱和纬纱方向的排列密度相同，不考虑经纱和纬纱密度的差异。因此，经纱和纬纱具有相同的几何参数，纱线的横截面如图 6-3 所示。

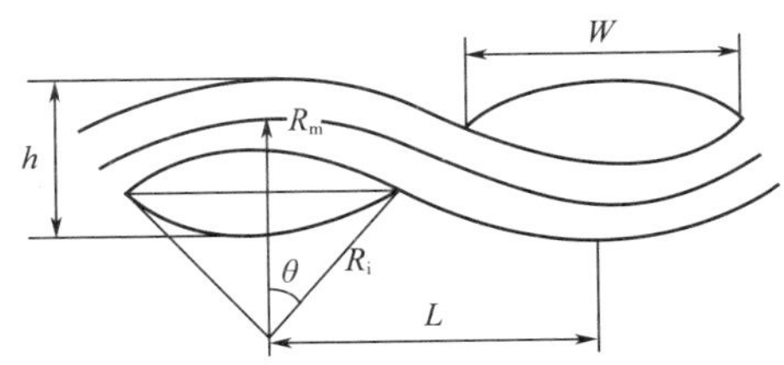

图 6-3　纱线横截面示意图

纱线的几何参数可通过下式计算：

$$L = \frac{1}{P} \tag{6-3}$$

$$R_m = \frac{(h/4)^2 + (L/2)^2}{h/2} \tag{6-4}$$

$$W = \frac{L}{R_i} \times \left(R_i - \frac{h}{4}\right) \tag{6-5}$$

$$\theta = \arcsin \frac{W}{2R_i} \tag{6-6}$$

$$S = 2[2\theta R_i^2 - W/2\sqrt{R_i^2 - (W/2)^2}] \tag{6-7}$$

$$M = \rho Sl(1 + c)n \tag{6-8}$$

式中：P——织物的经纬密度，根/cm；

L——半卷曲波长，m；

h——织物厚度，m；

R_m、R_i——纱线卷曲圆弧的中间半径和内半径，m；

W——纱线横截面的宽度，m；

M——织物的面密度，g/m^2；

ρ——织物的体积密度，g/m^3；

S-——纱线的横截面面积，m^2；

l——纱线在织物中的长度，m；

c——屈曲率,%；

n——织物中纱线的数量。

6.2.2 单层织物建模

（1）纱线层级模型

以芳纶织物 8F（93tex，8.3 根/cm）为例，利用公式计算出纱线的几何参数，见表 6-1。纱线横截面的计算值与实际纱线的测量值较接近，可用于构建织物的有限元模型。以同样的方式确定织物 11F（93tex，10.9 根/cm）中纱线的几何结构参数，构建织物的几何模型。随着织物密度的增加，纱线的横截面和径向结构也相应地发生了变化。

表 6-1 芳纶织物有限元模型中纱线的几何参数

芳纶织物的几何参数	8F（93tex，8.3 根/cm）		11F（93tex，10.9 根/cm）
	测量值	计算值	计算值
屈曲波长/cm	0.2556	0.2410	0.1835
纱线横截面宽度/cm	0.1134	0.1161	0.0909
厚度/cm	0.25	0.1936	0.2723

续表

芳纶织物的几何参数	8F（93tex，8.3 根/cm）		11F（93tex，10.9 根/cm）
	测量值	计算值	计算值
屈曲率/%	0.41	0.46	1.49
面密度/（g/m²）	155.35	163.71	220.78

首先根据以上结构参数构建单根纱线模型。透镜形状的纱线横截面被模拟成两个对称弧，并沿纱线径向保持不变。纱线路径被模拟成有屈曲波的连接弧，如图 6-4（a）所示。纱线模型按照经纬纱的排列密度装配在一起形成织物模型。

在穿透弹道测试中，织物被夹在夹具中，四周边缘固定，被垂直于中心的弹片冲击。在有限元模型中，织物被建立在 *X—Z* 平面上，*Y* 轴为冲击方向。假设弹片垂直冲击织物平面，根据模型的对称性，只构建四分之一的模型以减少计算量。织物被模拟为尺寸为 75mm×75mm 的正方形。假设织物只能沿 *Y* 轴方向移动，织物外边界采用固定的边界条件，冲击点所在的边界采用对称条件，如图 6-4（b）所示。实测中，弹片在冲击过程中没有产生变形，因此，模型中假定弹片为刚体结构，以减少计算量。弹片的冲击速度为 *Y* 轴方向 483m/s。

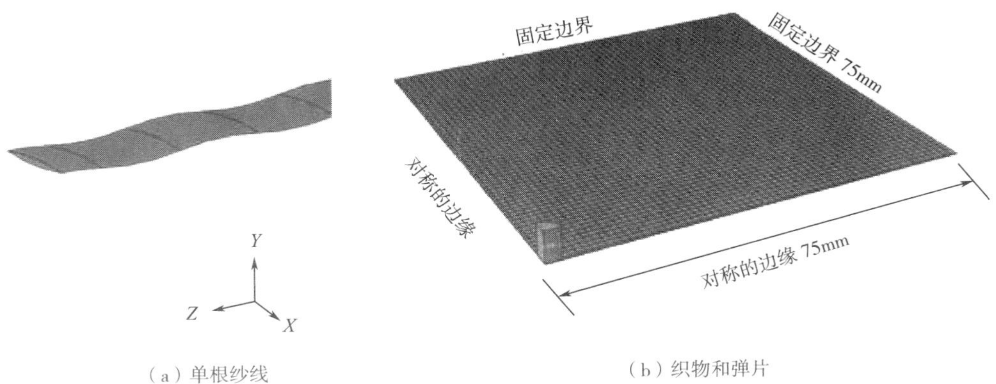

（a）单根纱线　　（b）织物和弹片

图 6-4　芳纶织物的细观有限元模型

在有限元模型中，采用一般接触算法来定义纱线—纱线的相互作用和弹片—织物的相互作用，所有的接触都采用简单的库仑摩擦。芳纶纱线的摩擦系数设定为 0.2。织物中的纱线和弹片用 8 节点的六面体单元（C3D8R）进行网格划分，如图 6-5（a）所示。纱线的横截面被网格化为 10 个单元，纱线波长有 12 个单元，如图 6-5（b）所示。

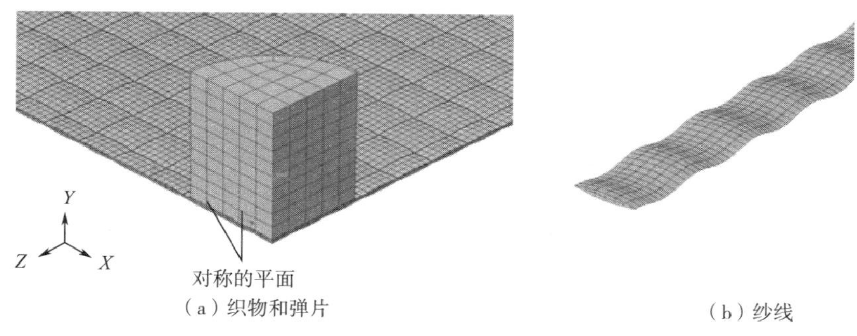

（a）织物和弹片　　（b）纱线

图 6-5　有限元模型的网格划分

（2）纤维束层级模型

为反映织物内纤维的弹道冲击响应，需要构建纤维层级的有限元模型。而织物内包含的纤维数以百万计，不可能以单根纤维为基本单元。因此适当简化为纤维束模型（fiber-bundle level）。

纤维束模型是将一根纱线离散为若干根纤维束，纤维之间自由接触，纤维束之间相互交织，模拟纤维在纱线中的实际状态，从而计算获得纤维的弹道冲击响应。每根纤维束是一根实心棒，代表同一位置的多根纤维，如图 6-6 所示。纤维束上下排列形成纱线的透镜形截面，纤维束的屈曲程度与织物中纱线的屈曲率保持一致。通过这种建模方式，能够反映纤维束之间的摩擦力，以及纤维束在冲击载荷作用下的相互作用，从而可深入细致地反映织物—纱线—纤维层三个层级的弹道冲击响应。

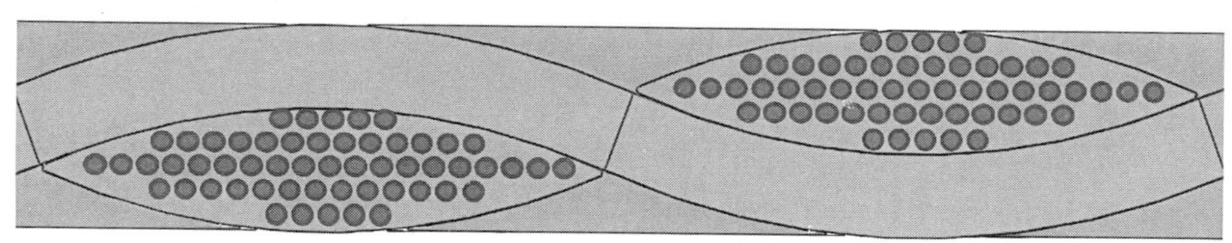

图 6-6　纤维束模型示意图

在纤维束模型中，纱线由多根纤维束堆叠而成，纤维束代表多根同样位置的若干根纤维单元，假设纤维束的横截面形状为圆形，除去纤维中间的孔隙，所有纤维束的质量与单根纱线的质量相同。所有纤维束的横截面面积之和与纱线模型的横截面面积相等。假定芳纶纱线的横截面恒定，根据纱线细度与芳纶材料密度可以计算单根纤维束的横截面面积和直径。纤维束直径与纱线中包含的纤维束数量由以下公式确定。

$$m = \frac{\text{Tt}}{1000} \tag{6-9}$$

$$v = \frac{m}{\rho} \tag{6-10}$$

$$S_{\text{fiber}} \times n = \frac{v}{L} \tag{6-11}$$

$$S_{\text{fiber}} = \pi r^2 \tag{6-12}$$

式中：Tt——芳纶纱线的线密度，tex；

m——每米纱线的质量，g；

ρ——芳纶密度，1.44g/cm^3；

L——纱线的长度，m；

S_{fiber}——纤维束的横截面面积，cm^2；

n——纤维束的根数，根；

r——纤维束的直径，cm。

实际织物中纱线的截面形态为透镜形，根据其长径比，将多根纤维束模型紧密排列，形成类似的纱线横截面，如图 6-7 所示。纤维束的路径与纱线模型一致，可根据纱线的结构结合参数计算得到。多根纤维束排列组合成单根纱线，纱线上下交织形成平纹织物。模型的边界条件和接触均与以上纱线建模的设置相同。

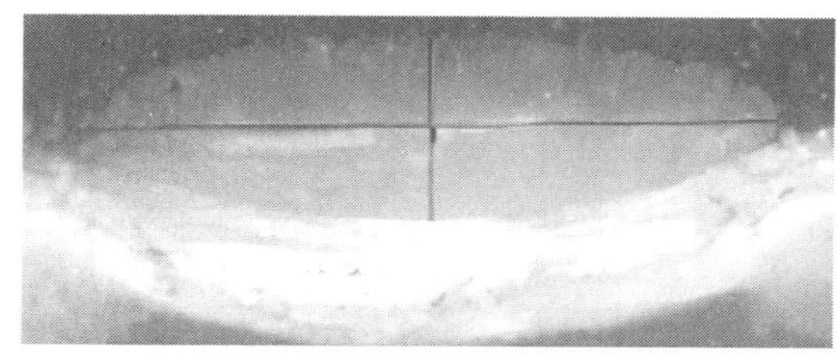
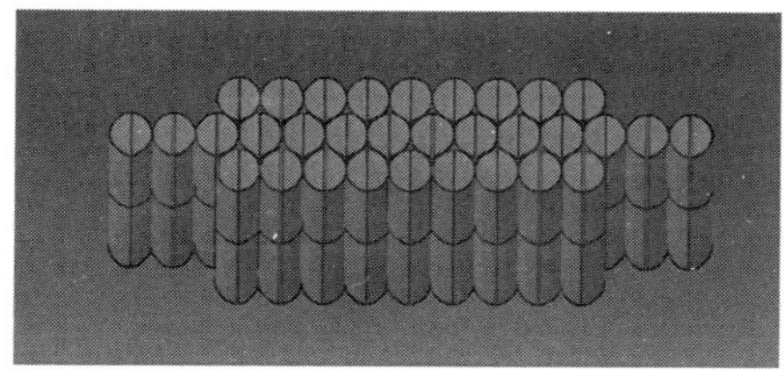

图 6-7　纤维束模型

每根纤维束的网格划分，如图 6-8 所示，网格类型为正六面体形（C3D8R）。为减少模型网格密度，分区域划分网格。中心纱线的纤维束采用加密网格，纤维束的纤维截面均为 2 个单元，路径每段 4 个单元，每根纤维束 616 个单元。与中心纱线相交织的次级纱线内的纤维束截面为 2 个单元，路径每段 2 个单元，每根纤维束 240 个单元。纤维束单层织物模型共 647100 个单元，如图 6-9 所示。

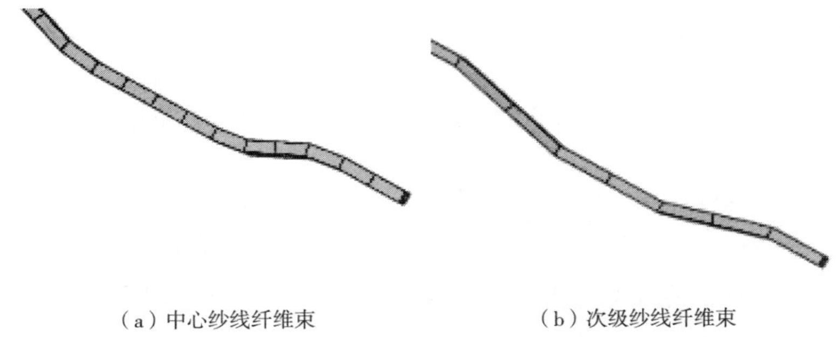

（a）中心纱线纤维束　　（b）次级纱线纤维束

图 6-8　纤维束模型的纤维束网格划分

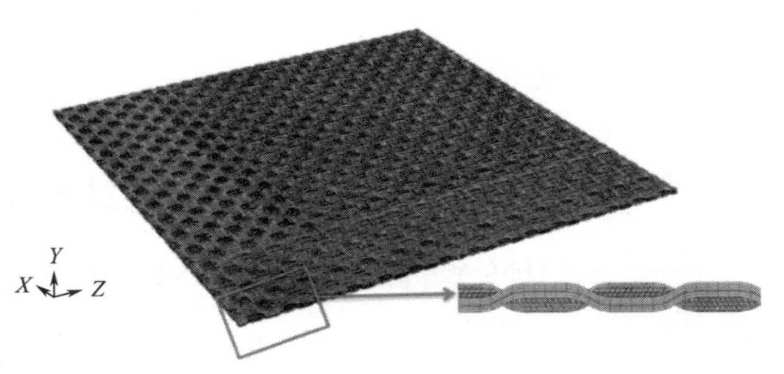

图 6-9　纤维束单层织物模型网格

(3) 混合尺度模型

研究发现，弹道冲击时，织物与弹片直接接触的中心纱线发挥关键的弹道吸能作用，而其他次级纱线作用较小。因此建立混合尺度模型，对中心纱线建立纤维束模型，着重分析纤维的弹道冲击响应；而远离这些纱线的区域，冲击响应不明显，可采用宏观尺度或细观尺度建模，在织物内建立混合尺度模型如图 6-10 所示，从而可提高计算速度。

在实际的弹道冲击测试中，织物中一般只有 6~8 根中心纱线与弹片直接接触。因此，在纤维束/纱线模型中，只对中心纱线构建纤维束模型，将其他次级纱线构建纱线层级模型，如图 6-10（a）所示。为减少计算规模，混合尺度模型中，所有次级纱线模型都采用粗疏网格划分（图 6-11）。为了消除网格依赖性，单元尺寸与纱线模型中的尺寸保持一致。所有表面接触算法的边界条件与纱线细观模型保持一致。

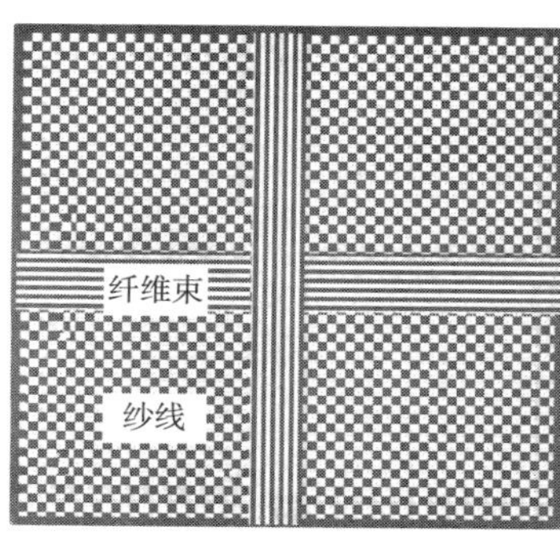

(a) 纤维束/纱线模型

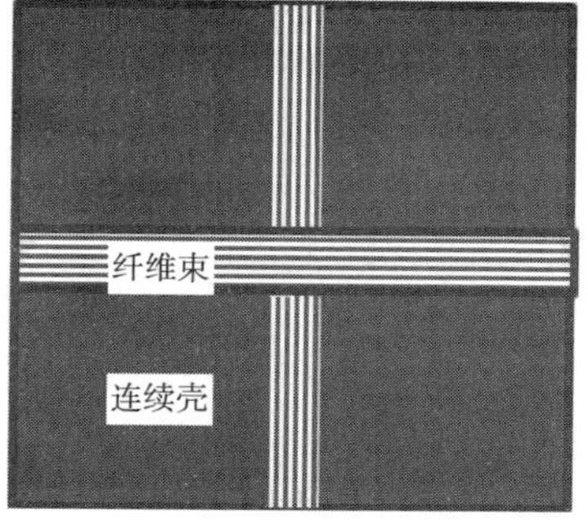

(b) 纤维束/壳模型

图 6-10　混合尺度有限元模型示意图

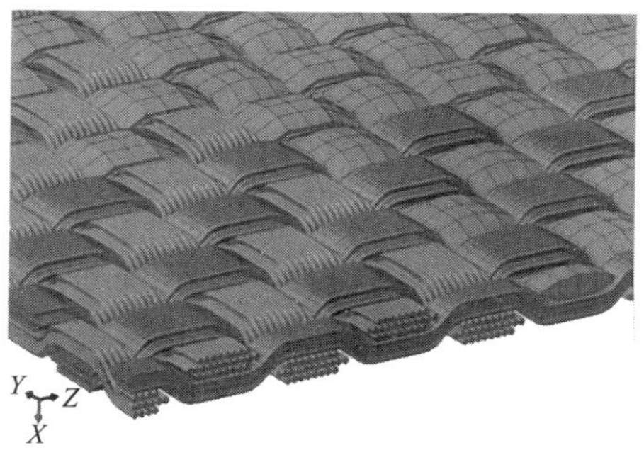

图 6-11　纤维束/纱线混合尺度网格划分

为了进一步降低单元数量，将纤维束三维实体单元和板壳单元相结合，建立了纤维束/壳混合尺度织物模型，如图 6-10 (b) 所示。织物中心位置的纱线均采用纤维束模型，与上述纤维束模型的建模方法相同。其他区域采用连续壳模拟织物的整体特点，厚度方向上有 2 个单元，单元长度与纱线横截面的宽度保持一致，与纤维束绑定结合（图 6-12）。接触算法和边界条件与细观模型保持一致。

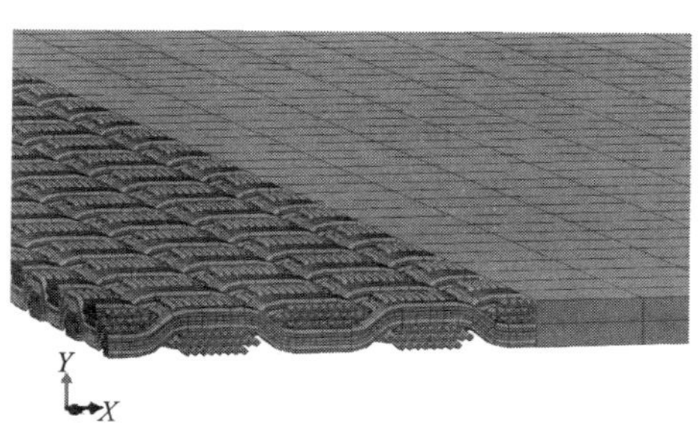

图 6-12　纤维束/壳混合尺度网格划分

6.2.3 靶板穿透测试建模

穿透测试时，靶板四边固定于夹具中进行弹道测试，靶板背弹面处于自由状态，弹片垂直冲击织物靶板中心位置。织物靶板由单层织物叠合而成，如图 6-13 所示。所有的织物层都与单层织物保持相同的参数，包括织物的几何形状、材料属性、边界条件、接触交互条件和网格属性。

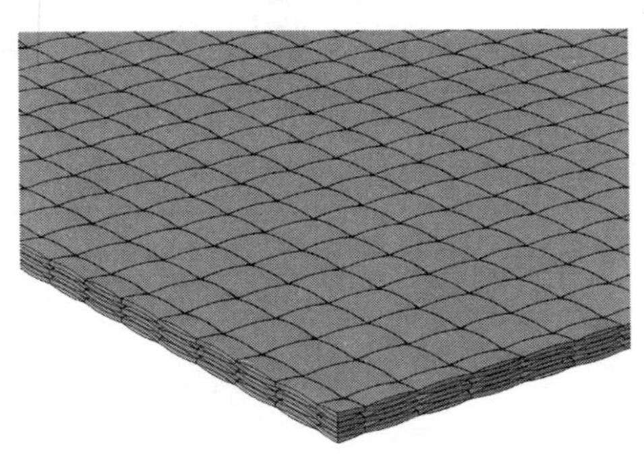

图 6-13　层合板的有限元模型

叠层织物靶板的有限元模型包含大量的单元（每层 461520 个单元）。由于计算成本较高，无法实施。因此，必须减少多层织物靶板模型的单元数量。由于大部分的弹道冲击能量都被中心纱线消耗，次级纱线作用较小。因此，在模型中主要纱线使用了与单层织物模型相同的细密网格。纱线截面被网格化为 10 个单元，纱线路径上每个屈曲波有 12 个单元，如图 6-14（a）所示。次级纱线采用粗疏网格，纱线截面有 4 个单元，纱线路径有 4 个单元，如图 6-14（b）所示，单层织物模型共 77368 个单元，与单层织物模型相比（461520 个单元），单元数减少了 83.3%。织物中的混合网格如图 6-14（c）所示。

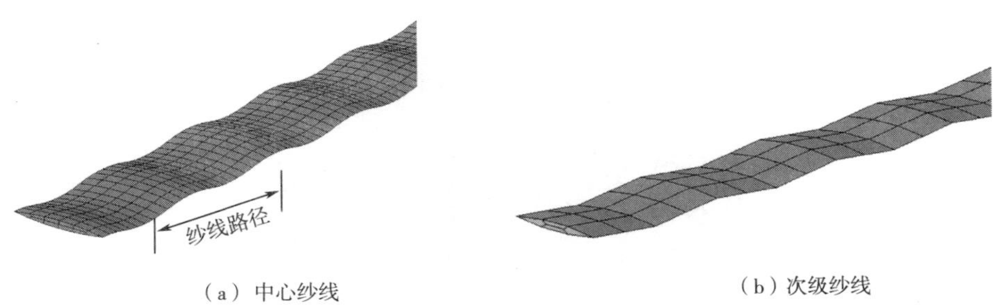

（a）中心纱线

（b）次级纱线

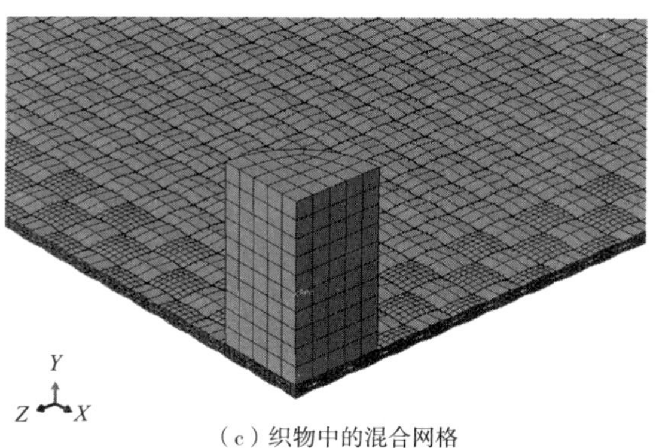

（c）织物中的混合网格

图 6-14　叠层织物靶板的有限元模型

6. 2. 4　靶板非穿透测试建模

非穿透测试中，靶板后面放置胶泥，四周自由边界。靶板的非穿透弹道冲击有限元模型包含弹片、叠层织物靶板和胶泥，仍采用四分之一模型。非穿透织物靶板通常包含 20 层以上的织物。即使采用纱线层级建模，织物靶板的有限元模型也会出现单元过多，无法运行计算的问题。此外，对非穿透靶板研究的重点在于各层织物整体的弹道冲击响应，而非具体到某根纱线的弹道冲击响应，因此，可以将每层织物作为基本单元，构建三维实体板模拟织物层的性能特点。

单层织物被模拟为有一定厚度的三维实体板，每层的厚度与织物的实际厚度相同，共有 24 层织物叠合在一起构成整个织物靶板，尺寸为 75mm×75mm，如图 6-15 所示。靶板背面的胶泥模拟为 75mm×75mm×50mm 的三维实体立方体。织物靶板被放置在胶泥前面，设置为自由边界条件。冲击区交叉的两条边采用对称条件。由于胶泥置于金属盒内，因此胶泥的外侧和底部指定约束边界条件，其他两个中心面设为对称性条件。

为减少单元的数量并保持计算的准确性，在织物靶板和胶泥的不同区域使用不同的网格尺寸。织物靶板单层织物厚度方向上使用 2 个单元。织物平面上采用细密网格（0. 446mm×0. 446mm×0. 12mm）用于冲击区周围的中心（25mm×25mm）区域，粗疏网格从 0. 446mm×1. 132mm×0. 12mm 过渡到 0. 446mm×4. 582mm×0. 12mm，用于远离冲击点的区域，如图 6-15 所示。对于测量弹坑深度的胶泥，在冲击点中央部分（25mm×25mm×20mm），使用 0. 446mm×0. 446mm×0. 455mm 的细密网格尺寸。在远离弹道冲击中心的区域，采用从 0. 446mm×0. 455mm×1. 505mm 到 1. 329mm×3. 000mm×6. 020mm 的粗疏网格尺寸，如图 6-15（c）所示。

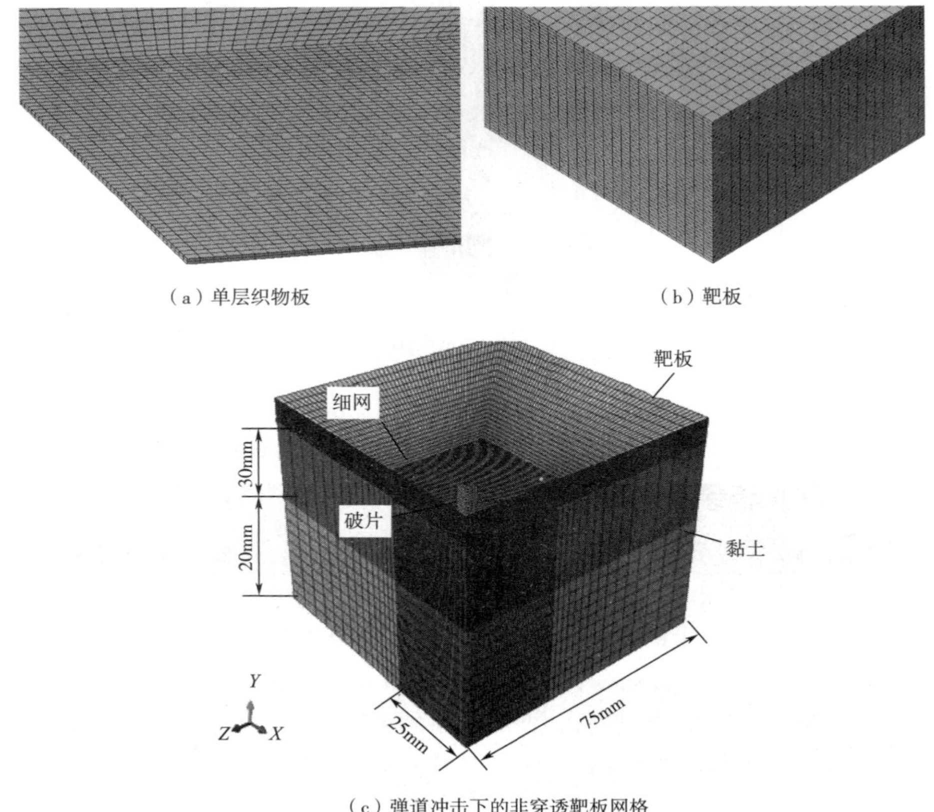

（a）单层织物板　（b）靶板

（c）弹道冲击下的非穿透靶板网格

图 6-15　非穿透靶板在冲击下的四分之一有限元模型

6.2.5　材料属性

对于有限元模型来说，材料模型的选择和参数指定是影响数值分析的关键，必须准确反映材料属性。材料属性的指定一般包含材料弹塑性定义、损伤起始准则和损伤演变规律，如图 6-16 所示。

对于用高性能纤维（芳纶或 UHWMPE）制成的软质靶板，材料行为表现出典型的线性—弹性反应，如图 6-17 所示。应力可根据公式（6-13）来计算：

$$\sigma = E\varepsilon \tag{6-13}$$

由于高性能纤维力学曲线上没有明显的屈服行为，损伤起始假定为应力屈服点。Abaqus/Explicit 提供了多种损伤起始准则的选择，对于防弹高性能纤维通常被指定为延展性损伤准则（ductile damage）。损伤演化是指一旦达到相应的损伤起始点，材料刚度的退化速度。对于韧性金属的损伤，材料的应力由损伤方程

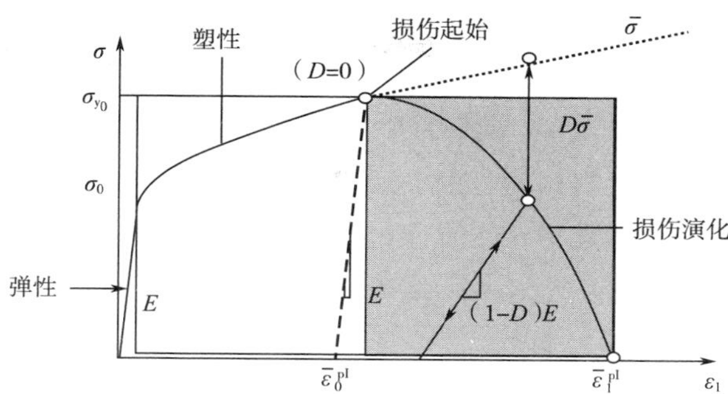

图 6-16　弹塑性材料的典型应力—应变曲线

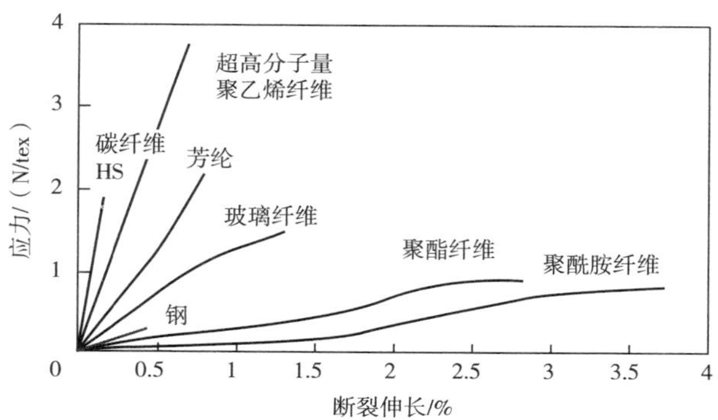

图 6-17　高性能纤维的线性—弹性反应

式（6-14）判定：

$$\sigma = (1 - D)\bar{\sigma} \tag{6-14}$$

式中：D——整体损伤变量；

$\bar{\sigma}$——当前增量中计算的有效（或未损坏）应力张量。

当 $D=1$ 时，材料已经失去了其承载能力。

损伤开始后，材料刚度根据指定的损伤演化逐步退化。当材料损伤发生时，应力—应变关系不再准确地代表材料的力学行为。Griffith 的断裂理论认为，当物体受力变形时，材料内部贮存一定的弹性应变能，当裂纹扩展时贮存的这部分应变能就会释放出来。所释放的弹性应变能如果大于形成新的裂纹表面所需要的表面能时，裂纹即开始扩展。G_f 即为形成新的裂纹表面所需的能量。损伤演化规律可以用等效位移或断裂能量耗散 G_f 来指定。对于高性能纤维的 G_f 通常被指定为 500~1000J。损伤演化规律描述了一旦达到损伤起始标准，材料刚度的退化速度。损伤变量随相对塑性位移的演化可被指定为线性或指数形式：

$$G_f = \int_{\bar{\varepsilon}_0^{pl}}^{\bar{\varepsilon}_f^{pl}} L\sigma_y d\bar{\varepsilon}^{pl} = \int_0^{\bar{u}_f^{pl}} \sigma_y d\bar{u}^{pl} \tag{6-15}$$

式（6-15）引入了等效塑性位移的定义。$\bar{u}^{pl}$ 为损伤发生后屈服应力的断裂功共轭（裂缝单位面积的功），损伤发生前 $\bar{u}^{pl}=0$；破坏发生后 $\bar{u}^{pl}=L\bar{\varepsilon}^{pl}$。

需要强调的是，指定材料属性时，必须兼顾模型的准确性和计算效率两个方面。同时为了尽可能准确地模拟出复杂的动态冲击响应，模型的材料属性与实际的材料属性之间会不可避免地存在一定的差异。

（1）弹片

弹片采用钢制正圆柱弹片（RCC），在有限元模型中，弹片被定义为刚性体，不考虑其变形。弹片的材料属性被指定为各向同性和均质的特性，见表 6-2。

表 6-2　弹片的材料特性

材料特性	弹片
杨氏模量 E/GPa	206.8
泊松比 ν	0.3
体积密度 ρ/(kg/m^3)	7800

（2）芳纶纱线、纤维束及织物

为了简化计算，芳纶纱线与纤维束均被假定为各向同性的材料，在纱线的所有方向上具有相同的特性。已有研究表明，芳纶纱线的材料属性采用各向同性和正交异性，在计算结果上对纵向应力波速的影响不大，因为应力波速主要是在纤维轴向传递。此外，各向同性的材料属性使得模型计算时间非常高效。纱线指定为线弹—塑性材料，芳纶纱线和织物的材料特性见表 6-3。芳纶纱线的力学性能参数参考了帝人公司的产品性能。为保持芳纶材料内应力波速的恒定，假设芳纶纱线的密度与纤维的密度相同（1440 kg/m^3）。根据以往研究的测试结果，芳纶纱线表面摩擦系数指定为 0.2，模型中采用了韧性破坏的破坏准则。损伤演化规律是以断裂能量为判定准则，软化过程设定为指数形式。

表 6-3　芳纶纱线和织物的材料特性

材料属性	芳纶纤维束	芳纶纱线	芳纶织物
纱线线密度/tex	—	93	93
屈服应力 σ/GPa	3.6	3.6	1.2

续表

材料属性	芳纶纤维束	芳纶纱线	芳纶织物
断裂应变 ε/%	4.3	4.3	3.5
杨氏模量 E/GPa	80	80	20
泊松比 ν	0.35	0.35	0.01~0.1
密度 ρ/(kg/m^3)	1440	1440	750
摩擦系数 μ	0.2	0.2	0.2
断裂能量/J	1000	1000	1000

对于非穿透织物靶板模型，织物层为基本单元。织物被假定为横向各向同性的均质弹塑性材料。根据织物的质量和体积，可计算出芳纶织物的体积密度为 750kg/m^3。芳纶织物的动态力学性能高度依赖于应变速率。靶板在弹道冲击下经历了非常高的应变率（1000s^{-1}）。有研究表明，当应变率从 10^{-2} s^{-1} 增加到 495s^{-1} 时，拉伸强度从 0.507GPa 增加到了 1.23GPa，但破坏应变从 5%下降到了 3%。在本研究中，芳纶织物的测试抗拉强度为 0.78GPa，失效应变为 3.23%。在非穿透芳纶织物的有限元模型中，拉伸强度 1.2GPa 被指定为破坏应力，失效应变被假定为 3.5%。

材料方向 1-和 2-方向定义为织物平面内的经向和纬向。3-方向是垂直于织物平面的方向。材料的力学行为可通过指定九个工程常数来定义，分别为三个拉伸模量 E_{11}、E_{22} 和 E_{33}，泊松比 υ_{12}、υ_{13} 和 υ_{23}，与材料主要方向相关的剪切模量 G_{12}、G_{13} 和 G_{23}。由于经向和纬向力学性能相同，因此假定芳纶织物在 1-、2-方向的材料属性相同。而垂直于织物平面的 3-方向，性能要低得多，织物模型的材料属性见表 6-4。损伤模式指定为延展性损伤，损伤演化规律以断裂能判定，软化过程定义为线性形式，见式（6-16）：

$$G = \frac{E}{2(1 + \upsilon)} \tag{6-16}$$

表 6-4　织物模型的材料属性

材料	E_{11}/GPa	E_{22}/GPa	E_{33}/GPa	υ_{12}	υ_{13}	υ_{23}	G_{12}/GPa	G_{13}/GPa	G_{23}/GPa
芳纶	20	20	2	0.01	0.01	0.01	0.07	1.5	1.5

由于织物在不同方向表现出不同的屈服行为，希尔势能函数被指定为材料模型中的塑性定义。希尔屈服面假定材料的屈服与等效压应力无关，则它可以用来

模拟各向异性的屈服行为：

$$f(\sigma) = \sqrt{F(\sigma_{22}-\sigma_{33})^2 + G(\sigma_{33}-\sigma_{11})^2 + H(\sigma_{11}-\sigma_{22}) + 2L\sigma_{23}{}^2 + 2M\sigma_{31}^2 + 2N\sigma_{12}{}^2} \tag{6-17}$$

式中：F，G，H，L，M，N 是在不同方向上对材料进行测试后得到的常数。它们被定义为：

$$F = \frac{(\sigma^0)^2}{2}\left(\frac{1}{\bar{\sigma}_{22}^2} + \frac{1}{\bar{\sigma}_{33}^2} - \frac{1}{\bar{\sigma}_{11}^2}\right) = \frac{1}{2}\left(\frac{1}{R_{22}^2} + \frac{1}{R_{33}^2} - \frac{1}{R_{11}^2}\right) \tag{6-18}$$

$$G = \frac{(\sigma^0)^2}{2}\left(\frac{1}{\bar{\sigma}_{33}^2} + \frac{1}{\bar{\sigma}_{11}^2} - \frac{1}{\bar{\sigma}_{22}^2}\right) = \frac{1}{2}\left(\frac{1}{R_{33}^2} + \frac{1}{R_{11}^2} - \frac{1}{R_{22}^2}\right) \tag{6-19}$$

$$H = \frac{(\sigma^0)^2}{2}\left(\frac{1}{\bar{\sigma}_{11}^2} + \frac{1}{\bar{\sigma}_{22}^2} - \frac{1}{\bar{\sigma}_{33}^2}\right) = \frac{1}{2}\left(\frac{1}{R_{11}^2} + \frac{1}{R_{22}^2} - \frac{1}{R_{33}^2}\right) \tag{6-20}$$

$$L = \frac{3}{2}\left(\frac{\tau^0}{\bar{\sigma}_{23}}\right)^2 = \frac{3}{2R_{23}^2} \tag{6-21}$$

$$M = \frac{3}{2}\left(\frac{\tau^0}{\bar{\sigma}_{13}}\right)^2 = \frac{3}{2R_{13}^2} \tag{6-22}$$

$$N = \frac{3}{2}\left(\frac{\tau^0}{\bar{\sigma}_{12}}\right)^2 = \frac{3}{2R_{12}^2} \tag{6-23}$$

其中每个 $\bar{\sigma}_{ij}$ 是测量的屈服应力值，σ_{ij} 作为唯一的非零应力分量被应用。σ^0 是为塑性定义指定的用户定义的参考屈服应力，$\tau^0 = \sigma^0/\sqrt{3}$ 。σ_{11}，σ_{22}，σ_{33}，σ_{12}，σ_{13} 和 σ_{23}是每个方向上的各向异性屈服应力比。芳纶织物的屈服应力比见表 6-5。对于工程材料，它们通常是拉伸模量和剪切模量的 2%～5%。这六个屈服应力比的定义如下：

$$\frac{\bar{\sigma}_{11}}{\sigma^0},\ \frac{\bar{\sigma}_{22}}{\sigma^0},\ \frac{\bar{\sigma}_{33}}{\sigma^0},\ \frac{\bar{\sigma}_{12}}{\tau^0},\ \frac{\bar{\sigma}_{13}}{\tau^0},\ \frac{\bar{\sigma}_{23}}{\tau^0}$$

表 6-5　芳纶织物的屈服应力比

材料	R_{11}	R_{22}	R_{33}	R_{12}	R_{13}	R_{23}
芳纶织物	0. 075	0. 075	0. 408	0. 167	0. 025	0. 025

6. 3　模型有效性验证

模型的有效性验证主要是根据弹道冲击测试结果进行对比分析的，包括弹道吸能、断裂时间、断裂纱线根数、变形程度等。

6. 3. 1　纱线层级靶板模型

(1) 弹道吸能

根据弹片的入射速度和出射速度可计算出单层织物有限元模型吸收的能量，如图 6-18 所示，单层织物 8F 和 11F 的能量吸收与试验结果很接近。有限元模型中能量吸收比实际测试结果低，主要有两个原因：首先是由于模型是以纱线为基本单元，无法反映纤维之间的摩擦作用，导致织物模型摩擦吸能少；其次，在弹道测试中，织物不可避免的边界滑移更有利于织物吸能，而织物模型不存在边界滑移的作用。因此，有限元模型的吸能比实际结果低一些是合理的。

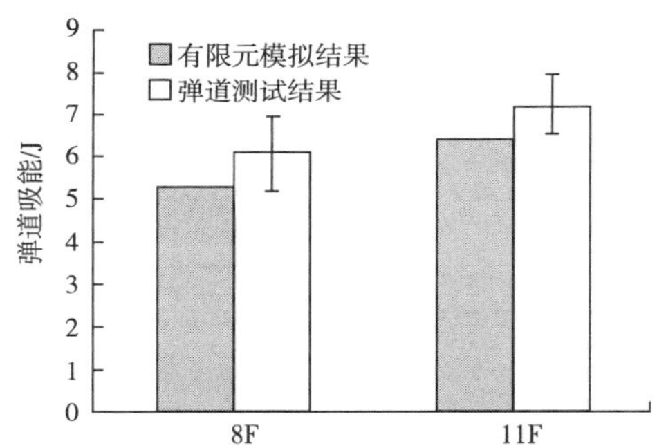

图 6-18　单层芳纶织物有限元模型吸收能量的结果

(2) 断裂时间

从弹道测试高速摄像机拍摄的照片中可看出：在 11μs 时，可以清楚地观察到织物上有断裂的纱线。因此，可推测织物的断裂时间小于 11μs，如图 6-19 所示。在有限元模拟中，织物内的纱线逐根断裂，对于芳纶织物 8F，断裂时间为 2. 4~7. 2μs；对于芳纶织物 11F，断裂时间为 1. 5~4. 4μs。这两种织物模型的完全穿透时间都符合实验的观察结果。

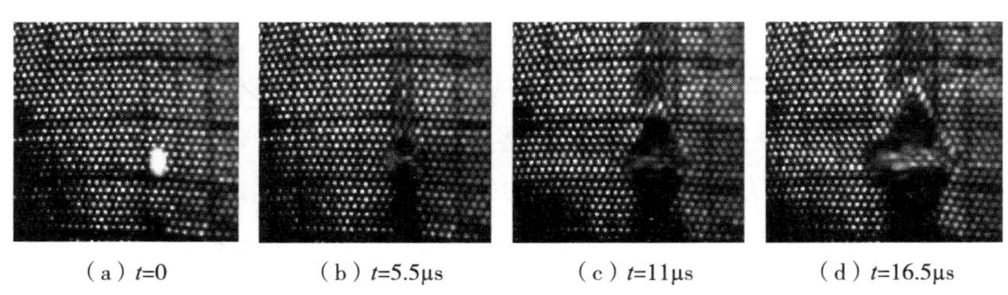

(a) t=0　(b) t=5.5μs　(c) t=11μs　(d) t=16.5μs

图 6-19　单层芳纶织物在冲击下的断裂时间

（3）断裂纱线

芳纶织物模型中有 2.5 根中心纱线断裂，如图 6-20（a）所示。由于是四分之一模型，因此在全尺寸模型中有 5 根断裂的中心纱线。断裂纱线的根数与弹道测试结果一致，如图 6-20（b）所示。

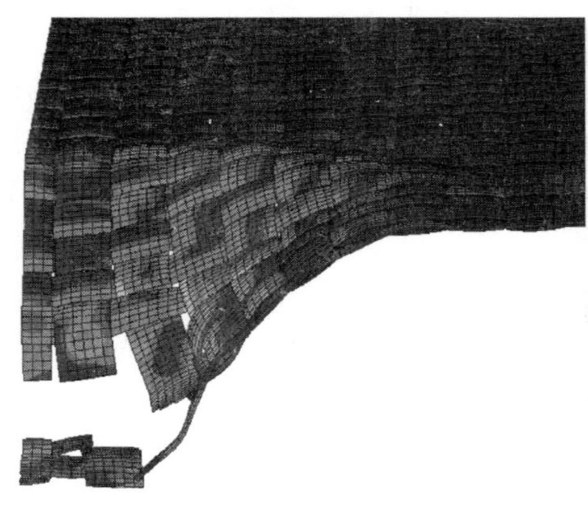

（a）有限元模型

（b）冲击后的织物

图 6-20　8F 织物中断裂的纱线

（4）应力波和横向变形

有限元模拟结果显示：当弹片冲击织物时，织物出现了横向偏移。冲击区域的纱线被拉出织物平面。变形区域类似金字塔形状，冲击区域在织物面上形成一个菱形区域范围。中心纱线和一些次级纱线上应力水平较高，如图 6-21 所示。中心纱线上应力变化的历程，如图 6-22 所示。在弹片与织物刚开始接触的 1.2μs 时，应力从冲击点位置沿着纱线逐渐向外传递；在 2.4μs 时，高应力主要集中在弹片边缘附近的冲击区。由于中心纱线和次级纱线在交织点处相互作用，应力波也在次级纱线中传播，到 7.2μs 左右时，基本已传递到织物边缘。

在弹道冲击下，取其中一根中心纱线的应力应变曲线，如图 6-23 所示。在纱线断裂之前，冲击区域附近有最高的应力和最大的应变。随着冲击时间的增加，远离冲击点位置的应力值和应变值逐渐增加，应力波传播的区域随之扩大。例如：在 1.2μs 时，应力集中在弹片的边缘；在 7.2μs 时，应力波几乎已经传播到织物的边缘。这表明织物内更多材料处于应力并产生应变的状态，因而可产生应变吸能。

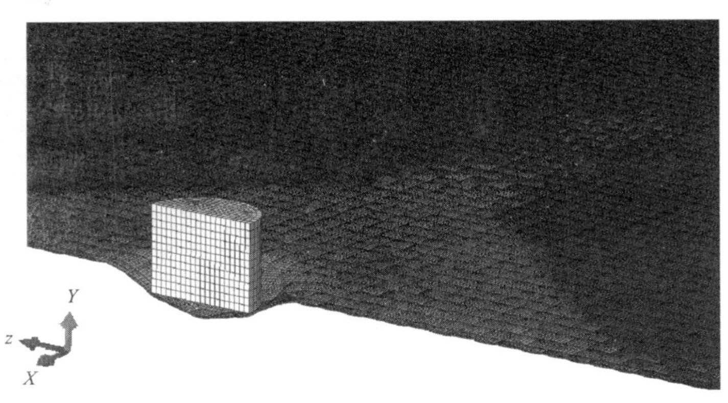

（a）弹道冲击下的织物

（b）变形区域

图 6-21　芳纶织物 8F 在弹道冲击下的有限元模拟

（a）t=1.2μs

图 6-22

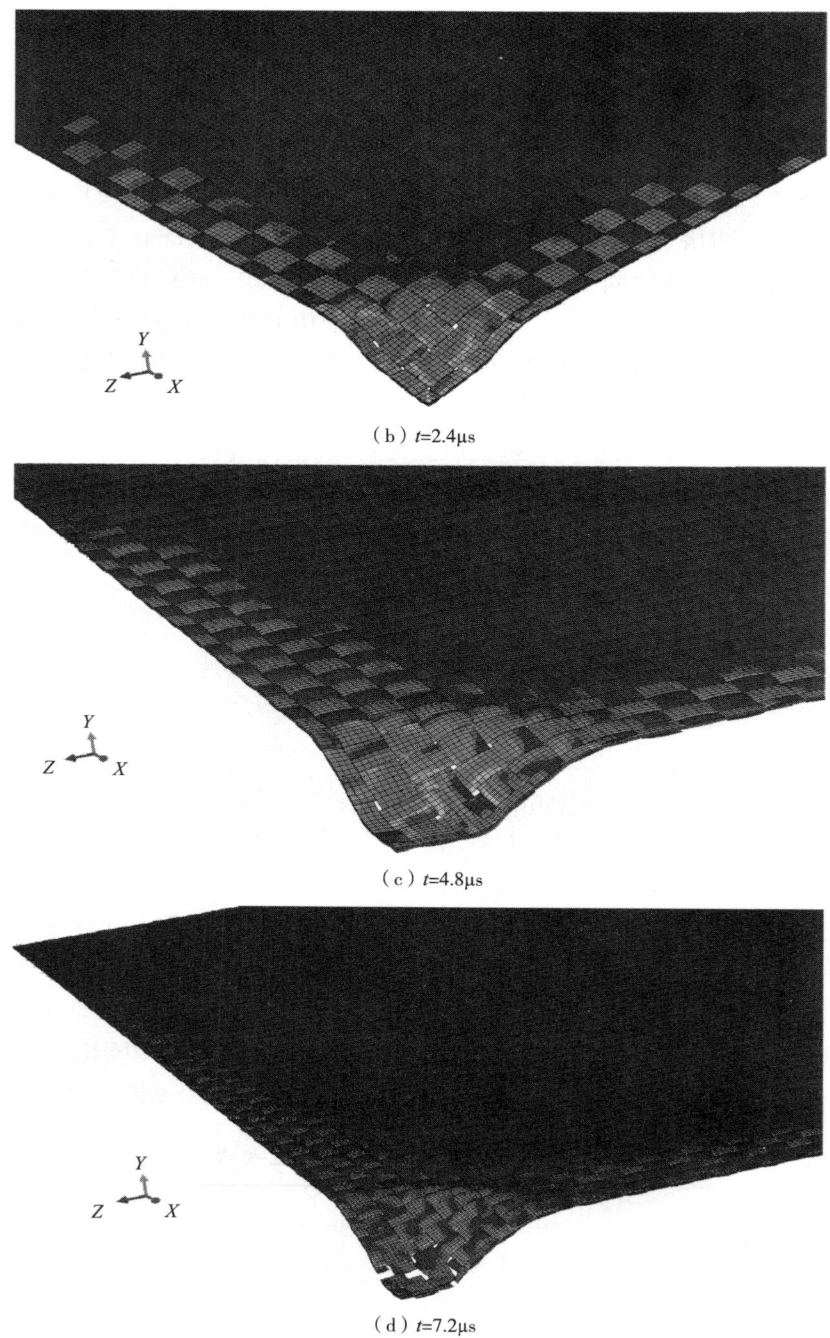

（b）t=2.4μs

（c）t=4.8μs

（d）t=7.2μs

图 6-22　不同冲击时间下芳纶织物 8F 的应力分布图

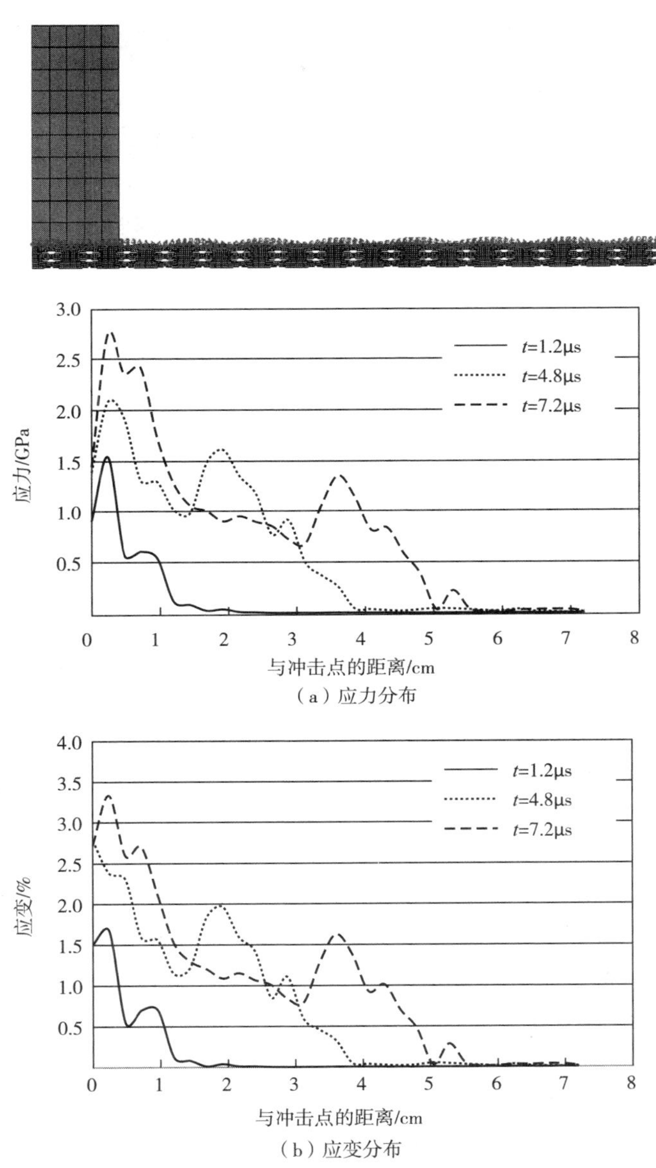

（a）应力分布

（b）应变分布

图 6-23　芳纶织物 8F 的应力和应变分布

在弹片的冲击作用下，织物产生了横向变形。根据对冲击过程的观察，在 5.5μs 时，织物的变形区域在标记的方格范围内，大约为 10mm×10mm。在有限元模型中，5.6μs 时织物的横向变形区域的最大宽度为 13.8mm，接近实测值，如图 6-24 所示。

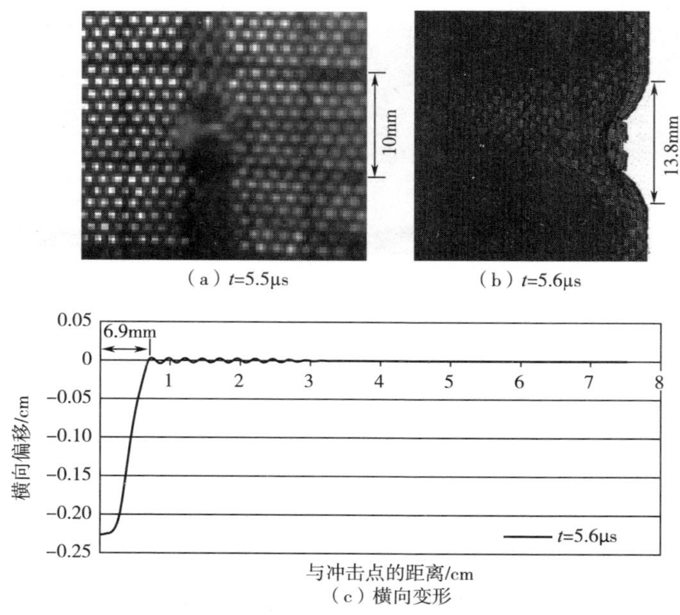

图 6-24 织物 8F 在 5.6μs 时的横向变形情况

根据上述分析，有限元模拟结果与试验结果有很好的一致性，在能量吸收、应力和应变分布、横向变形以及损伤形态等各个方面均与试验测试结果吻合，能够准确反映弹道冲击的特点。因此，可进一步应用于分析织物的弹道冲击响应机理和损伤机制。

6.3.2 纤维束层级织物靶板模型

(1) 纤维束织物模型

采用纤维束为基本单元构建织物模型，单层织物模型成功被穿透，如图 6-25 所示。与纱线层级的细观模型一样，纤维束层级织物的模型在弹片的冲击作用下，应力波同样沿中心纱线形成十字形方向传递。在纤维束模型中，纤维束非常细，网格单元尺寸小，模型运算对网格尺寸的依赖性不显著。与纱线层级的织物模型相比，纤维束模型可体现出更加细节的损伤失效形态，如纤维的逐根断裂，纤维的抽拔、滑移，纱线的部分断裂等，如图 6-25 所示。

弹片的剩余速度如图 6-26 所示，与以上纱线层级织物模型相比，剩余速度差别不大，都与试验测试结果接近。所计算的织物靶板的吸能和比吸能分别如图 6-27、图 6-28 所示。可以看出，纤维束织物模型模拟的结果与试验值也比较

（a）纤维束模型

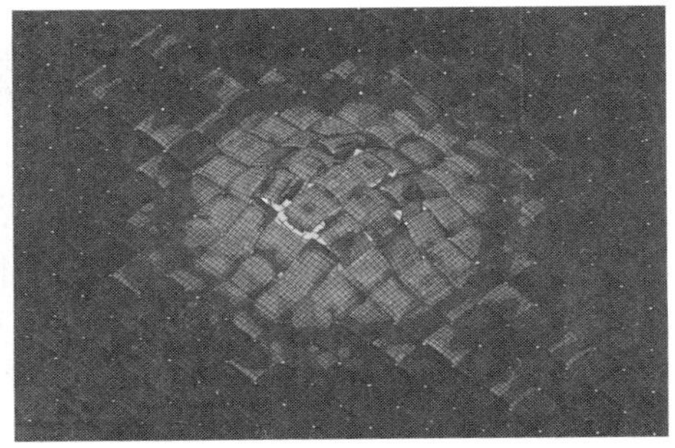
（b）细观模型

图 6-25　纤维束层级织物模型失效应力传播

接近。对比两种模型的失效时间，纤维束织物模型的穿透时间约为 10~12μs，而细观模型则是在 5μs 左右失效，实际穿透时间为 5.5~11μs，纤维束织物模型的穿透时间与实际测试结果接近。

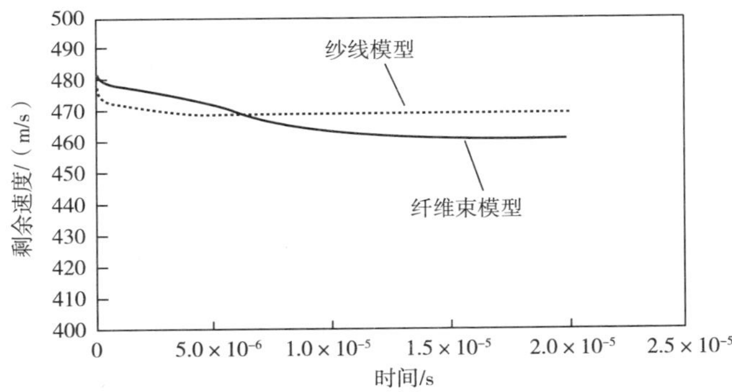

图 6-26　模型弹片的剩余速度

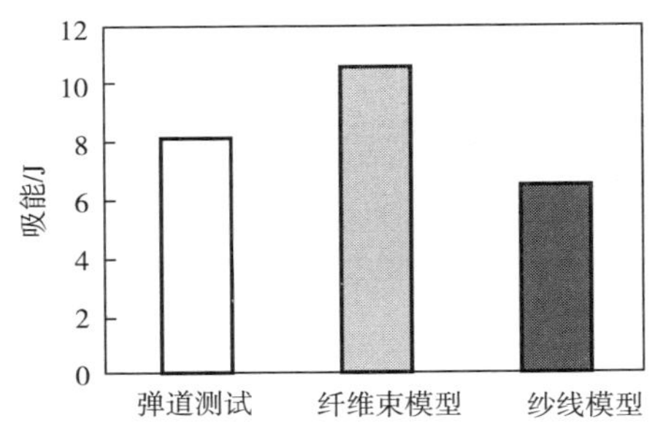

图 6-27　织物靶板的吸能

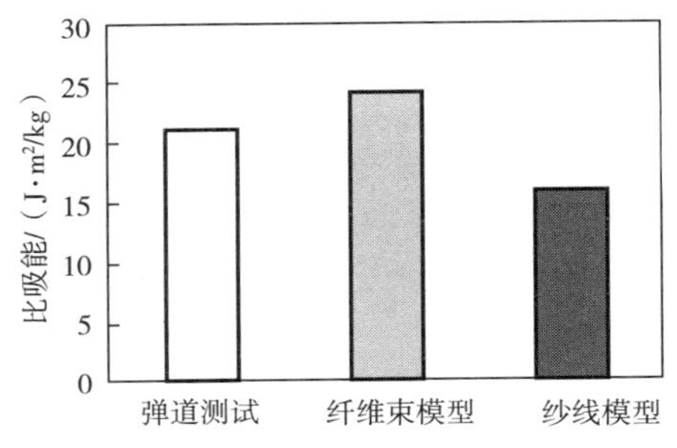

图 6-28　织物靶板的比吸能

对于织物的损伤形态，纤维束模型与细观模型均能较准确地模拟纱线的损伤形态，如图 6-29 所示。但与纱线层级的织物靶板模型相比，纤维束层级的织物靶板模型能更加精细地反映纤维的断裂形态，如纱线的部分断裂、纤维的逐根断裂形态等，如图 6-30 所示，更符合织物实际穿透的损伤特点，而且纤维束模型能够更确切地反映纤维之间的相互作用，在弹道冲击作用下横向变形区域更大(图 6-30)。

（a）弹道测试后的织物形态

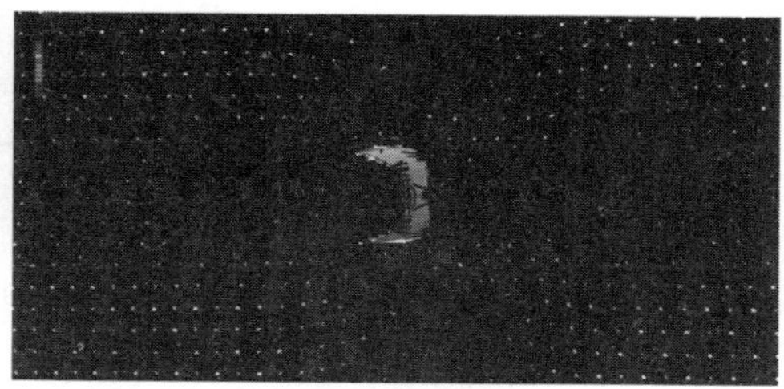

（b）纤维束层级织物模型

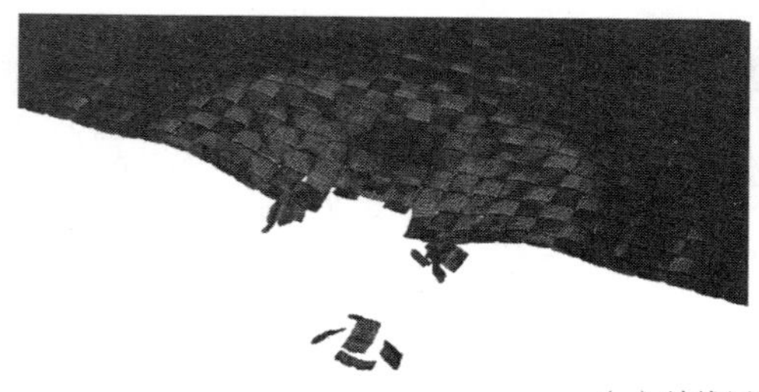

（c）纱线层级织物模型

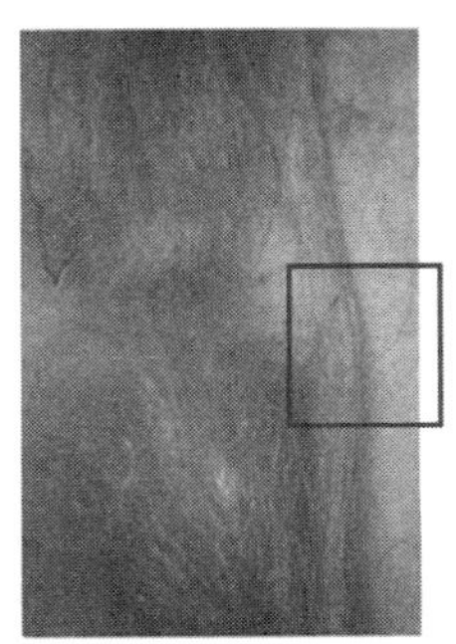

(d) 纱线部分断裂形态

图6-29　织物模型损伤后的形态

纤维束模型的问题在于计算效率低，单层织物就有上百万单元，计算时间达5~7h，如果拓展成叠层织物靶板，可能会因为单元过多而无法计算，因此需要适当简化模型。

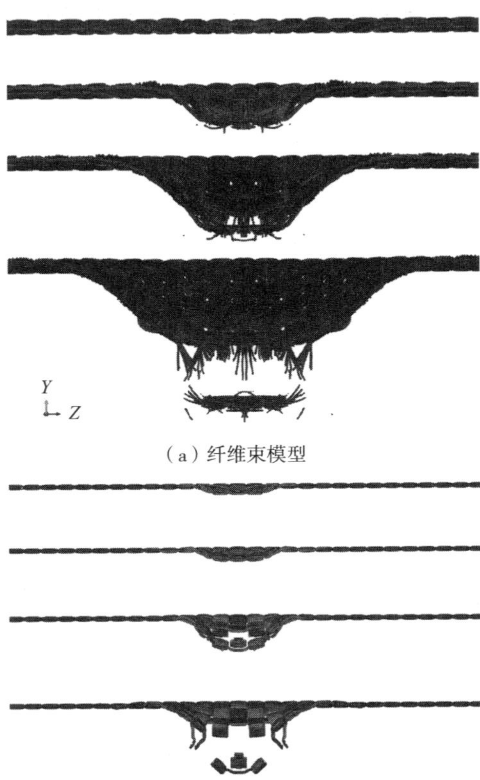

(a) 纤维束模型

(b) 细观模型

图6-30　织物模型损伤的过程

（2）纤维束混合尺度模型

对纤维束尺度织物模型进行简化，采用混合尺度纤维束与壳结合构建织物模型。冲击点中心区域的纱线为纤维束尺度实体单元，其他区域采用壳单元，如图 6-31 所示。织物模型同样能够成功运算，在 8μs 左右被完全穿透。应力分布沿着中心纱线向外传递，在纤维束与壳交界处产生应力波反射，应力水平提高。织物其他区域没有明显应力，也符合实际情况。在实际织物上除了弹孔周围及中心纱线之外，其他位置无显著变化，如图 6-32 所示，因此，冲击区域之外采用壳单元简化模型是合理的。

（a）纤维束/壳织物模型

（b）纤维束/壳模型的冲击点中心区域

图 6-31　纤维束混合尺度织物模型穿孔形状

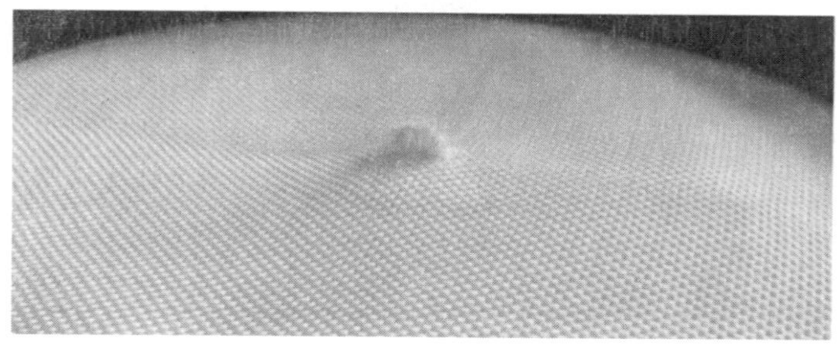

图 6-32　实际穿透织物形态

对比三种织物建模方法，首先，纤维束混合尺度模型对弹片的抵御能力最强，冲击过程中对弹片的降速效果最好，吸能最高；其次是纤维束织物模型，两者均优于纱线织物模型，其有限元模型对弹片的降速效果及弹道吸能，分别如图 6-33、图 6-34 所示。说明采用纤维束层级建模，能够更好地模拟纤维之间的相互作用，而这种相互作用起到了摩擦耗能的效果，对防弹是有益的（具体分析见第 7 章）。

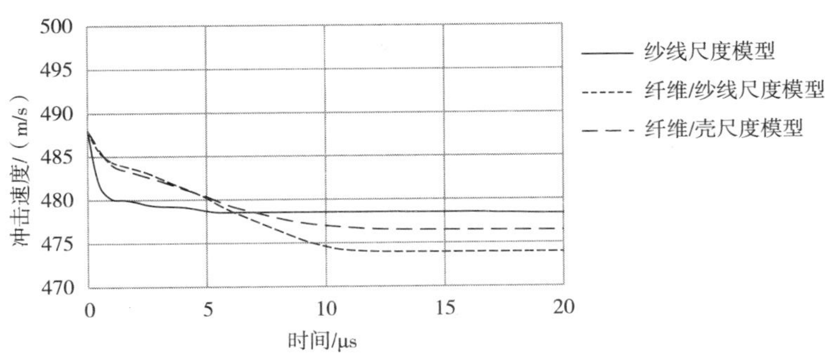

图 6-33　有限元模型弹片的速度

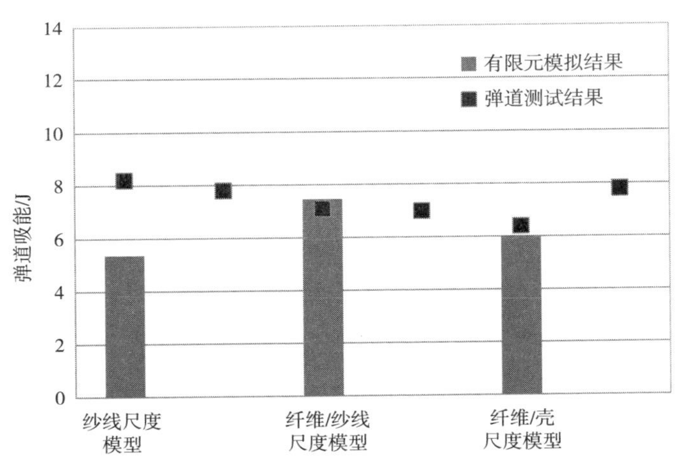

图 6-34　三种有限元模型中的弹道吸能

6.3.3　叠层穿透织物靶板模型

为简化叠层织物靶板的计算量，可通过减小模型尺寸和减少网格密度来实现。三种不同尺寸靶板模型的弹道吸能如图 6-35 所示。单层织物的有限元模拟结果表明：能量吸收随着模型尺寸的减小而明显减少。这是因为织物模型小，应力波传递到边界更快，在应力波反射时织物模型断裂更快，断裂时间短，导致能量吸收偏低。而且，织物模型越小，吸收能量时参与的材料越少，越不利于弹道吸能。该结果说明：虽然减小模型尺寸可以提高计算效率，但对靶板模型的防弹性能影响较大，因此并非合理举措。

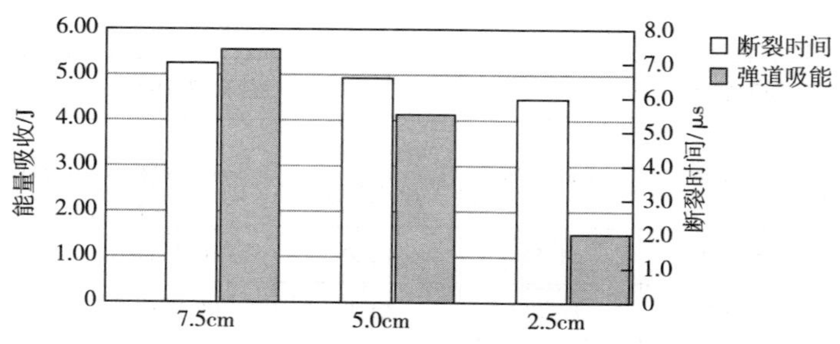

图 6-35　三种靶板尺寸的弹道吸能

另一种方法是针对靶板模型分区域采用不同尺寸的网格单元。对于织物的中心纱线采用细密网格，次级纱线采用粗疏网格，计算结果如图 6-36 所示。两种网格划分方式的计算结果差别不大。因此，针对叠层织物靶板，采用混合网格的有限元模型进行计算，可获得比较精确的求解，也可减少计算量。

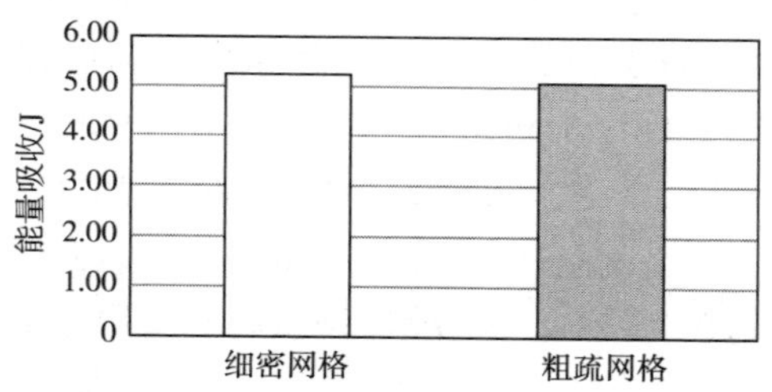

图 6-36　不同网格有限元模型的能量吸收情况

6.3.4　叠层非穿透织物靶板模型

在非穿透条件下，织物穿透层的数量和靶板的 BFS（背凸变形）是有限元模型验证的关键物理依据。对于非穿透的芳纶织物靶板 $11F_{24}$，在弹道测试中，穿透层的数量在 7~10 层之间。有限元模型中，前 7 层的穿透与测试结果一致。

当弹片停在靶板上时，在胶泥上留下了一个凹坑，如图 6-37 所示。根据芳纶靶板 $11F_{24}$ 的弹道测试结果，胶泥中凹坑的宽度为 40~45mm，BFS 为 13.57~17.45mm。

有限元模型很好地体现了胶泥上的凹坑形态，凹坑宽度为 44mm，如图 6-38 所示，与测试结果范围一致。有限元模型凹坑的深度测量为 8mm（图 6-38），比实际值偏低。由于实际测试中弹片外有一个塑料外壳，必然有更大的冲击力作用。在测试中发现，塑料外壳单独的冲击作用，可在胶泥上产生深度为 3.8mm 的凹陷，如图 6-39 所示。考虑到这一数值，实际弹片产生的凹坑深度在 9.77~

13. 65mm 之间。因此，可以认为模型结果与实际结果非常接近，该非穿透织物靶板模型有效。

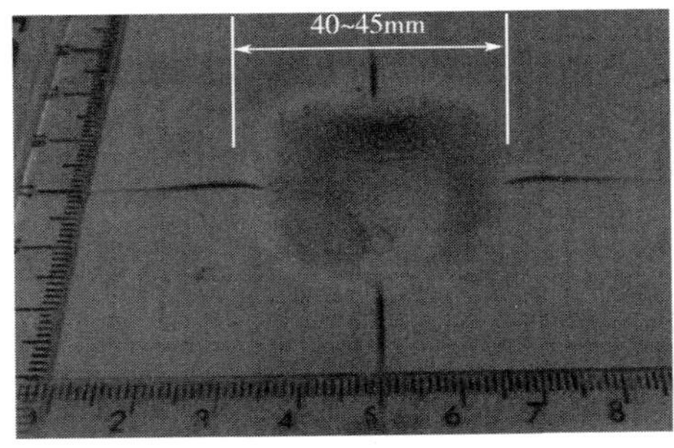

（a）凹坑

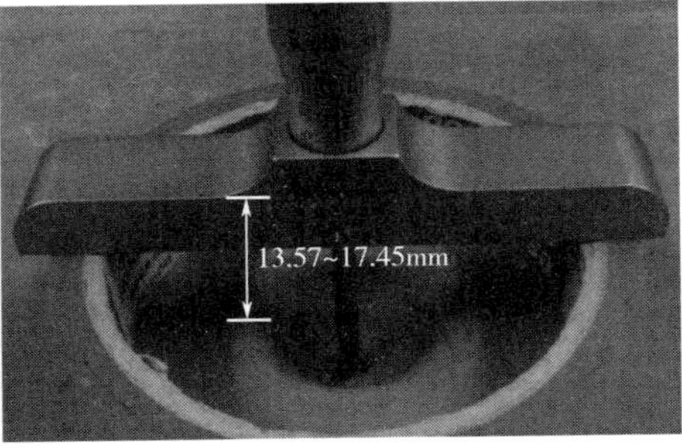

（b）BFS

图 6-37　芳纶织物靶板 $11F_{24}$ 后面的胶泥

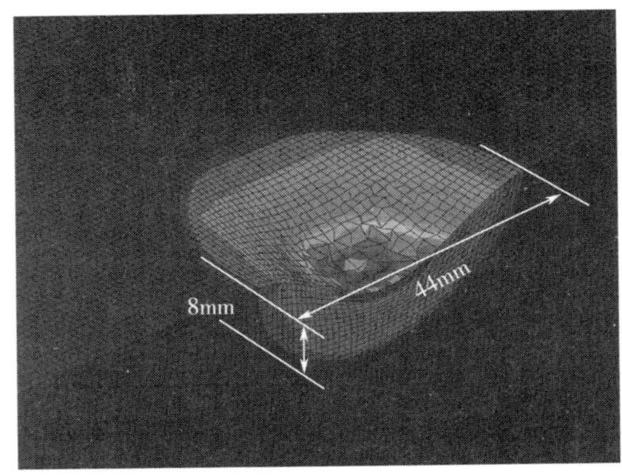

图 6-38　芳纶织物靶板 $11F_{24}$ 后面的胶泥上凹坑的有限元模型

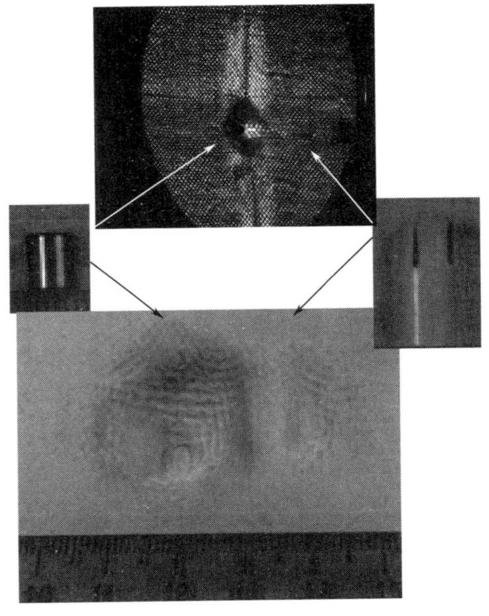

图 6-39　靶板产生的压痕

第7章

织物弹道冲击响应

高性能纤维织物不但具备较好的弹道吸能作用，且轻质柔软，穿着舒适性好，因此被广泛应用于软质防弹衣。防弹衣结构本身包括多个层级，从纤维、纱线到织物层、叠层靶板。除材料性能外，织物结构是影响防弹性能的主要因素。在弹道冲击作用下，织物的结构参量（包括纱线细度、经纬密度、纱线屈曲率等）都会对防弹性能产生影响，尤其是当各因素之间相互作用时，防弹衣的防弹性能就变得非常复杂。

7.1 织物防弹机理

由于织物的弹道冲击响应较为复杂，首先从单根纤维的弹道冲击过程开始分析，如图 7-1 所示。假设一根纤维两端固定，当子弹冲击这根纤维时，首先会在冲击点位置产生纵波，纵波以材料的声速从冲击点位置沿着纤维轴向向外传递。材料的声速取决于材料的拉伸模量和密度［式（7-1）］。随着子弹的横移，纤维开始产生横向位移，即横波，其波速低于纵波波速。在横波的作用下，越来越多的纤维材料向着冲击点位置“流动”。由于纤维上不同位置的质点移动速度不同，使得纤维开始逐渐产生拉伸变形，从而在纤维材料内部产生应力和应变，积蓄一定的应变能。

具有高模量和低密度的材料往往具有高应力波速。这样的材料可将冲击点位置的应力波从外快速传递，从而避免局部应力集中。这样一来，子弹或弹片的冲击动能就能分布在更大的范围，从而有更多的材料能够参与应变吸能。因此，具有高应力波速和低密度的材料往往拥有更高的弹道吸能的能力，也就是说，纤维的拉伸强度和断裂伸长直接决定了材料的弹道吸能。

材料的力学性能对弹道性能影响巨大，但是各个因素之间具有一定的相关性，因此，很难单独表征某个力学性能对单独性能的影响。Cunniff 曾提出一个无量纲的物理量 U^* 来评价纤维的综合性能：

$$c = \sqrt{\frac{E}{\rho}} \tag{7-1}$$

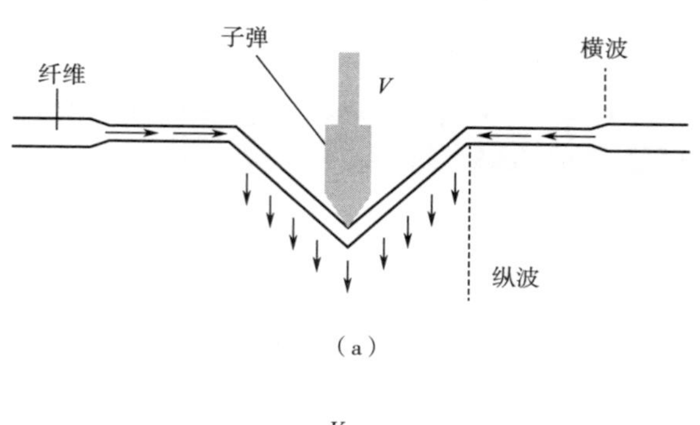

（a）

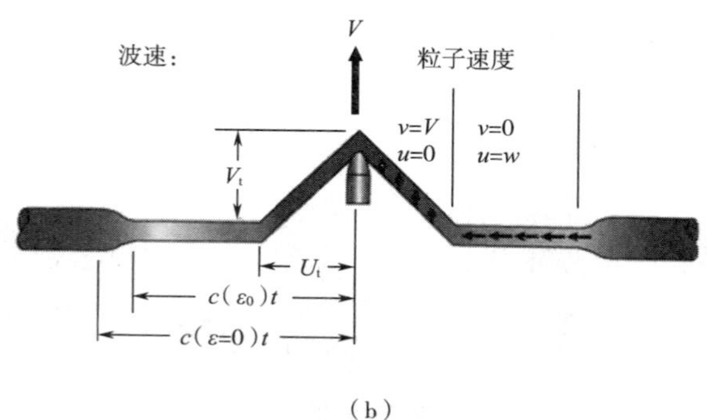

（b）

图 7-1　纤维弹道冲击过程

$$u = c\sqrt{\frac{\varepsilon}{1+\varepsilon}} \tag{7-2}$$

$$U^* = \frac{\sigma\varepsilon}{2\rho}\sqrt{\frac{E}{\rho}} \tag{7-3}$$

式中：c——纵波波速，m/s；

E——拉伸弹性模量，GPa；

ρ——体积密度，g/m^3；

u——横波波速，m/s；

σ——应力，GPa；

ε——应变，%；

U^*——材料属性。

当子弹冲击织物时，与单根纤维的弹道冲击响应类似，即首先在子弹与织物接触的冲击点位置产生纵波。冲击区域内子弹直接接触的纱线称为中心纱线（primary yarns）。冲击点位置处的中心纱线根数与冲击物的尺寸和织物密度有关，一般有 5~6 根。纵波沿着冲击点处十字相交的中心纱线向外传递。而织物上冲击点以外位置与中心纱线相交的纱线称为次级纱线（secondary yarns）。随着子弹的移动，织物在冲击点位置产生横移。在中心纱线的带动下，次级纱线产生拉伸变形和应变，并衍生出类似于中心纱线上的应力波，继而驱使更多的交织纱线产生横向变形和应变。纱线间的相互作用使织物产生不可恢复的起拱变形，进而使纱线产生抽拔、错位，从而使应力波传递到织物上的更大范围。

由于织物的力学性能在经纬垂直方向上相同，应力波只能沿着中心纱线传递，而无法沿着织物的各个方向传递。弹道冲击过程中，织物上中心纱线的应力值最高，如图 7-2 所示。因此，织物的横向变形形状类似于“金字塔”形，冲击点是“金字塔”的塔顶，中心纱线十字相交经过“金字塔”的塔顶，“金字塔”的底座形状类似于菱形。在弹道冲击的作用下，织物的横移变形加剧，“金字塔”的体积越来越大，直到局部材料达到断裂应变而终止。

值得注意的是，如果织物上的纱线仅仅产生物理位移，是无法耗散冲击动能的。织物上的纱线在子弹的冲击作用下，不仅产生位移，更重要的是产生拉伸应变。在外力的作用下，纱线在被抽长拉细直至断裂的过程中，纱线内部产生应变能。织物所消耗的冲击动能中，大部分是中心纱线的作用，而与之相交的其他纱线耗能较少。

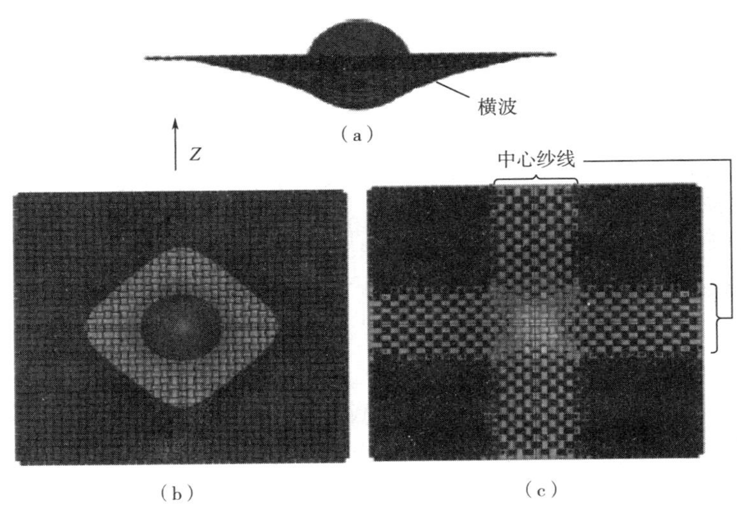

图 7-2 织物上的应力传递

按照能量转换定理，子弹的冲击动能只能以某种形式转移而不可能消失。在靶板的弹道冲击过程中，子弹的动能以多种形式被耗散，如靶板动能、纱线应变能、摩擦耗能、热能、声能等。其中靶板动能、纱线应变能和摩擦耗能为最主要的耗能形式，可耗散掉绝大部分的冲击动能。有限元的计算结果表明，这三种耗能形式占到织物总吸能的80%以上，如图7-3所示。

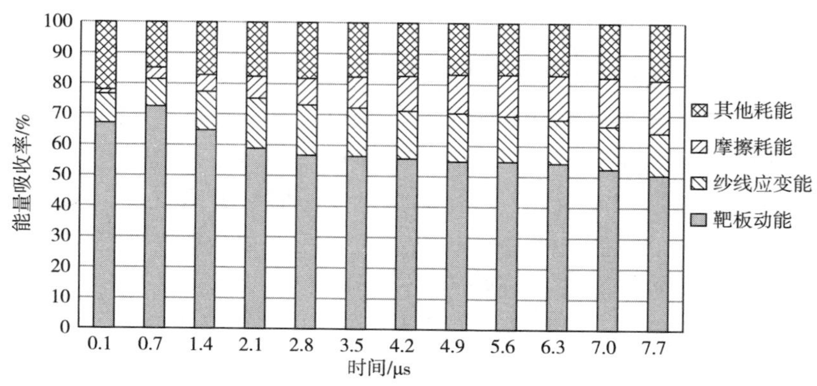

图7-3　织物耗能方式

对于织物靶板而言，冲击过程中织物在冲击点位置产生横向位移和变形，中心纱线以及与之相交的次级纱线在横移的过程中产生滑移、抽拔，纤维内部产生应变直至断裂。在这个过程中，纱线之间相互摩擦以及纱线与子弹之间的摩擦作用也会消耗一小部分冲击动能。这是织物靶板最主要的耗能机制，也是防弹衣能够防弹的主要原因。除此之外，摩擦作用产生的热能、穿透中的声能以及其他形式的内能由于消耗较少，在分析弹道吸能时为了简化计算，可以忽略不计。

在弹道冲击的作用下，织物上的冲击点位置具有最大的应力和应变。由于织物上经纬纱线交织点对应力波的反射作用，纱线上的应力波从冲击点位置向织物边缘逐渐衰减。同时织物上的每根纱线也存在一个应变梯度。因此，Roylance提出织物上的应力波速是单根纤维上应力波速的一个分数比。

$$c' = \frac{c}{\sqrt{2}} \tag{7-4}$$

式中：c'——织物应力波速，m/s；

c——纤维应力波速，m/s。

7.2　织物结构对防弹性能的影响

为评价不同结构织物的防弹性能，采用93tex芳纶纱线织制五种不同结构的芳纶织物，织物密度依次递增。织物规格参数见表7-1。其中织物试样11F为软质防弹衣的常用规格，以此作为参比试样。

表 7-1　芳纶织物的规格参数

材料	样品编号	纱线/tex	纬密/（根/cm）	织物厚度/mm	卷曲率/%	面密度/(g/m^2)
芳纶织物	8F	93	8. 3	0. 20	0. 41	155. 35
	9F	93	9. 3	0. 22	0. 83	186. 42
	11F	93	10. 9	0. 26	1. 52	196. 85
	12F	93	11. 6	0. 30	1. 71	227. 95
	13F	93	12. 6	0. 32	2. 16	251. 76
	10M	110	10. 7	0. 34	1. 79	259. 28

对以上织物进行弹道测试。选择 1. 1g 的倒角圆柱体破片，弹速为 460～500m/s，靶板尺寸为 400mm×400mm 的正方形，四周边界固定，每个靶板打五枪。测试穿透条件下的织物吸能和非穿透条件下的 BFS，如图 7-4 所示。

（a）测试装置

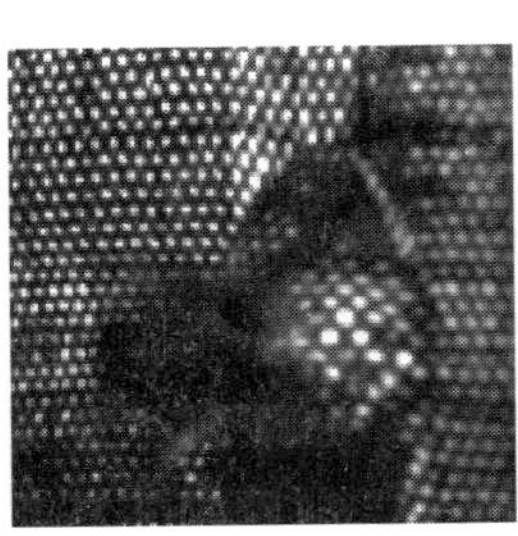

（b）穿透测试

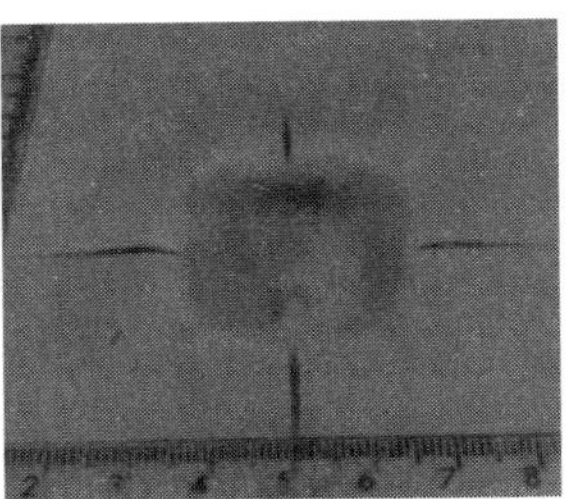

（c）非穿透测试

图 7-4　弹道测试

7. 2. 1　纱线规格

弹道冲击作用下，平行伸直的纤维能够更快地传递应力波。因此防弹织物内的高性能纤维一般是弱捻。而且捻度越高，纱线的强度和模量越低。这是因为纤维加捻后，纤维轴向与纱线轴向产生一个倾斜角度，导致纤维的力学性能无法沿着纱线轴向有效传递。但是没有捻度的纤维在织造过程中纱线容易脱散勾丝，不利于织造加工的进行。因此，为了满足织造生产的需要，常常加弱捻，保证纱线中的纤维有一定的抱合力。研究表明，防弹用的纱线最佳捻度角为 7°。Kevlar 芳纶纱线的捻系数为 1. 1 时效果最好。

纱线细度对弹道吸能的影响如图 7-5 所示。两种织物 10F 和 10M 的织物密度都是 10.5 根/cm，但纱线细度不同。弹道测试结果表明，采用较细的 93tex 纱线的芳纶织物 10F 的比吸能高于较粗纱线 110tex 的织物 10M。说明织物的纱线越细，单位面积材料的吸能越高。

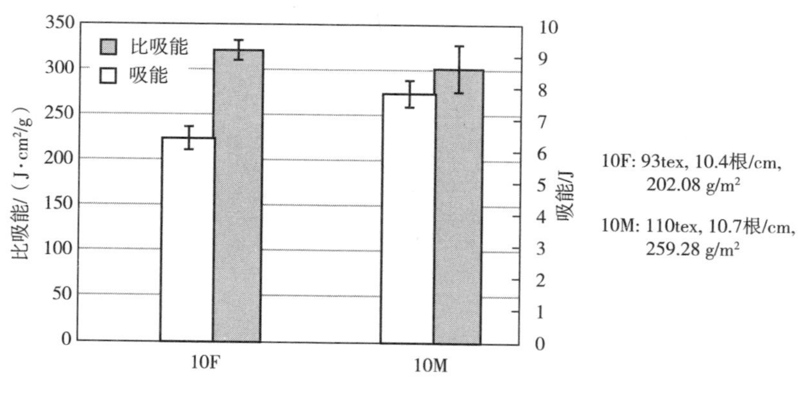

图 7-5　不同细度纱线织物的弹道吸能

7.2.2　面密度

织物的面密度是靶板材料质量的重要指标，面密度越大，意味着靶板内材料越多。根据应变能理论，当线弹性材料受到外力做功时，能够引起材料产生弹性变形而储存的能量称为应变能。材料的应变能不仅与材料的拉伸性能有关，而且也与变形材料的体积有关。显然面密度较大的织物能够提供更多的材料产生应变能。

然而弹片冲击织物时，所接触的纱线只有冲击区域内的少量的中心纱线，只有这些纱线在弹片冲击过程中才能充分产生拉伸应变，从而消耗弹片动能。而其他位置与之交织的纱线——次级纱线，对靶板吸能贡献较少，即使靶板的面密度增大，冲击区域内增加的材料也很有限，因此，弹道吸能的提升并不明显。如图 7-6 所示，实验结果清楚地表明：随着织物面密度的增加，靶板吸能略有增加，但是靶板的比吸能显著下降，说明在弹道冲击作用下，单位面积的织物材料吸能效率下降。

值得注意的是，当织物面密度相同时，不同结构织物的弹道吸能也不尽相同。如图 7-7 所示，三种织物纱线的粗细不同，经纬密度不同，但面密度接近。在相同条件下对其进行弹道测试后发现三种织物的比吸能存在一定差别。这一结果说明，除材料质量之外，织物结构也会对靶板吸能产生影响。

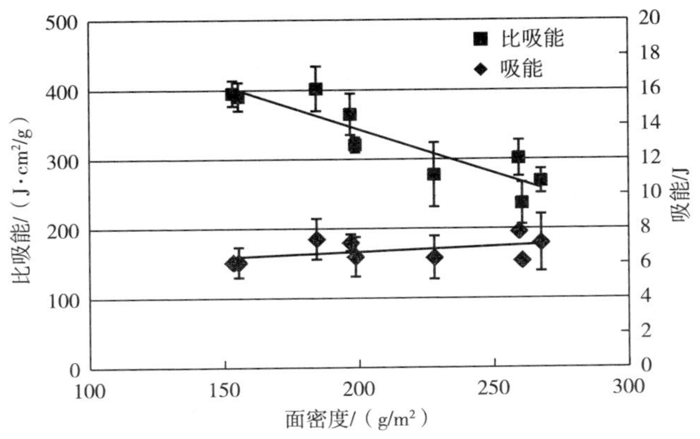

图 7-6　弹道测试实验结果

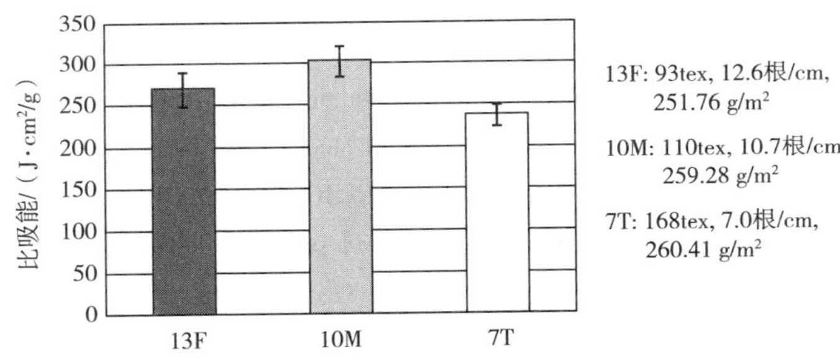

图 7-7　不同结构织物的弹道吸能

7.2.3　织物密度

织物的经纬密度是织物吸能的另一个影响因素。对于同为 93tex 纱线织成的五种织物：8F、9F、10F、12F 和 13F，随着经纬密度的增加，织物的比吸能呈明显的下降趋势，如图 7-8 所示。这一结果说明：织物越紧密，弹道吸能效率越低。

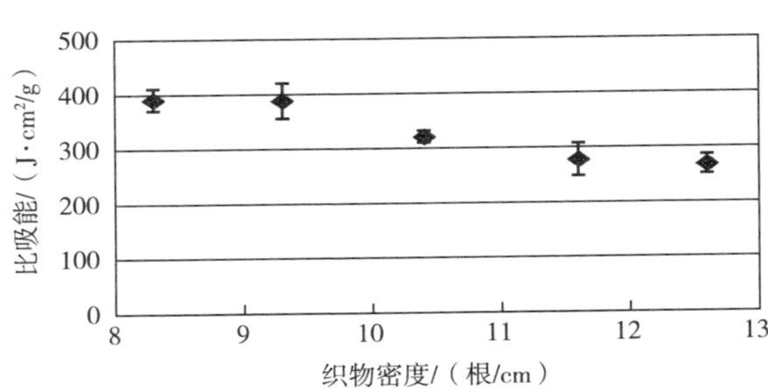

图 7-8　不同经纬密度织物的弹道吸能

通过对不同结构的织物进行有限元建模，当织物经纬密度越小时，织物内的纱线越扁平，纱线截面的长径比越大。有限元分析发现：随着纱线截面形状长径比的增大，弹道冲击过程中纱线的吸能增加，而且纱线越粗，该影响越显著。这是由于织物内纱线截面的长径比越大，纱线外表面分布的纤维根数越多，纤维断裂的同时性提高，更有利于提升纱线的断裂吸能。

7.2.4 纱线截面形状

织物的结构对防弹性能有显著影响。在防弹织物内纱线是弱捻结构，因此纱线的截面一般呈透镜形。由于织物的经纬密度不同，纱线的截面形状也会存在差异。在高密度织物内，纱线处于挤紧形态，纱线的截面更趋于圆形，如图 7-9 所示。当纤维束以不同的集合体形式存在于织物中时，对织物的防弹性能会产生一定的影响。为排除纱线屈曲的影响作用，先假设纱线径向为平行伸直结构，只改变纱线的截面形态，见表 7-2。

图 7-9 织物中纱线的截面形态模型

表 7-2 纱线截面形态

纱线说明	线密度/tex	纤维束数量	纱线面积/mm^2	纤维束面积/mm^2
	220	40	0.16	0.004
长径比	0.99	2.25	5.88	10.79
FE 模型				
纱线说明	线密度/tex	纤维束数量	纱线面积/mm^2	
	110	20	0.08	
长径比	1.01	2.94	6.38	
FE 模型				

采用纤维束尺度有限元建模的方法对单根纱线建模。将 220tex 的纱线分为 40 根纤维束，采用四种集合结构，将 20 根纤维束以不同的形式堆砌在一起，其长径比由小到大，纱线截面由圆到扁，分析截面长径比对纱线吸能的影响。采用同样的方法分析 110tex 的纱线，将其分为 20 根纤维束。这样在两种纱线中纤维束截面的尺寸是一样的。也就是说采用同样粗细的纤维束，集合不同的根数形成粗细两种纱线，对比分析纱线的弹道吸能。有限元分析结果如图 7-10 所示。

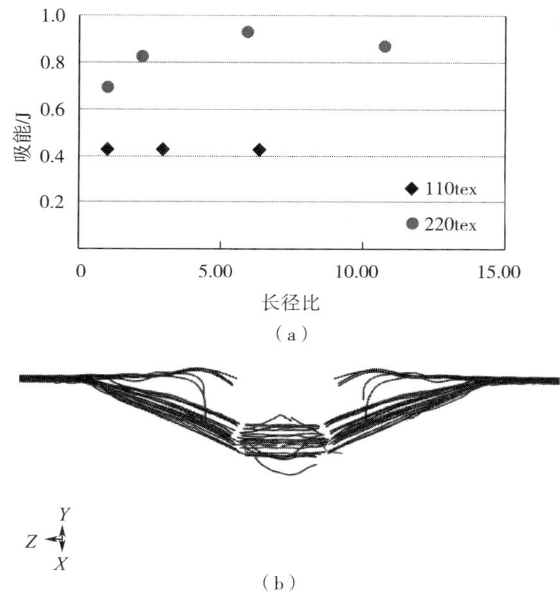

图 7-10　有限元分析结果

以上结果说明，220tex 纱线的截面长径比增加可以提高纱线的吸能，但是达到极限值后会减少。说明织物的经纬密度越小，纱线越扁，纱线截面宽度越大，越有利于吸能。这一结论与试验测试结果一致，如图 7-11 所示。这是由于纱线与弹片平面的接触面积增大而导致的结果。但对于 110tex 较细的纱线而言，这一趋势并不明显。

需要注意的是，随着纤维束长径比的增加，计算纱线的面密度减少，如图 7-12 所示。考虑到材料的密度不同时，可采用比吸能评价纱线的吸能性能。结果发现对于 110tex 和 220tex 的两种纱线，随着纱线截面长径比的增加，比吸能增加。说明在织物内随着纱线截面长径比的增加，材料的吸能效率也是增加的。

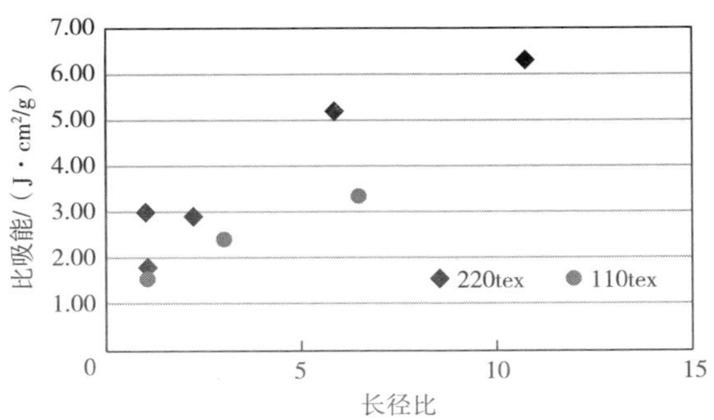

图 7-11　不同长径比纱线的比吸能

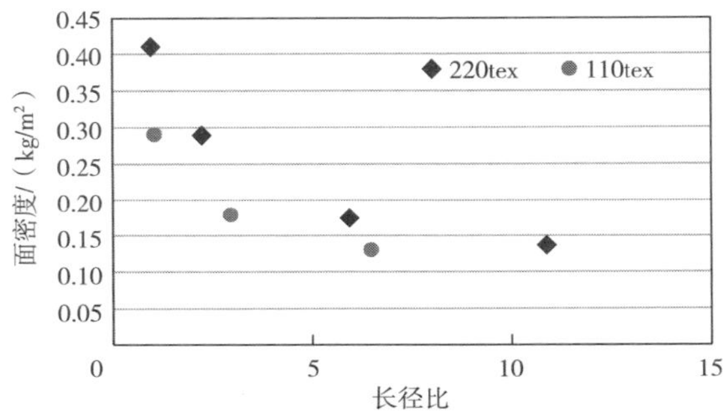

图 7-12　不同长径比纱线的面密度

在织物的弹道冲击中，有多根纱线与弹片直接接触。因此，进而分析多根纱线长径比的影响。由于弹片尺寸一定，当纱线长径比较大时，弹片下的纱线根数会减少，如图 7-13 所示。有限元计算结果，见表 7-3。可以发现，同样粗细的纱线，每根纱材料质量相同，纱线截面长径比从 5.88 降至 2.25 时，吸能增大

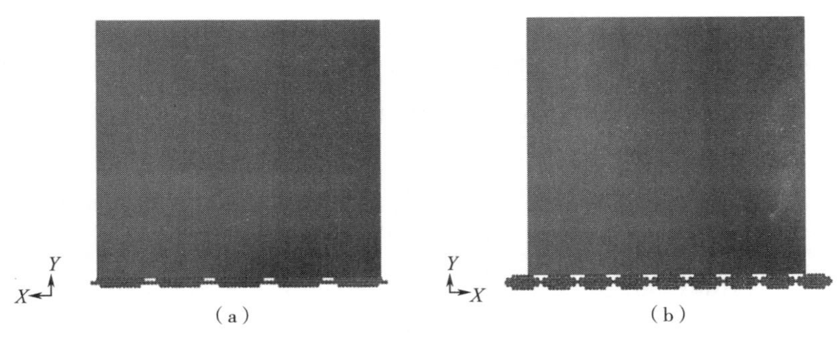

图 7-13　多根纱线弹片冲击模型

近50%，但材料的比吸能较低。也就是说织物密度大、厚度大，纱线截面长径比小的结构，整体吸能高；但材料多，比吸能较低，这一结果与前面试验测试结论一致。这说明弹道冲击作用下，直接参与弹片接触的材料量是影响吸能的关键。

表7-3　纤维束尺度多根纱线的吸能

FE模型	长径比	面密度/（kg/m^2）	弹片下的纤维束数量	吸能/J	比吸能/（$J\cdot m^2/kg$）
M-40-3	5.88	0.18	4.77	3.89	21.61
M-40-5	2.25	0.29	7.64	5.75	19.38

7.2.5　纱线屈曲形态

除纱线截面形状外，纱线的径向屈曲形态也是影响防弹性能的关键因素之一。如图7-14所示，试验结果表明：同为93tex的纱线，随着织物经纬密度的增加，屈曲率逐渐增大，织物的比吸能呈下降的趋势。五种织物（8F，9F，11F，12F和13F）的屈曲率从0.4%增至2.16%，而织物的比吸能下降了45.5%。

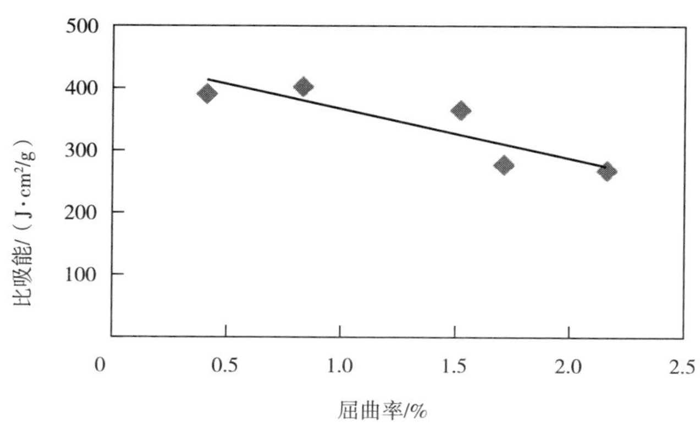

图7-14　93tex纱线织物不同密度织物的比吸能

为分析纱线屈曲形态对应力波传递的影响，采用相同的纱线截面形态、不同的屈曲形态，建立单根纱线有限元模型，分析弹片冲击响应，如图7-15所示。影响的数值，见表7-4。

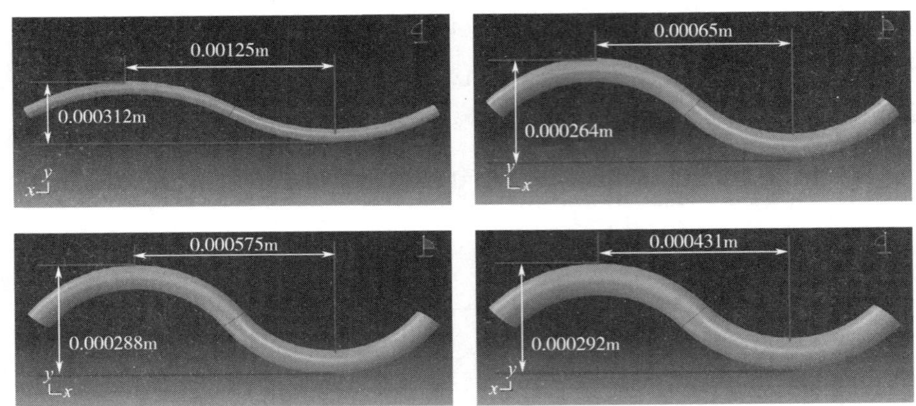

图 7-15　不同屈曲结构的纱线模型

表 7-4　纱线屈曲率对应力波的影响

模型编号	纱线屈曲率/%	弦长/mm	弧长/mm	相对速度/（m/s）
1	0	—	—	7605.80
2	4	1.25	1.30	6134.42
3	10	0.65	0.72	4671.45
4	15	0.58	0.67	4038.87
5	20	0.19	0.23	3370.92

根据有限元计算结果输出沿一根纤维束的应力波—位移历程图，如图 7-16 所示。在图上以 0.5GPa 为参考值，取出不同时刻该纤维束上达到 0.5GPa 的位置及对应时刻，作时间—位移曲线，如图 7-17 所示。该曲线反映了应力波向外传递的时间和位移，对其拟合曲线方程，斜率即纤维束的应力波速。无论是以纤维束上的相对位移还是绝对位移为参数，都

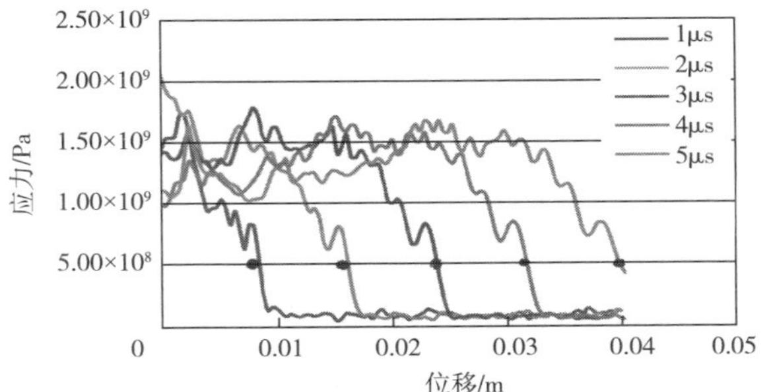

图 7-16　不同屈曲形态纱线应力—位移图

可以发现随着纱线屈曲率的增加，应力波传递速度显著下降，如图 7-18 所示。纱线屈曲率为 4%时，与平直纱线相比，应力波速下降了 19%。也就是说，织物内纱线的屈曲形态不利于冲击应力波向外传递。当屈曲率较大时，会产生局部应力集中，最终导致纱线在冲击区域内快速断裂，不利于织物吸能。

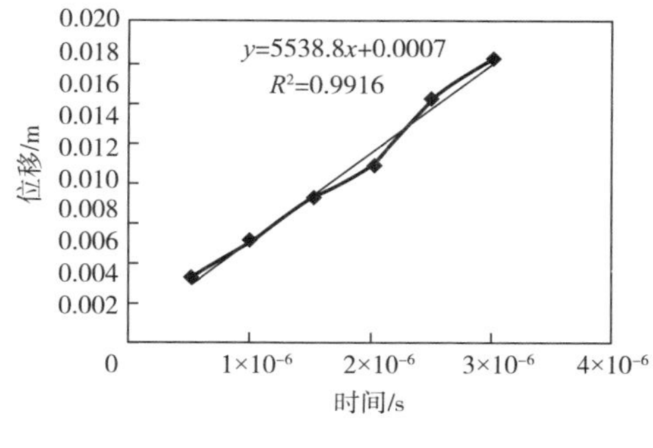

图 7-17　时间—位移曲线

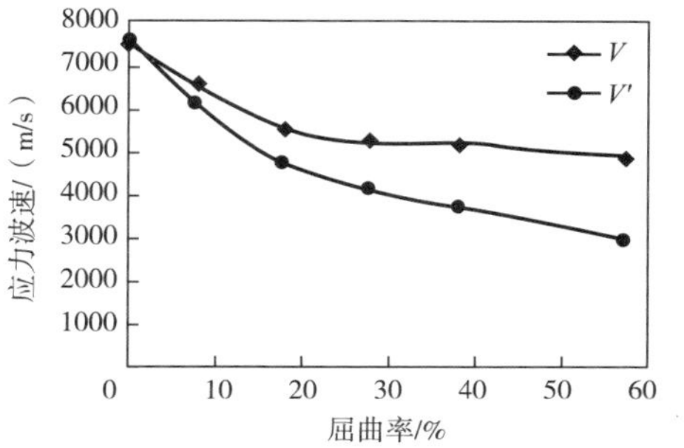

图 7-18　纱线屈曲对应力波速的影响

当织物经纬密度相同时，纱线越粗，纱线的屈曲率越大，纱线截面长径比越小。这种结构的织物吸能的绝对值较高，但由于面密度较大，其比吸能较小。当纱线粗细相同时，织物的经纬密度越大，纱线屈曲率越大，纱线截面的长径比越小，织物结构紧密会导致比吸能较低。对于软质防弹衣，其主要作用是吸收弹片的残余动能。在满足 BFS 的前提下，织物结构应尽可能地避免过于紧密，从而可增大应力波的传递速度和传递范围，提高材料的吸能效率。

7.3　穿透织物靶板对防弹性能的影响

防弹靶板一般是由多层织物（30~50 层）叠合而成。由于织物层间的相互作用，使得整个叠层体的防弹作用和原理更为复杂，靶板整体的防弹性能并非是各层织物防弹性能简单的累加。一般情况下，单层织物的弹道吸能基本与其靶板质量成正比，但在叠层织物靶板内，随着织物层数的增加，靶板的比吸能会显著下降，如图 7-19、图 7-20 所示。这就意味着靶板整体的吸能与织物层数的增加比率不同步，即靶板的吸能效率是下降的，说明各织物层对靶板整体的弹道吸能贡献是不同的。

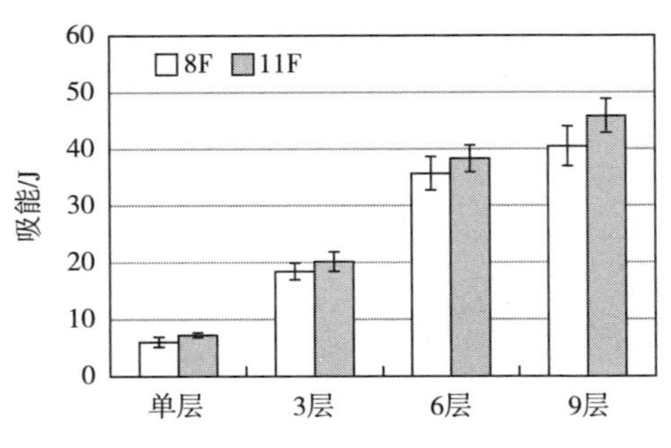

图 7-19　不同层数织物的吸能

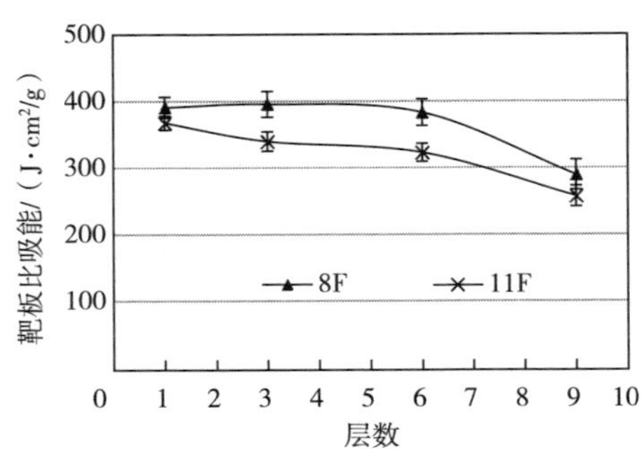

图 7-20　不同层数织物的比吸能

在穿透条件下，针对芳纶织物叠层靶板 8F，通过弹道试验和有限元模拟分析各织物层的冲击响应特点及能量吸收。以单层织物靶板的弹道冲击响应为参照，分析第 1 层、第 3 层、第 6 层和第 9 层织物靶板弹道冲击响应的差异。弹道测试冲击条件为：1.1g 正圆柱体（RCC）弹片，弹速为 480～500m/s。

7.3.1　横向变形

当靶板被高速侵彻的弹丸穿透时，织物产生局部横向变形，主要集中在弹孔周围，中心纱线抽拔明显。在穿透靶板内，每层的横向变形程度不同，如图 7-21 所示。入射面织物只有弹孔周围的织物褶皱明显，这是织物横向变形及纱线产生应变的结果，但织物上其他区域较为平整。中间织物层中心纱线附近褶皱明显，纱线抽拔痕迹清晰可见。而出射面织物层的横向变形区域范围明显扩大，且织物中心纱线附近的褶皱与前面的织物层相比更为明显，纱线抽拔痕迹更为严重。这些靶板失效形态清楚地表明：随着织物层在靶板内所处的位置不同，各织物层的弹道冲击响应是不同的。

对不同叠层的穿透织物靶板（第 1 层、第 3 层、第 6 层和第 9 层）进行有限元模拟分析，每层织物断裂前所能产生的最大横向位移如图 7-22 所示。单层织物靶板在弹片的冲击作用下并没有立刻断裂，横向位移大约 45mm 中心纱线才完全断裂［图 7-22（a）］。相比之下，在三个叠层靶板内入射面的第 1 层织物横向位移都比较小，织物仅仅横向变形了 0.2～0.3mm 就已经断裂。织物的变形区域仅局限于弹片边缘，面积只有单层织物横向变形面积的 27%。在叠层靶板内随着织物层先比出射面后移，横向变形区域的面积逐渐增大。在第 9 层靶板内，最后一层的横向变形面积已经大于单层织物靶板的变形面积。这些结果说明：叠层靶板内入射面的织物层被后面的织物层约束，无法自由产生横向位移。而透射靶板出射面的织物约束作用减小，且随着前层逐层断裂，后层的断裂时间延长，织物能够产生更大的变形区域，这对于织物吸能是有利的。

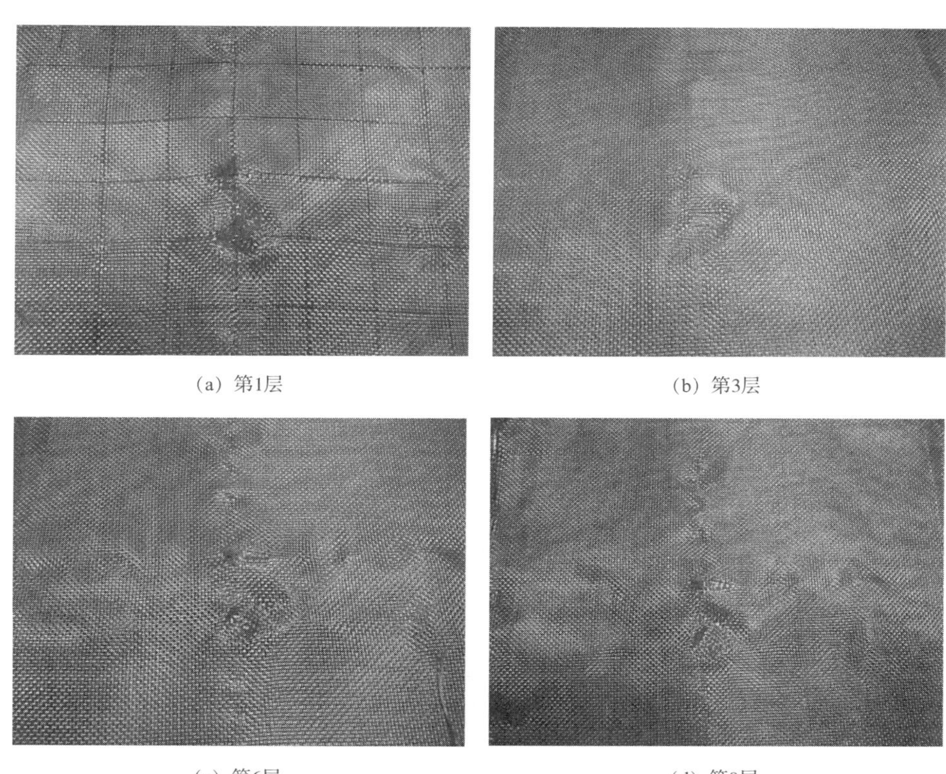

（a）第1层　（b）第3层

（c）第6层　（d）第9层

图 7-21　不同层数织物的横向变形

（a）不同叠层的穿透织物靶板

图 7-22

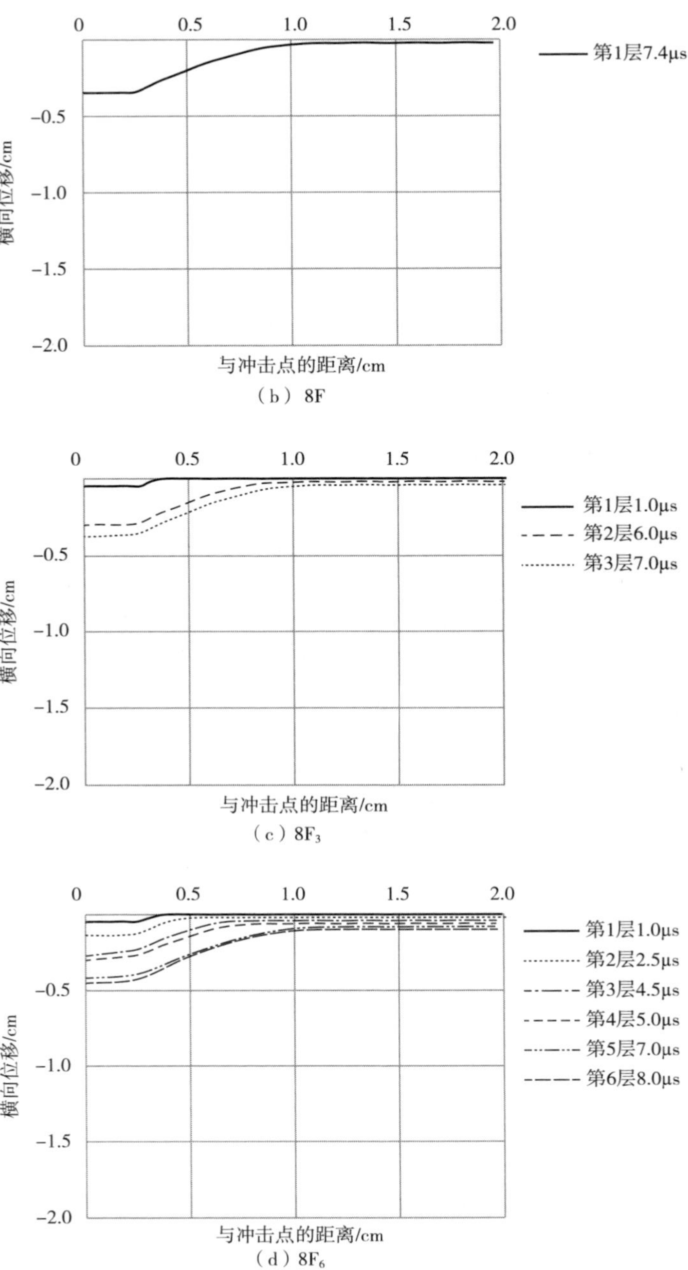

（b）8F

（c）$8F_3$

（d）$8F_6$

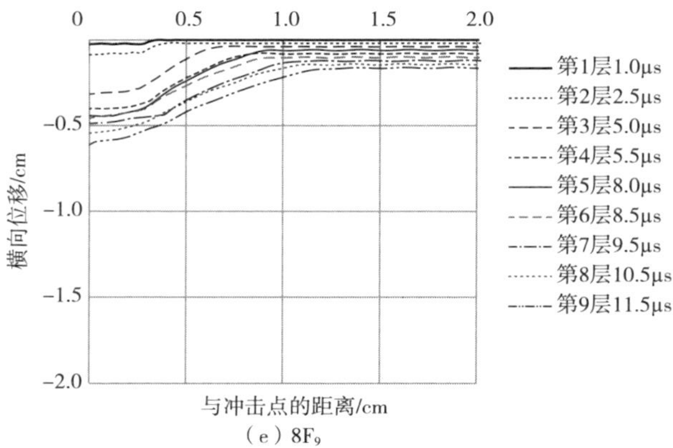

（e）$8F_9$

图 7-22　织物不同层的最大横向位移

7.3.2　应力分布

根据有限元的分析结果，叠层织物靶板内各层的应力分布存在差异。以三层织物靶板为例，各层织物在断裂前应力分布的时间历程如图 7-23 所示。在入射面的织物层上，应力主要集中在弹片边缘与织物接触的位置［图 7-23（a）］。由于应力集中显著，导致前层织物在 1μs 时即断裂，而第 2 层和第 3 层织物分别在 6μs 和 7μs 时相继断裂。随着断裂时间的延迟，应力波有时间沿着纱线向外传递，如图 7-23（b）（c）所示。应力波传递的过程中，后层织物可以产生更大的横向位移，因此，冲击区域的面积比入射面织物层的面积更大。

弹片接触织物后，经过同样的时间，靶板织物各层的应力波传递的位移是基本相同的。如 6 层织物靶板 $8F_6$ 和 9 层织物靶板 $8F_9$，入射面层应力波传递的距离都是 0.75cm，如图 7-24 所示。然而，在靶板厚度方向上，由于织物层所处的位置不同，同一时刻各层存在明显的应力梯度。随着靶板织物层数的增加，靶板前后层的应力分布差异会更加显著。

（a）

图 7-23

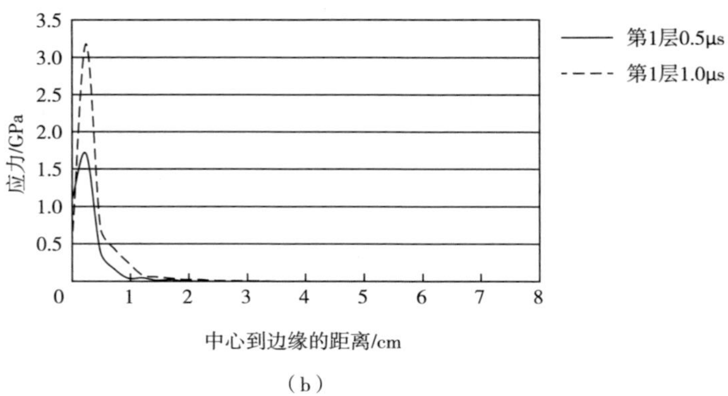

（b）

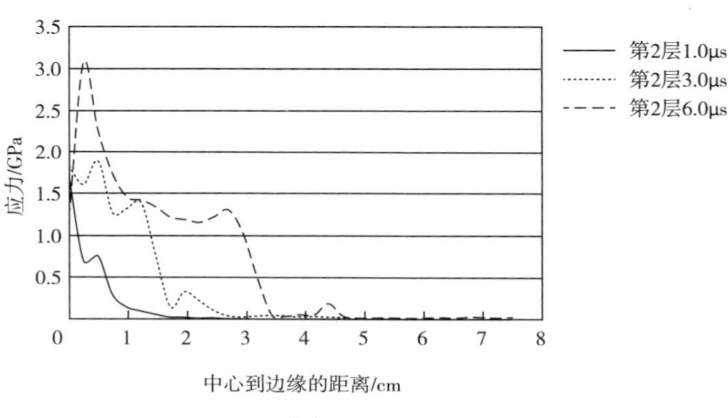

（c）

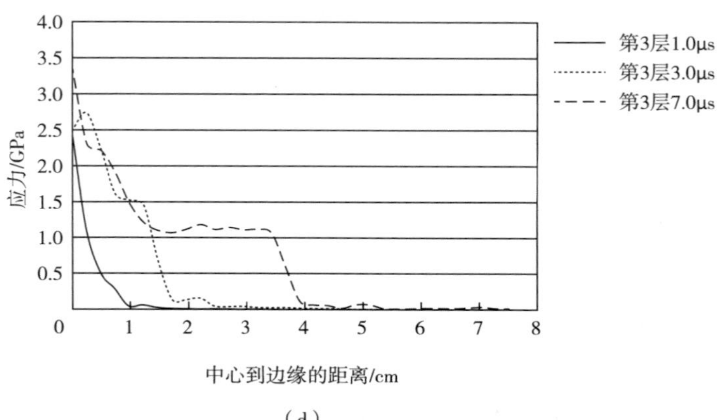

（d）

图 7-23　织物各层的应力分布

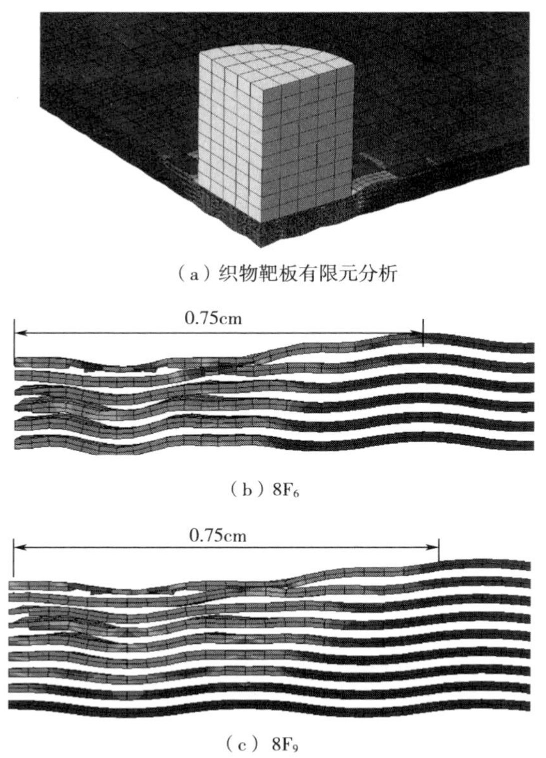

（a）织物靶板有限元分析

（b）$8F_6$

（c）$8F_9$

图 7-24　应力波传递距离

7.3.3　靶板吸能

在穿透条件下，叠层织物靶板的吸能随着织物层数的增加而增加，但是靶板整体的比吸能下降，如图 7-25 所示。无论织物是细纱还是粗纱，三层以上的叠层织物靶板的比吸能都呈下降趋势，而且纱线越粗，这种下降趋势越明显。

通过有限元模拟深入分析每一层织物的吸能。当靶后无约束，在穿透条件下，叠层织物靶板内各层的吸能从入射面到出射面逐层增加，出射面最后一层织物的吸能最多。与单层织物相比，9 层靶板内第一层的吸能明显降低，只有单层织物吸能的 30%左右，而最后一层织物的吸能却比单层织物靶板的吸能还高。

当靶板被高速侵彻的弹丸穿透时，入射层由于应力集中而快速断裂，织物无法产生大面积的横向变形，冲击区域内能够参与吸能的材料相对较少。而靶板后层织物层的应力分布范围大，断裂时间延长，织物层的横向变形显著。变形区域扩大，使得更多材料可参与应变、伸长直至断裂。因此，接近出射面的织物层吸能增加，整个透射靶板内各层的能量吸收呈递增趋势。

通过 SEM 扫描电镜对透射靶板进行逐层断口分析，在 9 层靶板内从入射层到出射层，断裂纤维的纰裂程度逐渐增加，如图 7-26 所示。这一规律说明后层织物纱线在断裂时，受到更为显著的拉伸作用。因此，接近出射面的后层织物的能量吸收高于入射面织物层，该结果进一步证实了有限元模拟的分析结果。

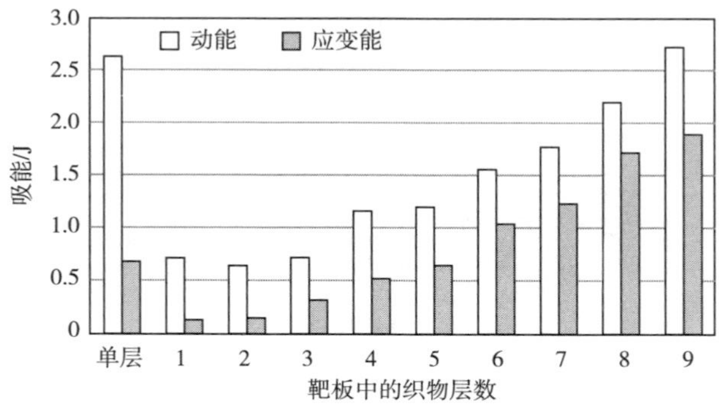

图 7-25　9 层芳纶织物靶板内各层织物的能量吸收

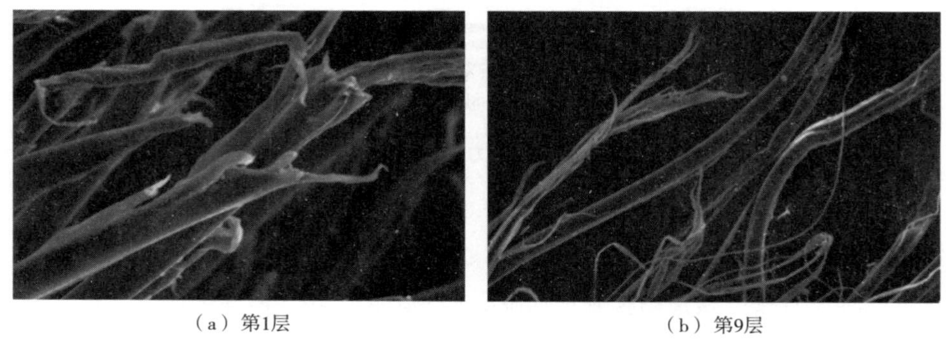

（a）第1层　（b）第9层

图 7-26　9 层芳纶织物靶板内不同织物层的断裂形态

可以设想，随着织物靶板内织物层数的增加，后层织物对前层织物的约束作用会更加明显。尤其是前三层织物的吸能非常低，且吸能随着织物层数的增加而达到一个极限值。

7.4　非穿透织物靶板对防弹性能的影响

在非穿透条件下，对芳纶织物叠层靶板进行弹道试验和有限元模拟分析，织物靶板包括 19 层、24 层、36 层和 48 层。弹道测试冲击条件为：1.1g 正圆柱体弹片（RCC），弹速为 480～500m/s。

7.4.1　穿透层数

在非穿透条件下，叠层织物靶板内只有一部分织物层被穿透。穿透的织物层数反映了靶板材料对弹道冲击的抵御能力。弹道实验测试结果表明 24 层靶板（$11F_{24}$）可以挡住弹丸，使其停止在靶板内。弹丸的冲击动能除去损耗能外，一部分被靶板吸收，另一部分能量透射靶板，传递到背后的胶泥里，形成凹坑。在 10 次测试中，由于弹丸入射速度的波动性，弹坑深度为 10～15mm。如图 7-27 所示。24 层织物靶板内，前 7～10 层织物被穿透。平均透穿层数为 9 层。在 10 次测试中，8 层织物透穿层数出现的概率最高。

当靶板层数少于 15 层时，所有织物层完全穿透。当靶板层数在 15～19 层时，靶板在 483m/s 的冲击速度下处于穿透和非穿透的临界状态。在 19 层和 24 层织物靶板内，穿透层数为 8～9 层。随着靶板内织物层数增加 48 层，乃至 120 层时，穿透层数降至 6 层。虽然靶板穿透层数有下降的趋势，但是差别并不大。

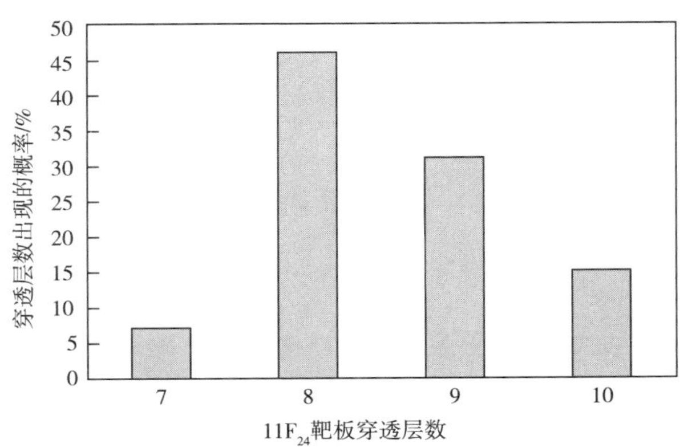

图 7-27　穿透层数出现概率

以上结果说明：在一定的弹道冲击条件下，对于同样材质的织物靶板，由于弹丸的冲击能量一定，其所能破坏的材料量也是一定的，不会因为防弹材料的增加而有所改变。即使受到入射速度波动的影响，靶板的穿透层数也是在一定范围内的，如图 7-28 所示。

随着靶板层数的增加，弹坑深度几乎呈线性递减，如图 7-29 所示，说明增加靶板的质量，能够直接降低透射靶板的能量，有利于减小靶板背凸，但负重的增加势必对于穿着者机动性产生阻碍。

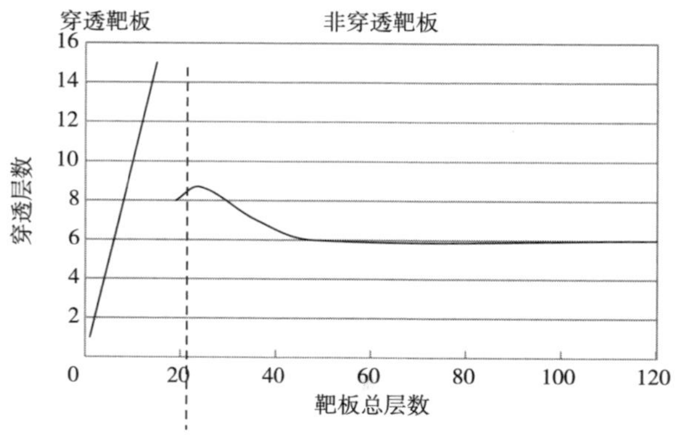

图 7-28　靶板穿透层数变化

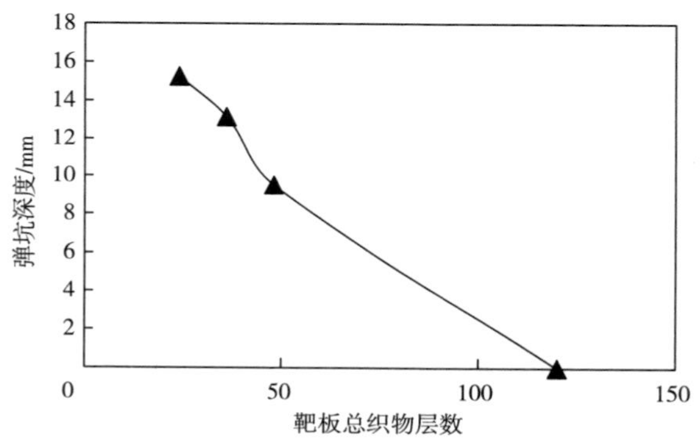

图 7-29　非穿透靶板背凸深度和透穿层数

冲击动能由冲击速度和子弹或弹片的规格决定，当冲击条件变化时，靶板的透射层数也会变化。如以三种冲击速度（300m/s、483m/s 和 600m/s）冲击 24 层芳纶织物靶板 $11F_{24}$，穿透层数的变化如图 7-30 所示。随着冲击速度的增加，靶板需要更多的材料来耗散弹片动能，靶板的穿透层数分别为 1、7 和 12 层，变化规律呈显著的递增趋势。相应地靶板内最后一层穿透层的位置向出射面后移，直至靶板被完全穿透。

以上结果说明：在一定的弹道冲击条件下，对于同样材质的织物靶板，由于弹丸的冲击能量一定，其所能破坏的材料量也是一定的，不会因为防弹材料的增加而有所改变。防弹材料的增加，增加靶板整体的吸收能量，相应降低靶板的透射能量，从而减小弹坑深度。

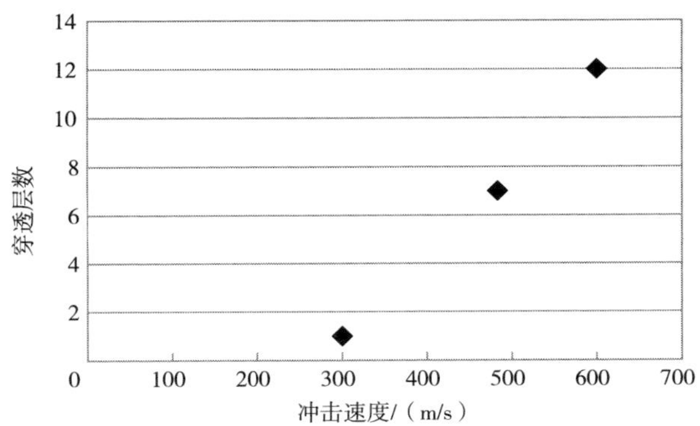

图 7-30　冲击速度对靶板穿透层数的影响

7.4.2　横向变形

叠层织物靶板有限元分析结果同样表明：靶板内不同位置上各织物层的冲击响应特点有所差别，如图 7-31 所示。在 24 层非穿透织物靶板内，每层织物的横向变形程度都不相同。入射面的前层织物（1~3 层）横向变形范围仅局限于弹孔周围，横向位移较小；第 9 层织物层的横向变形面积最大（该靶板共穿透 9 层）；随着织物层的后移，后面非穿透织物层的横向变形面积逐渐减小。这一特点从冲击后的织物靶板上也可以直接观察到，如图 7-32 所示。中间第 12 层织物的横向变形区域明显大于最后一层（第 24 层）的变形区域。由此可以推断：由于靶板厚度方向上的应力逐渐衰减，当靶板层数增加到一定程度后，最后一层不会产生任何的横向位移。因此，在非穿透靶板上，中间织物层才具有最大的横向变形区域，有更多的材料参与拉伸应变。

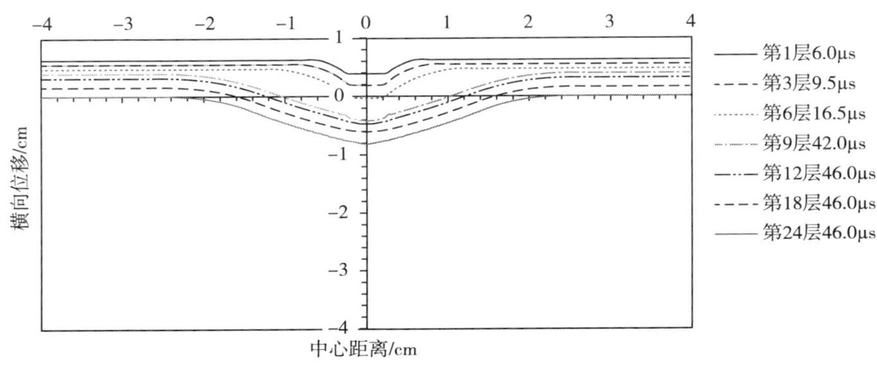

图 7-31　织物靶板中不同层数的横向变形

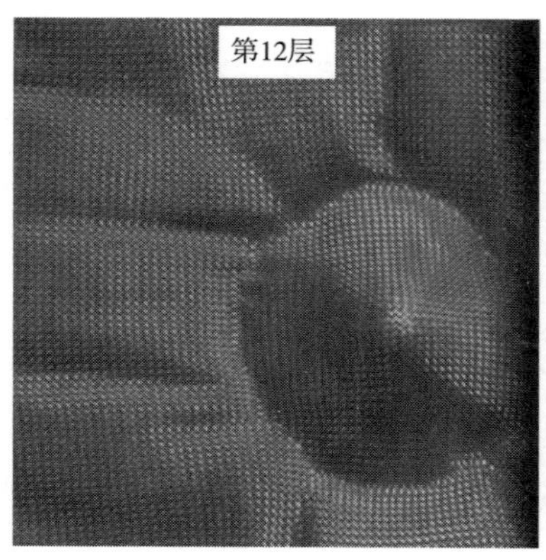

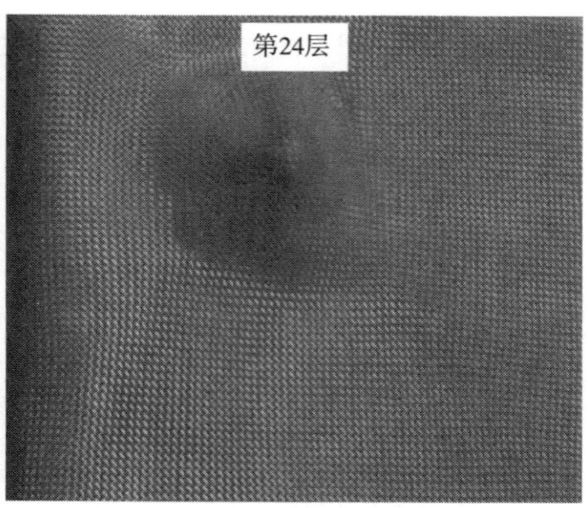

图 7-32　非穿透织物靶板不同层的横向变形区域

7.4.3　应力分布

在非穿透织物靶板内每层织物的应力分布特点也存在差异。将织物靶板分为三个区域：第一区域包括前 3 层织物；第二区域包括第 4 层到最后一层穿透层；剩余未穿透层的织物为第三区域。

在第一区域内，入射面附近的前 3 层织物上的应力集中在弹片与织物接触面积的边缘位置，织物中心纱线的应力在 10μs 内达到断裂应力的峰值，纱线快速断裂，织物内应力波传递范围有限；在中间穿透织物层上，应力传递范围扩大，在达到纱线断裂应力前几乎已经传递到织物边缘。织物层有足够的时间产生横向变形，因而这部分织物层的横向变形面积最大；而非穿透织物层上尽管应力传递范围也达到了织物边缘，但因其弹片速度衰减，导致纱线的应力水平较低，始终没有达到纱线的断裂应力，因此织物的横向变形程度减弱。

7.4.4　靶板吸能

叠层靶板内各织物层的不同冲击特点决定了：同样的织物经叠合后，其能量吸收效率不同。根据有限元分析结果，在弹道冲击作用下，靶板内各织物层的能量吸收值从入射面到出射面呈现先增后降的趋势，峰值出现在最后一层透穿层，如图 7-33 所示。如在 24 层芳纶靶板 $11F_{24}$ 内，共有 7 层被穿透，则第 7 层织物吸能最多，而入射面附近前 3 层织物和后面的非穿透织物层吸能较少。在 36 层芳纶靶板 $11F_{36}$ 内和在 48 层芳纶靶板 $11F_{48}$ 内，各织物层呈现同样的吸能规律，即仍是最后一层穿透层能量吸收最大，靶板内各层的能量吸收值从入射面到出射面依然呈现先增后降的趋势。

非穿透靶板的这种吸能规律是由靶板各层冲击响应特点决定的。靶板内靠近

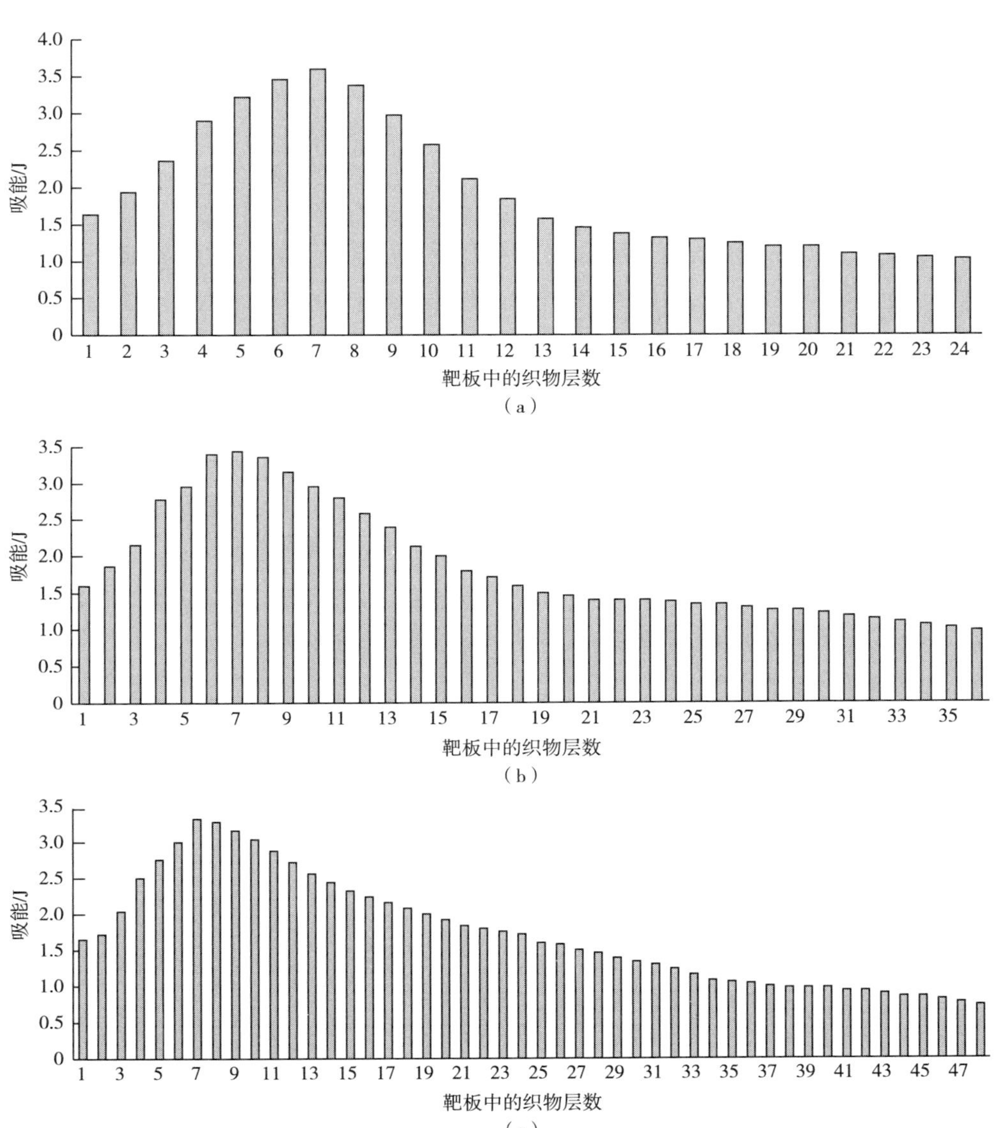

图 7-33　穿透靶板吸能

入射面的织物层应力集中明显，织物层快速断裂，其横向变形非常有限，参与弹道吸能的纱线材料非常有限，因此弹道吸能较低；对于靶板中间的透射层，应力波传递范围明显增加，在高应力水平下织物层的横向变形较为显著，导致变形区域内参与吸能的纱线材料较多，因而织物层吸能较多；而后面非穿透的织物层所受应力逐层衰减，应力水平较低，不足以产生较大的横向变形区域，因此织物层吸能较少。

值得注意的是，无论靶板内织物总层数如何增加，透射层数基本不变。即当冲击条件一定时，抵御弹片冲击破坏所需的材料数量恒定。故靶板内能量吸收峰值的位置不受总层数的影响。因此可以认为，对于织物靶板，在一定的冲击条件下，靶板内的能量吸收分布规律不变，靶板穿透的层数是一定的。

随着织物层数的增加，靶板内吸收的总能量增加，但织物层数越多，增长率越低。如图 7-34 所示，靶板内织物层数从 24 层增至 36 层时，质量增加了 50%，靶板 $11F_{36}$ 总能量吸收增加了 17.95%；当质量再增加至 48 层时，靶板 $11F_{48}$ 总能量吸收仅比靶板 $11F_{36}$ 增加了 4.56%。由此可知，当靶板内织物层数增加更多时，能量吸收的增长率会越来越小。

与 $11F_{24}$ 相比，$11F_{36}$ 和 $11F_{48}$ 靶板内前 24 层的能量吸收分别下降了 12.49% 和 18.22%。这一结果说明，在能够防弹的前提下，额外增加的织物层对前面织物层的弹道吸能起到了负面作用。这是由于入射面处的前层织物横向变形受到后面织物层的约束作用而致。织物的横向变形减小，意味着参与能量吸收的材料减少，因此，同样是前 24 层织物，但能量吸收存在显著差异。

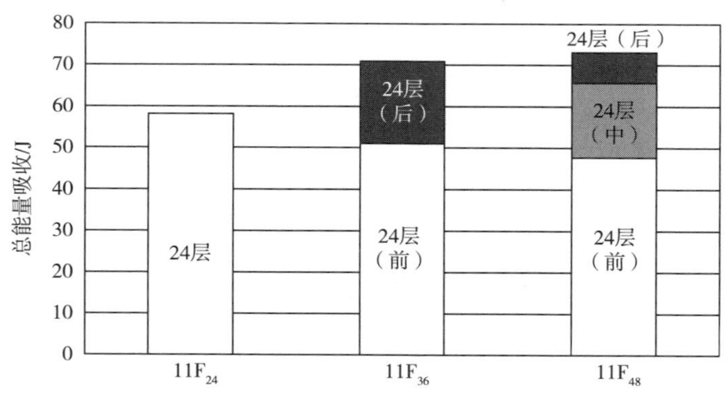

图 7-34　不同靶板层数总能量吸收

7.4.5　凹坑形态

BFS 是指靶板背后胶泥凹坑的深度，是评价非穿透靶板防弹性能最重要的指标之一，直接影响人体的钝伤程度。而凹坑体积则可以补充说明剩余动能的作用范围和程度。靶板总层数的增加对 BFS 和凹坑体积的影响如图 7-35 所示。随着靶板层数从 19 层增加至 120 层，靶后胶泥凹坑的 BFS 呈显著的下降趋势，而凹坑的体积几乎是线性下降。当总层数增至 120 层时，胶泥几乎无任何凹陷，说明所有冲击动能全部消耗在靶板内部。根据 BFS 和凹坑体积的拟合方程来看，靶板总层数的增加对 BFS 的限制程度更为显著，靶板的抵御能力显著提升，这对人体防护有积极意义。

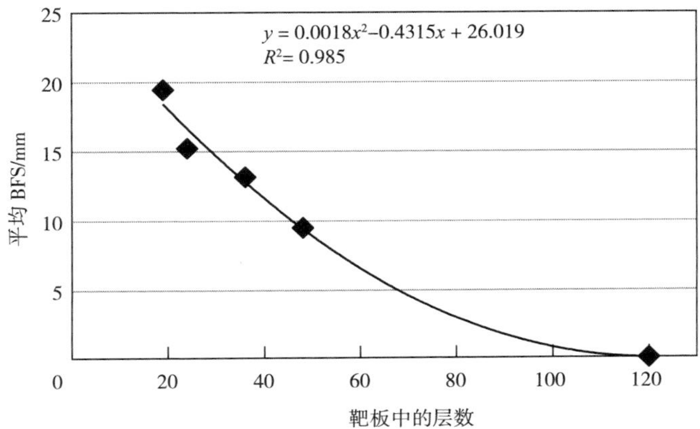

图 7-35 靶板总层数与 BFS 的关系

第8章 UD无纬布靶板弹道冲击响应

8.1 UD 无纬布靶板有限元分析

8.1.1 UD 无纬布靶板模型

UD 无纬布是一种软质复合材料，纤维预浸料铺层较少（一般只有 4 层或 6 层），手感柔软，UD 无纬布经多层叠合后，直接加工成软质防弹衣，层间无连接。假设 UHMWPE UD 靶板为匀质垂直同性材料，每层 UD 模拟成一个三维实体板，整个靶板包含 9 层 UD 板。

根据结构对称性，构建 UD 靶板弹道冲击模型的四分之一模型，靶板尺寸为 75mm×75mm，如图 8-1（a）所示。每层 UD 无纬布模型的厚度与实际厚度相同（0.24 mm），将同样的 20 层 UD 无纬布实体叠合，装配成靶板模型。在穿透测试条件下，靶板外边界固定，中心交叉的两个边界设置为对称约束条件。靶板采用八节点六面体单元网格（C3D8R）。为了减少单元数量，保持计算精度，靶板模型采用混合尺度网格，如图 8-1（b）所示。靶板中心冲击区域采用细密网格，其他区域采用粗疏网格。弹片为 1.1g 正圆柱体，高度为 5.5mm，半径为 2.75mm。冲击速度设为 483m/s。

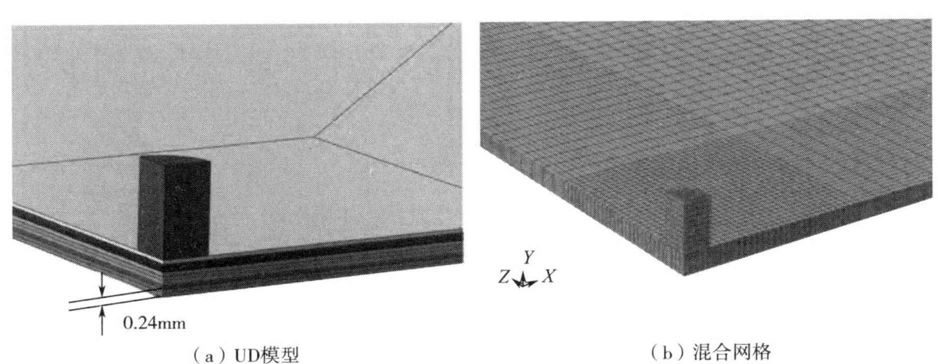

（a）UD模型　　（b）混合网格

图 8-1　UHMWPE UD 靶板有限元模型

8.1.2 材料参数

靶板材料以 UHMWPE UD 靶板为例，由于采用 0°和 90°正交铺层，UD 无纬布在面内 0°和 90°的方向上的材料属性相同，为面内垂直同性材料。而厚度方向上只有树脂黏结，层间结合力弱，因此厚度方向上的材料刚度和强度要比材料面内的刚度和强度低得多。

按单位体积的质量计算，UHMWPE UD 的体积密度为 970kg/m³。UHMWPE UD 模型的材料特性，见表 8-1。设该 UD 软质复合材料为典型的线弹性材料，服从 Von Misses 失效准则。UD 的断裂强度设为 3.2GPa，断裂应变为 3%。面内拉伸模量 E_{11} 和 E_{12} 与单丝模量接近，面内剪切模量设为拉伸模量的 1/10，厚度方向的剪切模量设为拉伸模量的 1/100。损伤演化指定以断裂能为标准（500～1000J），按照指数形式失效。软化参数被定义为线性形式。采用全局摩擦，摩擦系数赋值为 0.15。子弹假设为刚体，穿透过程中无形变。

表 8-1　有限元模型 UD 材料属性

材料属性	弹片	UHMWPE UD	
		常温属性	70℃退化属性
体积密度/（kg/m³）	7800	975	975
屈服应力/GPa	刚性	3.2	1.6
断裂应变/%	刚性	3	3
泊松比	0.3	0.1	0.1
杨氏模量/GPa	206.8	—	—
E_{11}/GPa	—	100	50
E_{22}/GPa	—	100	0.5
G_{12}/GPa	—	10	5
G_{13}/G_{23}	—	1	0.5

考虑到 UHMWPE 材料熔点低，弹道冲击过程中易产生热熔损伤。根据 Dessain 的研究结果，UHMWPE 纤维在 70℃的屈服应力和弹性模量是 24℃的 62%和 59%。为分析入射面材料性能对整体靶板防弹性能的影响，假定第一层靶片的材料性能在热摩擦作用下降低一半。将该属性赋值到第一层靶片，分析其对整体靶板弹道冲击响应的影响。

8.1.3 模型有效性验证

根据弹道测试的断裂时间和剩余速度对 UHMWPE UD 模型进行有效性验证，断裂时间和剩余速度均与实际吻合。认为模型符合实际冲击响应的特点。根据靶板模型分析结果，在正常材料性质下，9 层靶板在 20μs 时断裂，剩余速度为 355m/s，如图 8-2 所示。当第一层材料由于热熔损伤而性能下降时，靶板的断裂时间整体提前至 18μs 全部被穿透，每一层断裂时间均提前 2μs，如图 8-3 所示，剩余速度为 367m/s，如图 8-4 所示，说明靶板的抗穿透能力下降。

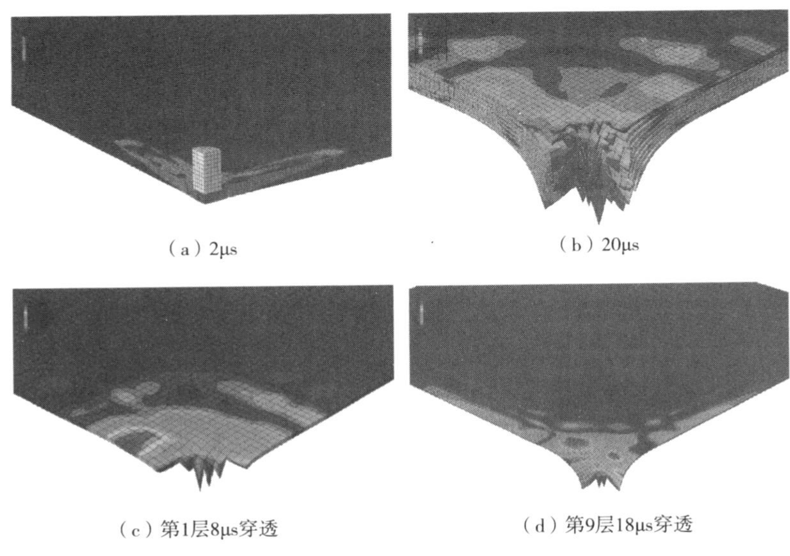

（a）2μs　（b）20μs

（c）第1层8μs穿透　（d）第9层18μs穿透

图 8-2　UHMWPE UD 靶板应力分布（不考虑热熔损伤）

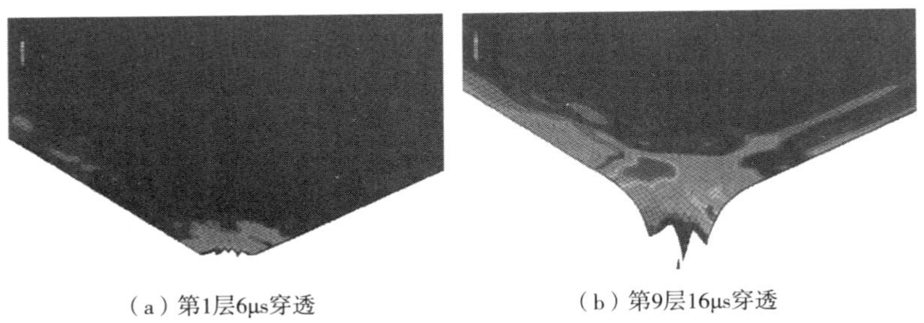

（a）第1层6μs穿透　（b）第9层16μs穿透

图 8-3　UHMWPE UD 靶板应力分布（考虑热熔损伤）

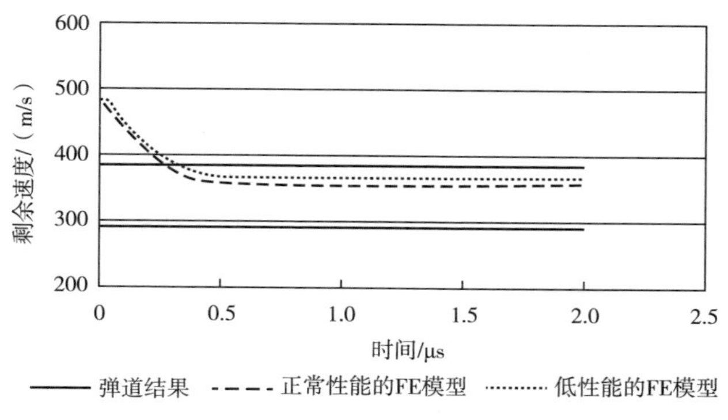

图 8-4 UHMWPE UD 靶板剩余速度

根据有限元分析结果，在穿透条件下，各层在弹道冲击作用下的吸能有所差异。前面一两层的吸能明显低于后层材料。考虑到前面层热熔损伤时，材料性能下降，其前面层吸能更加有限，如图 8-5 所示。这一结果与穿透时间一致，当该层的穿透时间减少，则意味着材料失效提前，能够参与吸能的材料减少。

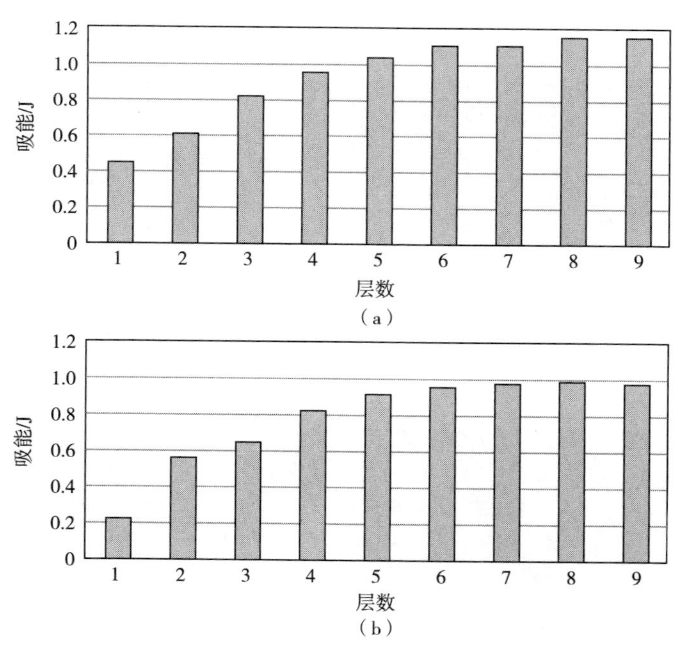

图 8-5 UHMWPE UD 靶板各层吸能

针对靶板的第一层和最后一层，分析其穿透失效前应力分布的特点。有限元分析结果表明：UHMWPE UD 靶板第一层呈现显著的压缩应力，集中在子弹边缘位置处；最后一层呈现显著的拉伸应力，其应力分布范围较远，如图 8-6 所示。而这两层材料失效前的剪切应力均较小，主要存在于子弹边缘附近，且主要是面

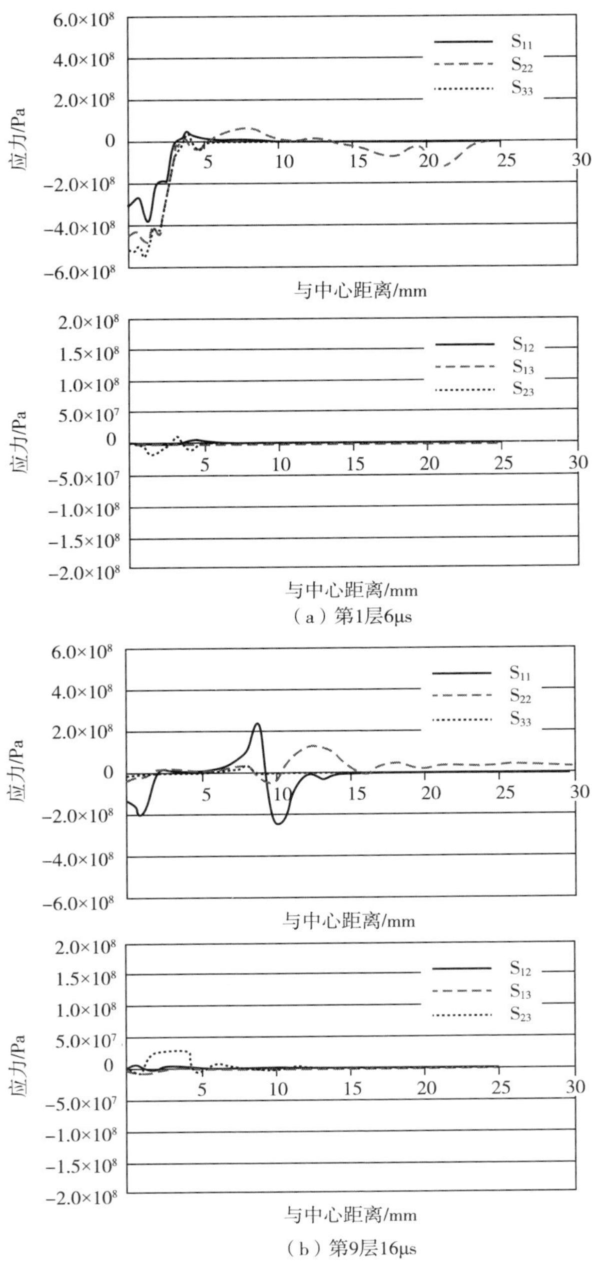

图 8-6　UHMWPE UD 靶板应力分布

内剪切应力。当考虑到第一层的热熔损伤效应时，材料性质的衰减对应力分布的规律并未有较大影响，仍然是前层压缩应力较大，后层拉伸应力较大。但应力分布的范围有明显减小。这是由于各层的断裂时间提前所致。

综上所述，靶板前层材料会对靶板整体的弹道冲击响应产生一定影响。前层材料的衰减直接使靶板的断裂时间提前，导致各层断裂时间缩短，各层材料吸能下降，应力分布范围减小。由于 UHMWPE 纤维热熔损伤的特点，在 UHMWPE UD 靶板内前面一两层存在一个敏感区域，该区域内材料性质的改变会使整体防弹性能受到影响。

8.2 混质靶板弹道冲击响应

8.2.1 靶板前敏感区

将耐热性较好的三种芳纶 UD 材料混合在 UHMWPE UD 靶板前面制成不同的混质靶板，混入层数逐渐增加，所有靶板保持面密度尽可能接近。其弹道比吸能如图 8-7 所示。结果发现：尽管 UHMWPE UD 密度小，但三种芳纶 UD 同质靶板与 UHMWPE UD 同质靶板相比，比吸能接近。在 UHMWPE 靶板内接近入射面附近存在一个前部敏感区域，这个区域大约包括前面一两层。当芳纶 UD 置于该区域内，比吸能的混质协同效应出现，明显高于两种材质的同质靶板。比如，与同质靶板 PE_9 和 $AⅡ_8$ 相比，混质靶板 $AⅡ_2/PE_7$ 的比吸能提高了 27.09%。而混质靶板 GF_1/PE_8 的比吸能比同质靶板 PE_9 提高了 23.19%。对于芳纶Ⅲ混质靶板，尽管混质对吸能的提升效果不明显，但是前两层的混质靶板仍然是所有混质靶板中吸能最好的。

当置于前层的混质材料层数增加时，比吸能下降，协同混质效应下降。这一结果说明，UHMWPE UD 靶板前面的敏感区域是有一定范围的，在这个范围内进行混质，放入防热效果较好的芳纶靶片有利于整体吸能的提高。一旦超过这个区域，即使混入更多材料，也不利于防弹吸能的提高。

8.2.2 混质协同效应

为进一步确定该混质协同效应，选择不同材质在前敏感区域内混合，包括 UD 材料［PBO UD，织物（芳纶织物和 PI 织物），PE 毡（UHMWPE 非织造布）］。所有靶板保持面密度尽可能接近。弹道吸能结果，如图 8-8 所示。与参照试样 UHMWPE UD 靶板相比，同样是 UD 材料，当 PBO UD 和芳纶Ⅲ UD 放入

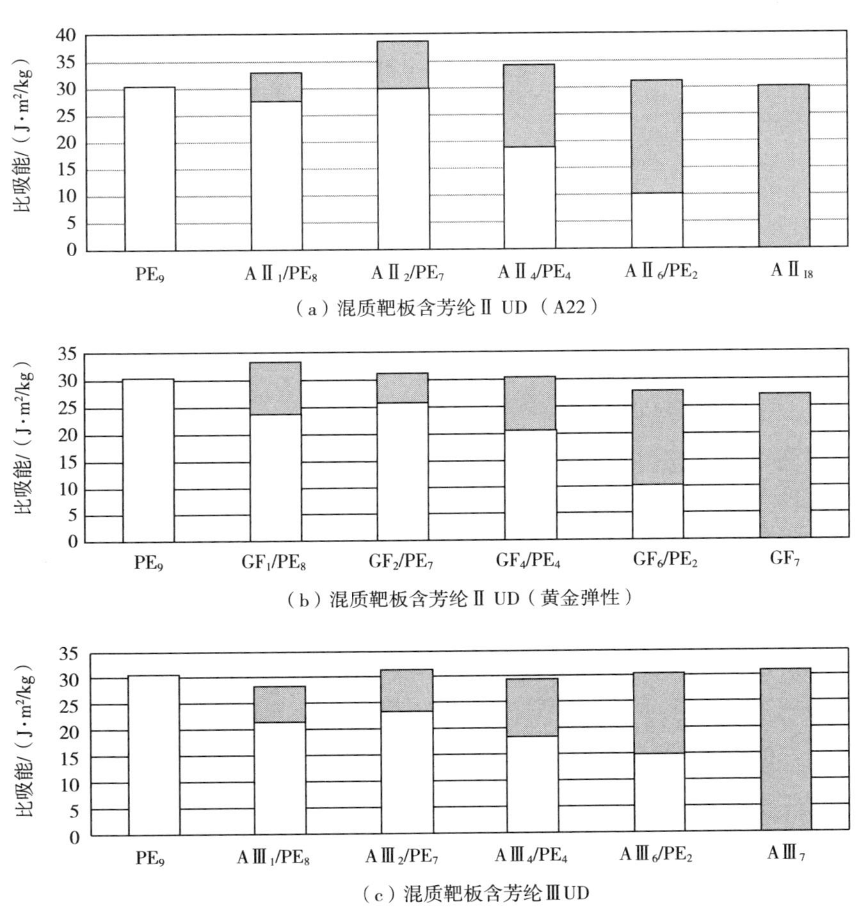

（a）混质靶板含芳纶Ⅱ UD（A22）

（b）混质靶板含芳纶Ⅱ UD（黄金弹性）

（c）混质靶板含芳纶Ⅲ UD

图 8-7　芳纶/PE 混质靶板比吸能

前敏感区域时，比吸能变化不大。但芳纶Ⅱ UD（A220）放入该区域时，比吸能出现明显提升。尽管这些材料都有较好的防热性能，但混质效果不同。根据断口分析发现，可能是由于 PBO UD 和芳纶Ⅲ UD 材料的层间结合力不佳，导致在弹道冲击作用下，靶板内两种材料的界面处出现严重的层间纰裂，即层间剪切性能差。而芳纶Ⅱ UD（A220）材料的界面处并未有如此严重的层间纰裂产生。

当芳纶织物和 PI 织物放入前敏感区域时，与 PE 靶板相比，比吸能提高了 20% 以上。当非织造布 PE 毡放入前敏感区域时，比吸能提高了 57.76%。这一结果说明，柔性材料放置于 UHMWPE UD 靶板的前敏感区更有利于提高靶板的弹道吸能。这一结果可能是由于前层材料对靶板的失效模式产生了一定的影响所致。

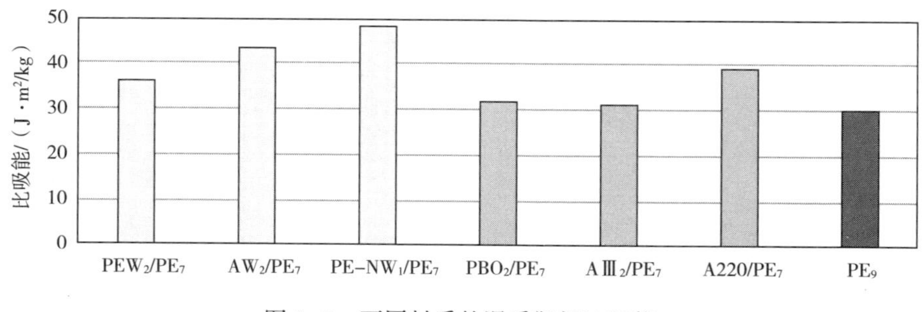

图 8-8　不同材质的混质靶板比吸能

8.2.3　混质靶板损伤模式

通过高速摄影捕捉到的图片，与 UHMWPE UD 靶板对比，分析几种代表性混质靶板的弹道穿透过程（芳纶 UD/PE UD 靶板，芳纶织物/PE UD 靶板，PE 无纺布/PE UD 靶板），尽管入射面只放了一两层混质材料，但对靶板的整体变形产生了影响，如图 8-9 所示。以横向变形的高度和直径之比作为指标量化其形态，可以发现 UD 材料的靶板变形比率较大，而柔性材料置于前层时，横向变形比率较小。说明柔性材料更容易产生面内变形，这是由面内剪切性能差所导致的。而采用 UD 材料时，无论是 PE UD 靶板，还是芳纶/PE UD 混质靶板，其都是刚度高，面内变形能力弱，所以横向变形更局限于一个小范围内。

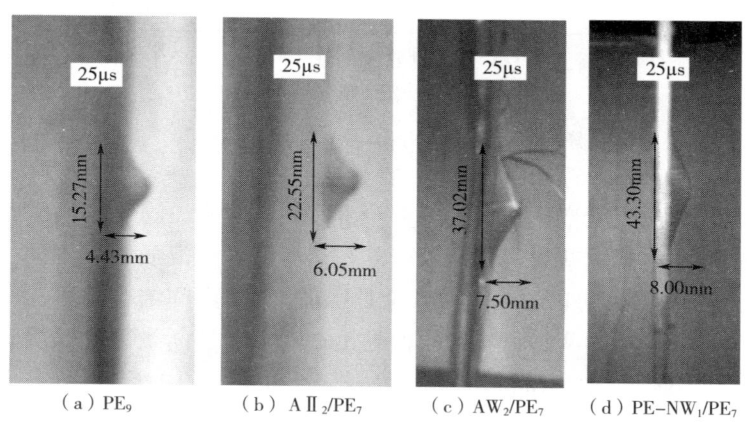

（a）PE_9　（b）$AⅡ_2/PE_7$　（c）AW_2/PE_7　（d）$PE-NW_1/PE_7$

图 8-9　不同混质靶板的横向变形

对混质靶板的不同靶片层进行弹孔分析。与 UHMWPE UD 靶板相比，混质 UD 靶板（芳纶 UD 和 PBO UD）的弹孔边缘有清晰压痕，入射面弹孔处可见断裂纤维聚集，未见熔融收缩形态的纤维。第二层出射面，即两种材料的界面处纤维纰裂严重，而 UHMWPE UD 靶板第二层出射面只在弹孔附近出现分层，纤维纰裂并不明显。而且混质靶板的最后一层出射面的纤维纰裂较 UHMWPE UD 靶板更严重，如图 8-10 所示。这一现象说明前层材料对靶板的失效模式产生了影响。当两种材料混合后，即使在软质靶板内也存在界面效应，这是由于应力波反射所致。根据材料的分层纰裂程度来看，芳纶 UD 和 PBO UD 的层间剪切性能较差，从而导致靶板产生较大的横向变形，如图 8-11 所示。不同靶板的横向变形比率见表 8-2。

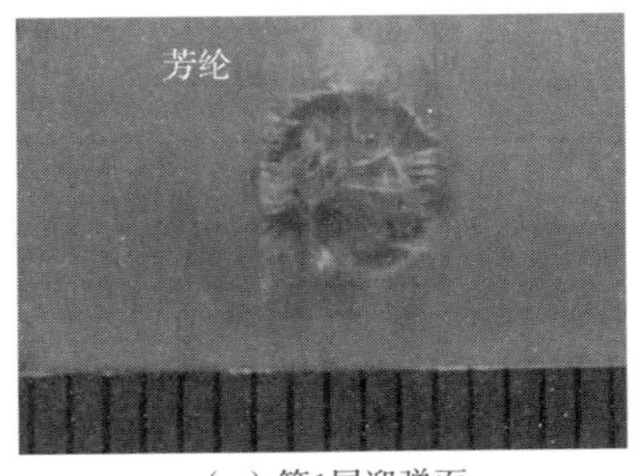

（a）第1层迎弹面

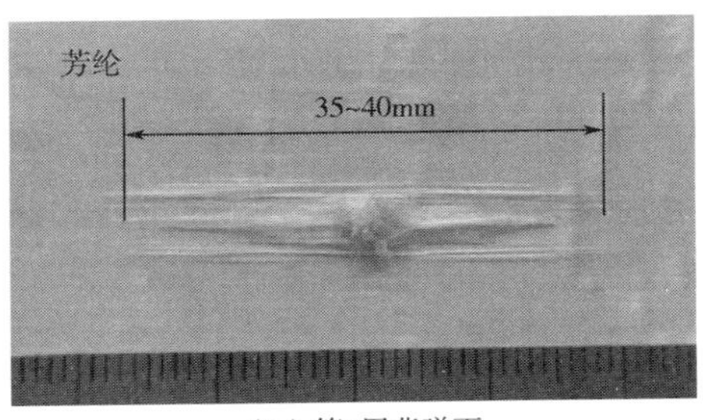

（b）第2层背弹面

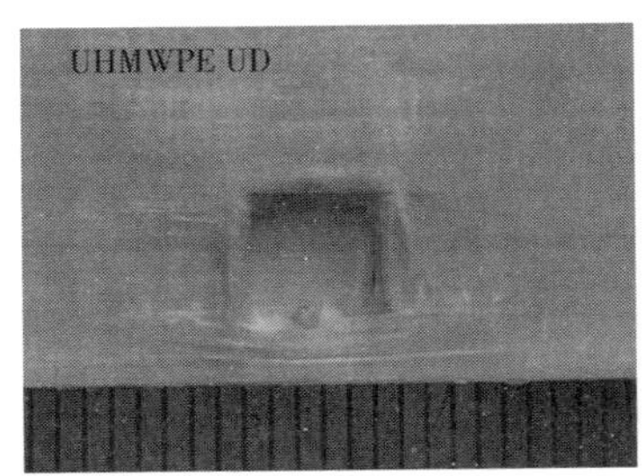

（c）第3层迎弹面

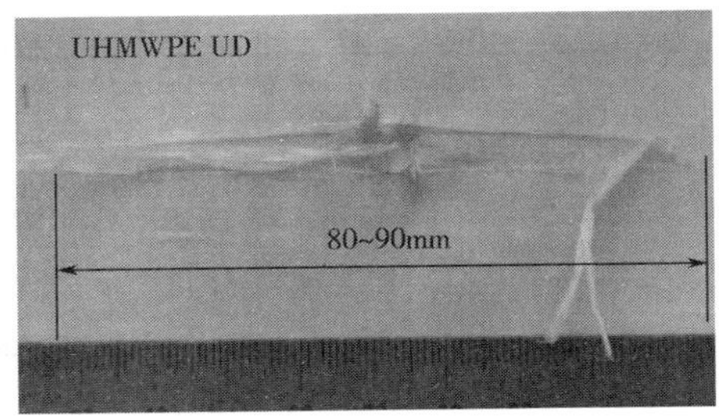

（d）第9层背弹面

图 8-10　混质靶板 AII_2/PE

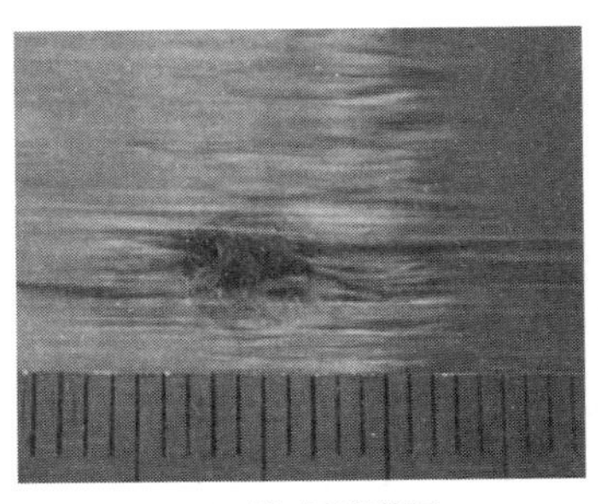
(a) 第1层迎弹面

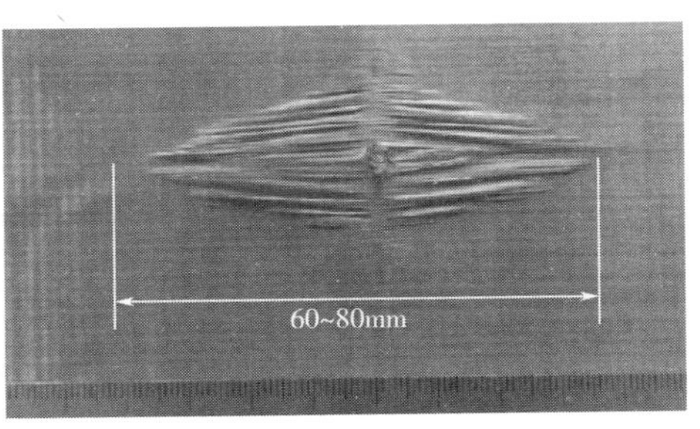

(b) 第2层背弹面

图 8-11

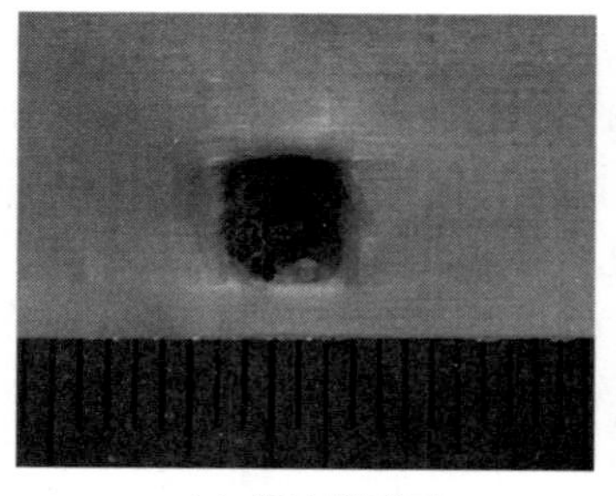
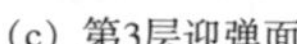

（c）第3层迎弹面

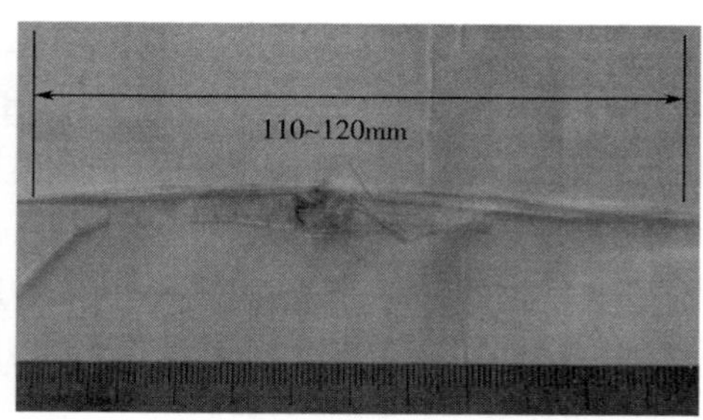

（d）第9层背弹面

图 8-11　混质靶板 PBO_2/PE_7

表 8-2　不同靶板的横向变形比率

靶板	高/mm	直径/mm	变形比率
PE_9	4.43	15.27	0.29
$AⅡ_2/PE_7$	6.05	22.55	0.26
AW_2/PE_7	7.50	37.02	0.20
$PE-NW_1/PE_7$	8.00	43.30	0.18

当靶板前层放入织物和非织造布毡时，入射面由于有断裂纤维覆盖，所以无明显弹孔，第二层界面处织物产生明显的纤维抽拔横移，如图 8-12 所示，而非织造布毡产生明显的纤维面外拉伸，部分纤维聚集深入弹孔。靶板出射面不仅纤维纰裂严重，而且产生明显的鼓包凸起。而 UHMWPE UD 靶板的出射面平整，鼓包不明显，如图 8-13 所示。这说明前层放入柔质材料后，对靶板的整体变形起到了一定的作用。当这种结构能够满足 BFS 的要求时，有利于弹道吸能，否则这种混质结构容易产生横向大变形，即背凸较大。

（a）第1层迎弹面

（b）第2层背弹面

（c）第3层迎弹面

（d）第9层背弹面

图 8-12　混质靶板 AW_2/PE_7

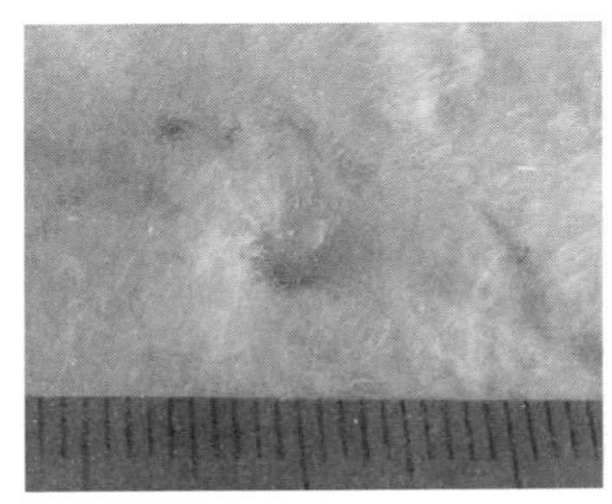

（a）第1层迎弹面

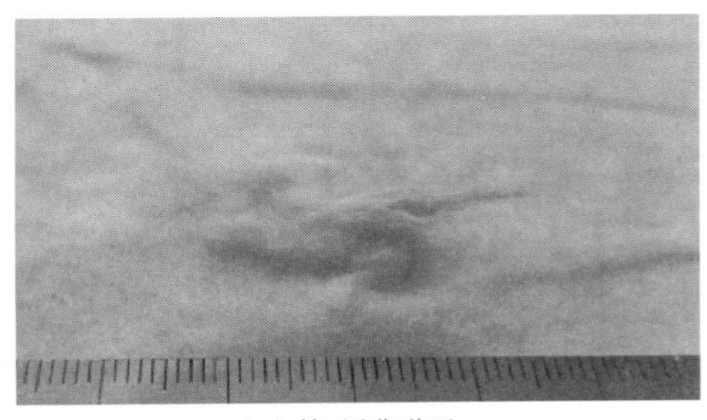

（b）第2层背弹面

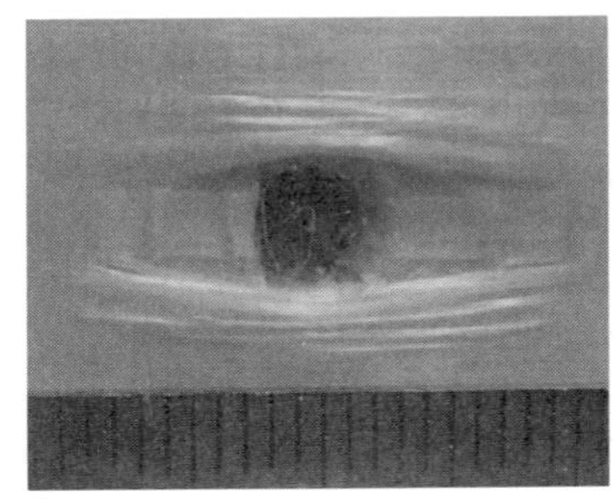

（c）第3层迎弹面

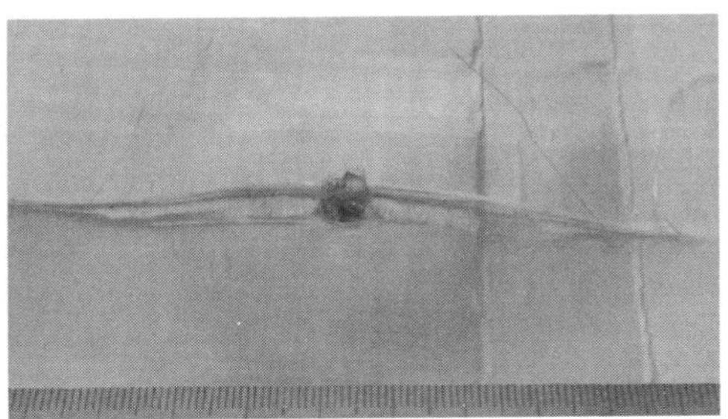

（d）第9层背弹面

图 8-13　混质靶板 PE-NW_2/PE_7

对不同混质靶板弹孔处的断裂纤维进行 SEM 观察，如图 8-14 所示，可以发现，当前层材料为芳纶 UD、PBO UD 和 PI 织物时，纤维的断口呈现明显的压缩失效特点，纤维断口扁平，边缘整齐，丝状物不明显。而非织造布上的 UHMWPE 纤维和 PE 靶板一样，断口端面较圆，呈现热熔收缩的特点。这一结果说明，当在入射面混入热性能好的纤维时，可有效弥补 UHMWPE 纤维热熔损伤的缺陷。但如果放入 UHMWPE 的非织造布毡，尽管结构不同，但非织造布毡内纤维的自由滑移性较好，其抗压缩和抗剪切性较 UD 好，但热熔损伤仍无法避免。即入射面的热摩擦作用可通过材料性质的不同而减少热熔损伤，但不能通过结构差异而改变。

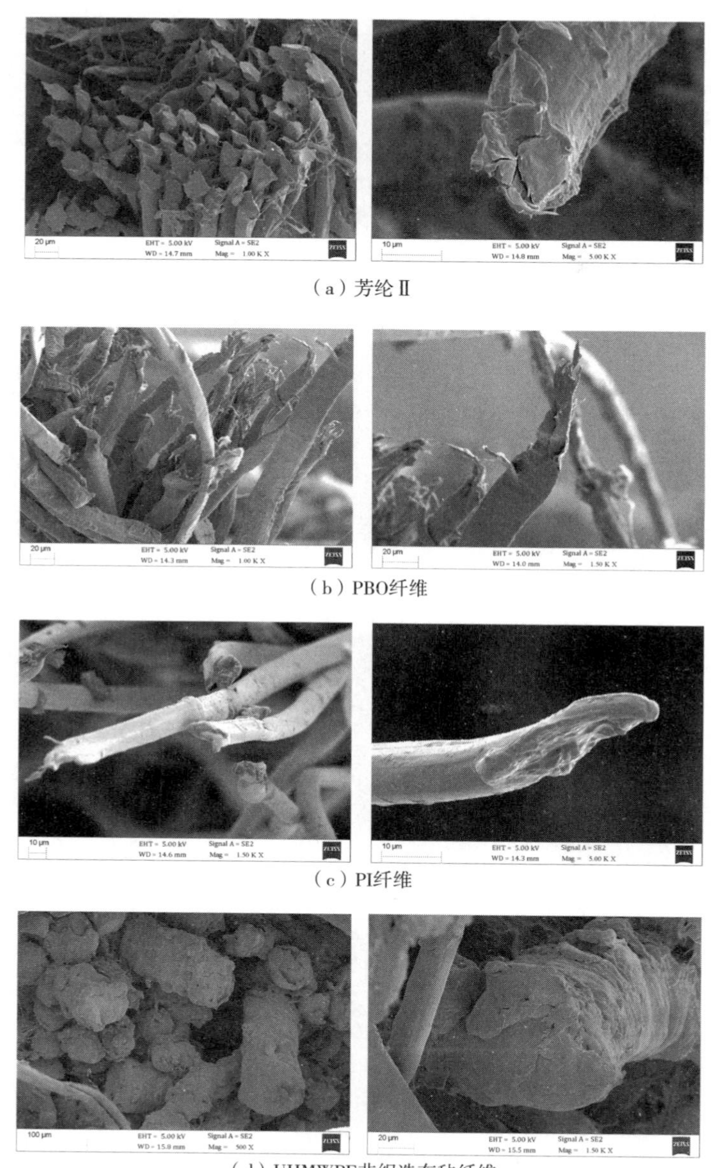

（a）芳纶Ⅱ

（b）PBO纤维

（c）PI纤维

（d）UHMWPE非织造布毡纤维

图 8-14　不同混质靶板弹孔处断口纤维形态

第9章
复合材料靶板弹道冲击响应

防弹复合材料一般都采用纤维0°/90°铺层或者织物铺层，然后由树脂固化。为了能够准确地反映厚度方向上的弹道冲击响应，防弹靶板可采用三维实体有限元建模。由于纤维根数巨大，复合材料有限元建模可以采用宏观尺度建模来反映靶板整体的弹道冲击响应，将复合材料靶板视为均值、各向异性的实体，这种建模方法求解速度较快，但无法获得靶板层间的冲击响应。为了更真实地反映靶板内铺层的实际结构，也可以采用细观尺度建模，将每层预浸料看作基本单元，根据靶板的实际层数叠层。但是防弹靶板中一般由上百层预浸料黏结而成，有限元模型只能适当简化成若干子层提高求解效率。如果需要详细了解靶板内纤维和树脂各自的冲击响应，则需要建立三维微细观模型，将纤维和树脂分别建立实体模型，这种建模方式计算量非常大。在实际研究中应根据研究需求以及分析重点，选择合适的建模方案。

9.1 硬质靶板宏观模型

9.1.1 三维实体宏观建模

硬质复合材料由几十层预浸料热压固化成一体，靶板刚硬，有限元模型将整个靶板模拟成三维实体板。以UHMWPE硬质靶板为例进行有限元建模。对厚度为60mm的穿透靶板建立弹片冲击有限元模型。模型采用三维实体建模，构建四分之一模型，靶板模型的尺寸是边长160mm的正方形。弹片直径为5.5mm，质量为1.1g。弹片沿着靶板厚度方向垂直冲击。

靶板均由UHMWPE纤维0°/90°铺层热压制得。由于每层预浸料的厚度较小(0.0015mm)，靶板模型厚度方向元素过多会导致计算量大。因此将靶板沿厚度方向划分为12个单元子层。层间采用界面单元进行黏结，在复合层板的每两层之间增加一个界面单元（cohesive element），结合单元失效准则来模拟复合材料的层间分层。假设界面材料为各向同性，且界面很薄，表面的正应力不可忽视。

在单元子层内部，网格采用沙漏控制的 8 节点一阶减缩积分单元（C3D8R）。为减少网格单元数量，对靶板进行分区域网格划分，在主要冲击接触区加大网格密度，其余部分使用较小的网格密度，如图 9-1 所示。为了保证位移的连续性，界面单元与实体单元采用共节点的连接方式，单元类型为 8 节点界面单元（COH3D8）。

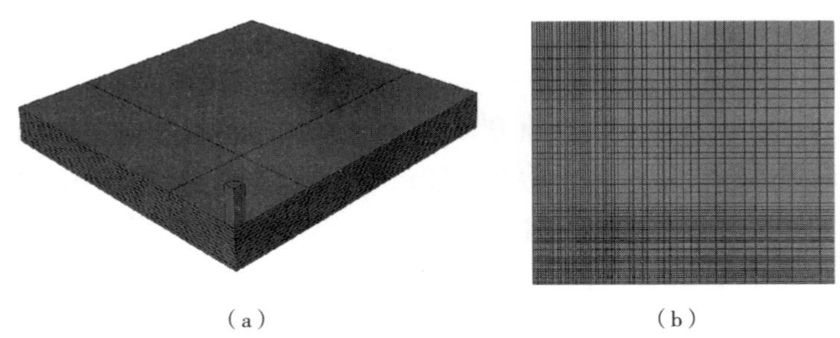

（a）　　（b）

图 9-1　宏观硬质靶板模型

9.1.2　材料参数设定

该靶板假定为匀质正交各向异性体，忽略材料内部的缺陷。为有效模拟纤维拉伸、纤维压缩、基体拉伸、基体压缩的损伤模式，本模型使用 VUMAT 子程序来定义材料的损伤本构。VUMAT 中采用 Hashin 强度准则来预测纤维增强复合材料的损伤模式。

由广义的 Hooke 定律可知，正交各向异性的本构关系如下：

$$\varepsilon = S\sigma \tag{9-1}$$

其中 S 为柔度矩阵，按下式进行计算：

$$S = \begin{bmatrix} \frac{1}{E_1} & -\frac{\mu_{21}}{E_1} & -\frac{\mu_{31}}{E_1} & 0 & 0 & 0 \\ -\frac{\mu_{12}}{E_2} & \frac{1}{E_2} & -\frac{\mu_{32}}{E_2} & 0 & 0 & 0 \\ -\frac{\mu_{13}}{E_3} & -\frac{\mu_{23}}{E_3} & \frac{1}{E_3} & 0 & 0 & 0 \\ 0 & 0 & 0 & \frac{1}{G_{23}} & 0 & 0 \\ 0 & 0 & 0 & 0 & \frac{1}{G_{31}} & 0 \\ 0 & 0 & 0 & 0 & 0 & \frac{1}{G_{12}} \end{bmatrix} \tag{9-2}$$

由正交各向异性材料的对称性可知，弹性常数间应满足如下关系：

$$\frac{\mu_{\mathrm{ij}}}{E_i} = \frac{\mu_{ji}}{E_j} \tag{9-3}$$

记为：

$$U = \begin{bmatrix} 1 & -\mu_{21} & -\mu_{31} & 0 & 0 & 0 \\ -\mu_{12} & 1 & -\mu_{32} & 0 & 0 & 0 \\ -\mu_{13} & -\mu_{23} & 1 & 0 & 0 & 0 \\ 0 & 0 & 0 & 1 & 0 & 0 \\ 0 & 0 & 0 & 0 & 1 & 0 \\ 0 & 0 & 0 & 0 & 0 & 1 \end{bmatrix} \tag{9-4}$$

$$E = \begin{bmatrix} \frac{1}{E_1} & 0 & 0 & 0 & 0 & 0 \\ 0 & \frac{1}{E_2} & 0 & 0 & 0 & 0 \\ 0 & 0 & \frac{1}{E_3} & 0 & 0 & 0 \\ 0 & 0 & 0 & \frac{1}{G_{23}} & 0 & 0 \\ 0 & 0 & 0 & 0 & \frac{1}{G_{31}} & 0 \\ 0 & 0 & 0 & 0 & 0 & \frac{1}{G_{12}} \end{bmatrix} \tag{9-5}$$

于是式（9-1）可表示为：

$$\varepsilon = EU\sigma \tag{9-6}$$

对式（9-6）求逆可得：

$$\varepsilon = C\mathrm{s} = E^{-1}U^{-1}\sigma \tag{9-7}$$

纤维增强复合材料单向应力应变的关系：

$$\sigma_{\mathrm{m}}(t) = \int_0^t E_{\mathrm{r}}(t-\tau)\dot{\varepsilon}\mathrm{d}\tau \tag{9-8}$$

考虑到材料方向 1 和方向 2 有相同的力学性能，故本构关系可表示为：

$$\begin{Bmatrix} \sigma_1 \\ \sigma_2 \\ \sigma_3 \\ \sigma_{23} \\ \sigma_{13} \\ \sigma_{12} \end{Bmatrix} = U^{-1} \begin{Bmatrix} \int_0^t E_{11}(t-\tau)\dot{\varepsilon}\mathrm{d}\tau \\ \int_0^t E_{22}(t-\tau)\dot{\varepsilon}\mathrm{d}\tau \\ \int_0^t E_{33}(t-\tau)\dot{\varepsilon}\mathrm{d}\tau \\ \int_0^t E_{13}(t-\tau)\dot{\varepsilon}\mathrm{d}\tau \\ \int_0^t E_{13}(t-\tau)\dot{\varepsilon}\mathrm{d}\tau \\ \int_0^t E_{12}(t-\tau)\dot{\varepsilon}\mathrm{d}\tau \end{Bmatrix} \tag{9-9}$$

ABAQUS 软件的用户子程序一般是通过文本编译器来撰写 Fortran 语言实现的。对于三维实体模型，采用 ABAQUS/Explict 求解器时，需要借助 VUMAT 子程序来定义材料的损伤本构。VUMAT 中使用了 Hashin 强度准则。本模型中还预留了四个状态变量来记录材料的破坏模式，当分析过程中出现任意一种破坏模式时，则对该方向的材料刚度进行相应的折减，并且指定一个状态变量来控制单元的删除，当单元状态变量为 0 时，则在分析过程中删除此单元。

界面单元假设只有方向 3 的正应力和面内剪切应力，因为界面处的法向压应力不会直接导致复合材料的分层破坏。因此本界面的本构方程可表示为：

$$\begin{bmatrix} \sigma_{33} \\ \sigma_{13} \\ \sigma_{23} \end{bmatrix} = \begin{bmatrix} E & 0 & 0 \\ 0 & G & 0 \\ 0 & 0 & G \end{bmatrix} \begin{bmatrix} \varepsilon_{33} \\ \varepsilon_{13} \\ \varepsilon_{23} \end{bmatrix} \tag{9-10}$$

采用 Camanho 提出的 Quads 准则作为界面损伤的起始准则：

$$\left(\frac{\langle \sigma_{33} \rangle}{X}\right)^2 + \left(\frac{\sigma_{13}}{S}\right)^2 + \left(\frac{\sigma_{23}}{S}\right)^2 = 1 \tag{9-11}$$

式中 X、S 分别为界面的拉伸强度和剪切强度。运算符号“〈〉”的定义如下：

$$\langle a \rangle = \begin{cases} a & a > 0 \\ 0 & a \leqslant 0 \end{cases} \tag{9-12}$$

UHMWPE 靶板的材料属性，见表 9-1。材料方向 1、2、3 分别与靶板的长度、宽度、厚度方向一致。

表 9-1　UHMWPE 靶板材料属性

属性	UHMWPE 靶板	界面单元
密度/（kg/m^3）	975	1440
杨氏模量/GPa	$E_1=E_2=34.257$　$E_3=3.26$	4.6
剪切模量/GPa	$G_{12}=0.1783$　$G_{13}=0.5478$　$G_{23}=0.5478$	1.3
泊松比 ν	$\nu_{12}=0$　$\nu_{13}=0.013$　$\nu_{23}=0.013$	—
最大拉伸强度/GPa	$X_1=1.25$　$X_2=1.25$	80
最大压缩强度/GPa	$C_c=1.9$	—
最大剪切强度/GPa	$S_{12}=0.00026$　$S_{13}=S_{23}=0.21$	183

9.1.3　模型有效性验证及分析

（1）断裂形态

有限元模型能够成功模拟出弹片穿透靶板的过程以及非穿透的冲击过程，冲击过程中靶板的分层损伤也有所体现，应力波在面内从冲击点向外传递，在厚度方向上从入射面向后传递，随着作用时间的推移，应力分布范围逐层增加，如图 9-2、图 9-3 所示。

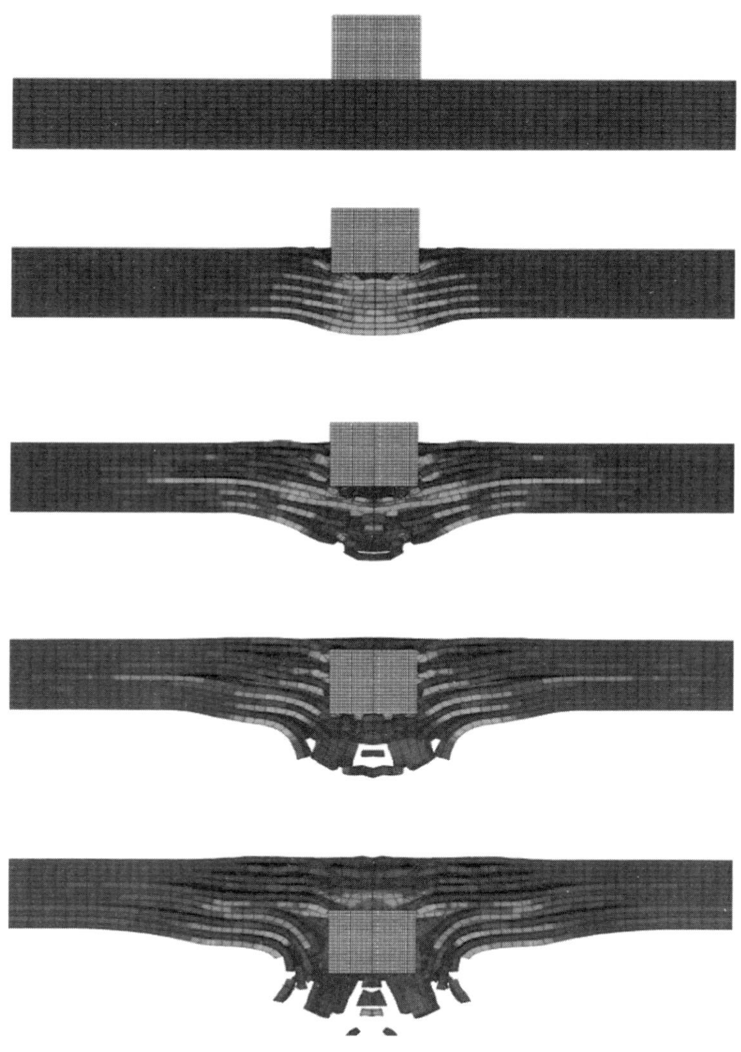

图 9-2　6mm 靶板模型冲击过程

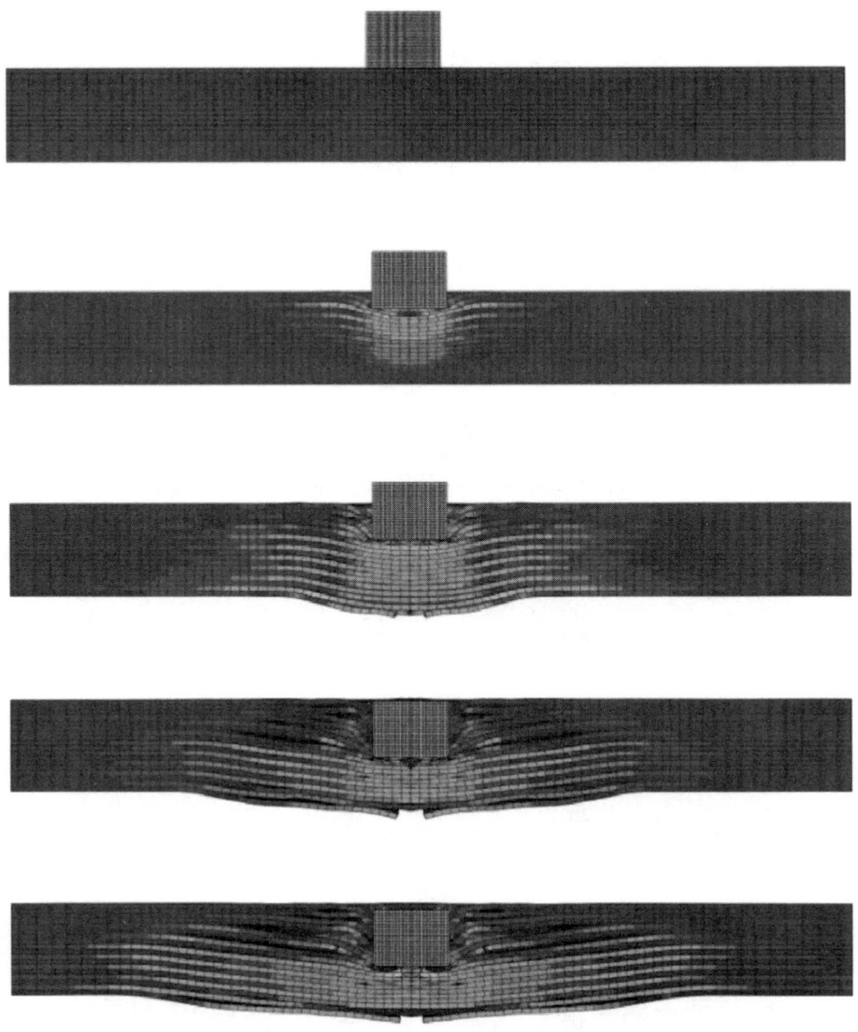

图 9-3　9mm 靶板模型冲击过程

弹道测试中 6mm 靶板的平均入射速度为 600m/s，剩余速度为 197m/s；9mm 靶板的平均入射速度为 604.15m/s，靶板未被击穿，仅产生背凸。有限元模型中，6mm 靶板剩余速度为 203m/s，与弹道测试结果相比仅有 3.05%的误差，如图 9-4 所示。由入射面到出射面，后层材料分层面积逐渐增大，如图 9-5 所示。这一结果与 CT 扫描结果一致，如图 9-6 所示。有限元分析结果中，靶板分层的面积略小于实际测试中靶板的分层面积，这可能是由于界面单元的材料属性与实际具有一定的偏差所导致。

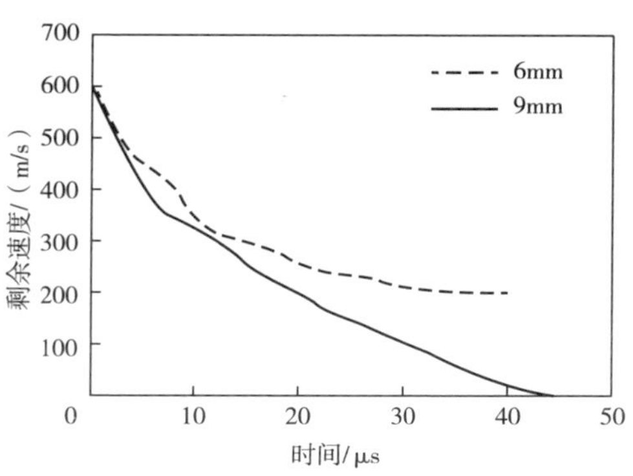

图 9-4　有限元模型剩余速度曲线

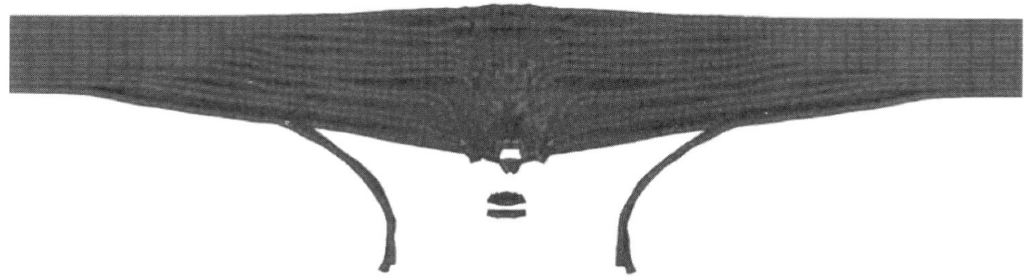

图 9-5　有限元模型 6mm 靶板

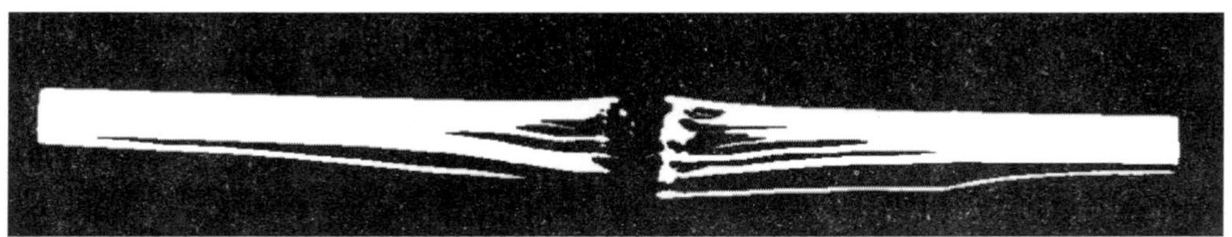

图 9-6　6mm 靶板 CT 扫描

9mm 非穿透靶板的有限元模拟分析结果表明：弹片停留在靶板内部，如图 9-7 所示，停留位置大约在厚度方向 5mm 位置处，与实际情况一致，如图 9-8 所示。对非穿透 UHMWPE 硬质靶板进行 CT 扫描，发现靶板内部在弹片停留位置下方出现明显分层，且从入射面到出射面分层面积逐渐增大，如图 9-9 所示，与图 9-6 中的分层情况相似。以上分析结果表明，该有限元建模方法能较为准确地反映靶板的冲击响应特点。

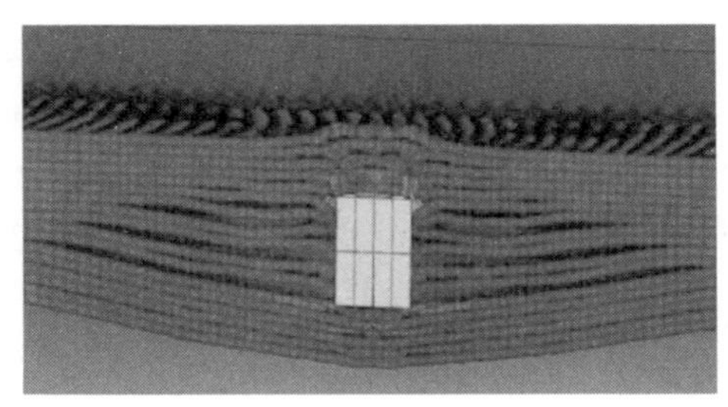

图 9-7　有限元模型 9mm 靶板

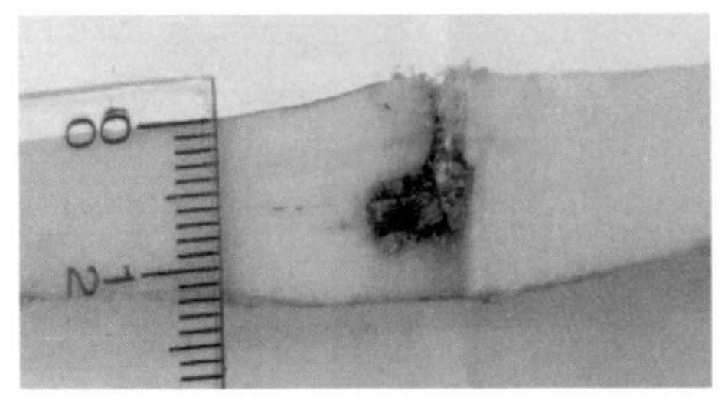

图 9-8　非穿透 9mm 靶板

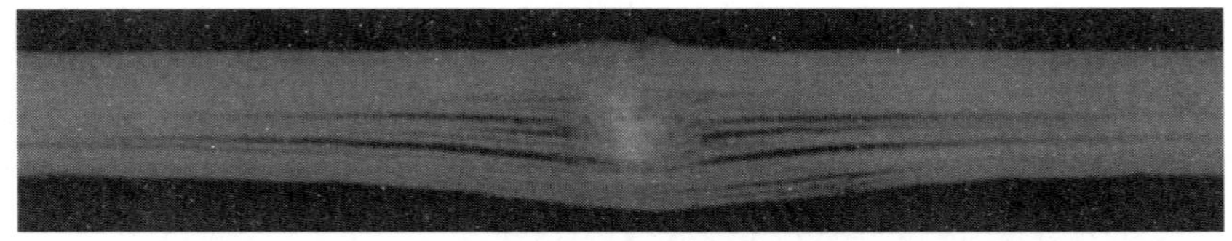

图 9-9　9mm 靶板 CT 扫描

（2）横向位移

6mm 硬质靶板的弹孔处截面，如图 9-10 所示。在弹道冲击测试中，靶板被弹片击穿后，靶板厚度由原来的 6mm 增加到约 11mm，额外的横向变形约有 5mm，横向变形区域的直径为 80~100mm。

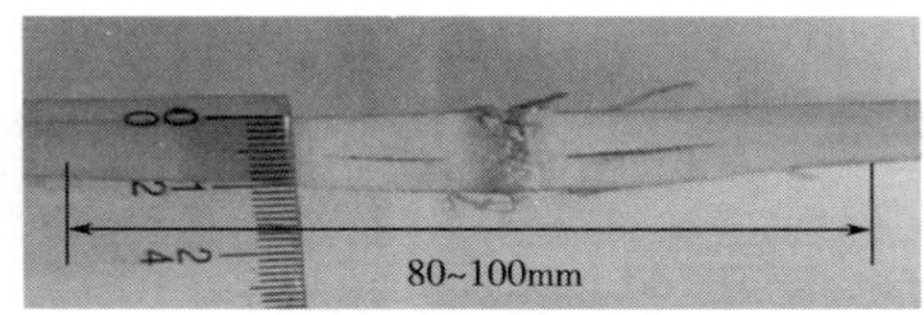

图 9-10　6mm 硬质靶板弹孔处截面

6mm 靶板有限元模型的横向位移如图 9-11 所示。有限元结果显示了靶板各层在穿透前所能产生的最大横向变形。在靶板的迎弹面，前层由于弹片冲击后快速形成穿孔，横向变形很小。从入射面层到后层，各层板的横向变形面积逐渐增大。模型中最后一层的最大横向位移达 4.6mm，直径约为 70mm，与实际弹道冲击测试结果非常接近。这一结果表明，当硬质靶板受到弹道冲击时，不同位置的材料冲击响应存在差异，对抵御弹片所发挥的作用也是不同的。靶板后层材料要比前层材料的拉伸变形更大，参与变形的材料更多。虽然这种差异远不如多层软质靶板显著，但对靶板设计时材料的选择仍有重要意义。

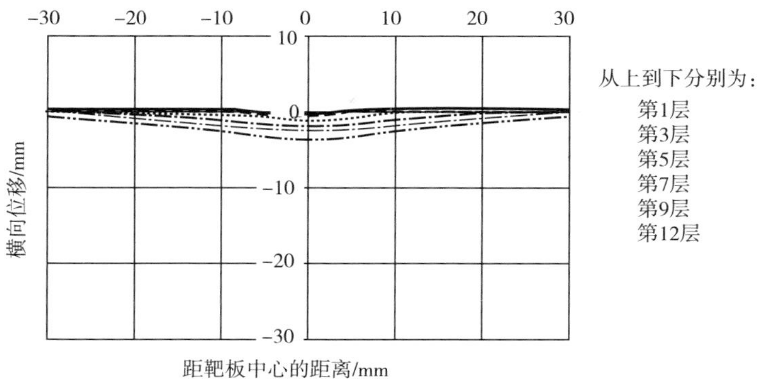

图 9-11　6mm 靶板模型横向位移

（3）靶板耗能

弹片的动能主要转换为靶板的动能和应变能。根据有限元分析结果，靶板厚度方向上各子层的弹道吸能是存在差别的，如图 9-12 所示。硬质靶板入射面附近的材料动能和应变能较高，而后面层的动能和应变能有所下降，但不同位置差别不大，这一特点与软质靶板不同。这是由于硬质靶板的损伤主要是局部损伤，各层能够产生的横向变形差别本来就不大，而且都局限于弹孔周围。弹片在侵彻靶板前部时，弹片速度较快，冲击力较大，导致入射面附近的材料耗能较多，起到了主体作用；随着弹片速度的下降，中间位置到后层材料所发挥的作用差别不大，因此，动能和应变能耗能比较接近。9mm 靶板的有限元结果也体现了这一特点，入射面附近的材料是弹道冲击耗能的主体材料，如图 9-13 所示。

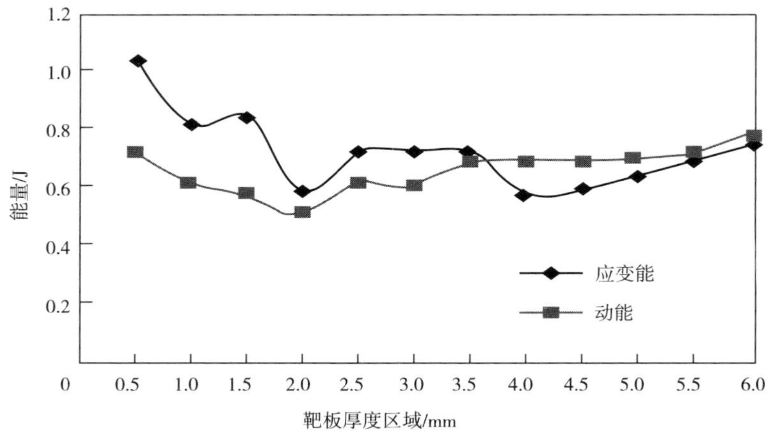

图 9-12　6mm 靶板内各层应变能和动能

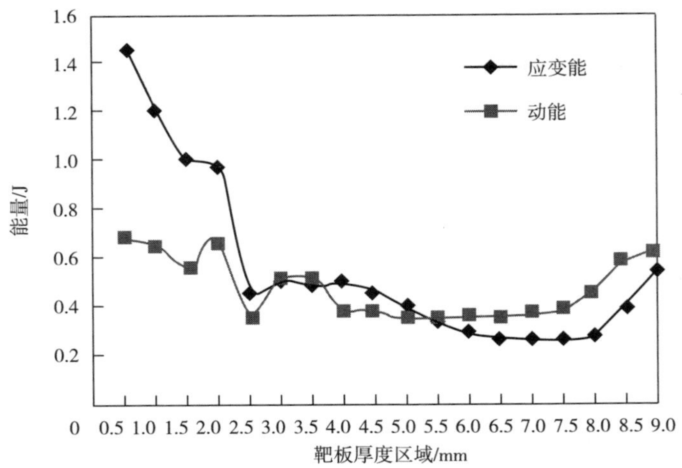

图 9-13　9mm 靶板内各层应变能和动能

（4）应力分布

提取 6mm 靶板厚度方向不同位置的应力分布，如图 9-14 所示。其中 1、2、3 分别代表模型中的三个方向：1、2 分别表示纤维轴向和垂直纤维方向，3 为靶板厚度方向，即弹片冲击的方向。因此 S11、S22、S33 分别为这三个方向上的应力，S12 为面内剪切力，S13 和 S23 为横向剪切作用力。

对于 6mm 穿透靶板，弹道冲击作用下，靶板内从入射面到出射面都是纤维轴向的拉伸应力 S11 水平最高；在入射面位置，还有显著的压缩应力 S33 和剪切应力 S12 和 S13。随着靶板从入射面位置后移，剪切应力值减小，但是纤维轴向的拉伸应力依然显著，如图 9-14 所示。这说明硬质靶板的入射面与弹片刚接触时剪切效应更加显著，而后层材料相对有更大的横向位移，其拉伸应力显著。

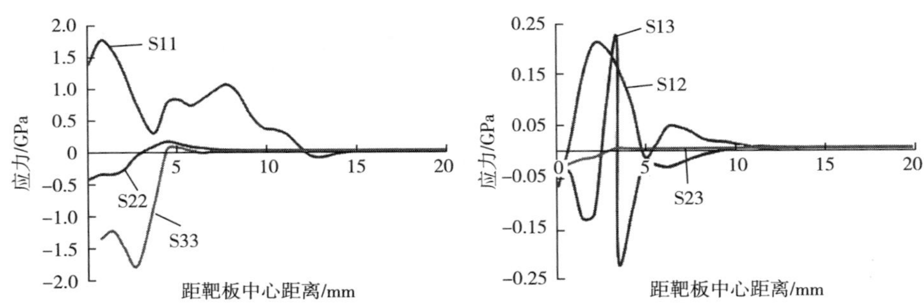

（a）2μs时入射面0.5mm区域

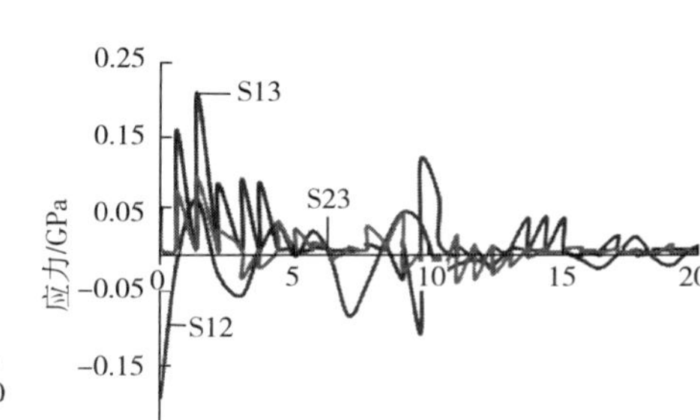

（b）7μs时入射面2.5~3mm区域

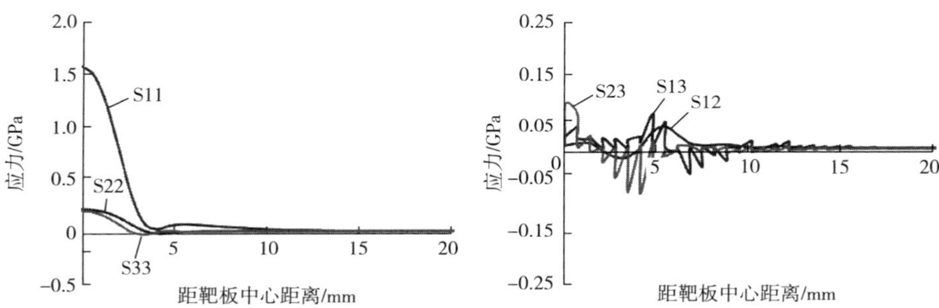

（c）3μs时入射面5.5~6mm区域

图 9-14 6mm 靶板内部不同区域的应力

根据有限元模拟应力分布曲线，如图 9-15 所示，可以发现对于 9mm 非穿透靶板，靶板厚度区域内面内所受应力主要表现为拉伸应力；厚度方向上所受应力大部分表现为较大的压缩应力，随着厚度的增加，压缩应力逐渐减小，在靶板后部减小至零。与穿透靶板不同的是，非穿透靶板入射面和出射面纤维轴向的拉伸应力值较大，中部区域较小。而在穿透靶板上从前到后拉伸应力都比较高。

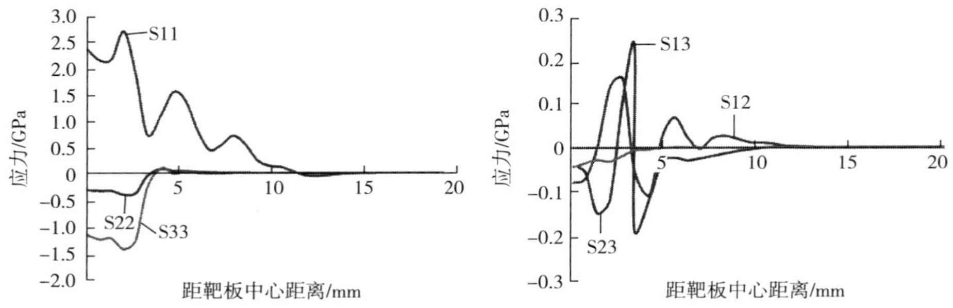

（a）1μs时入射面0.5mm区域

图 9-15

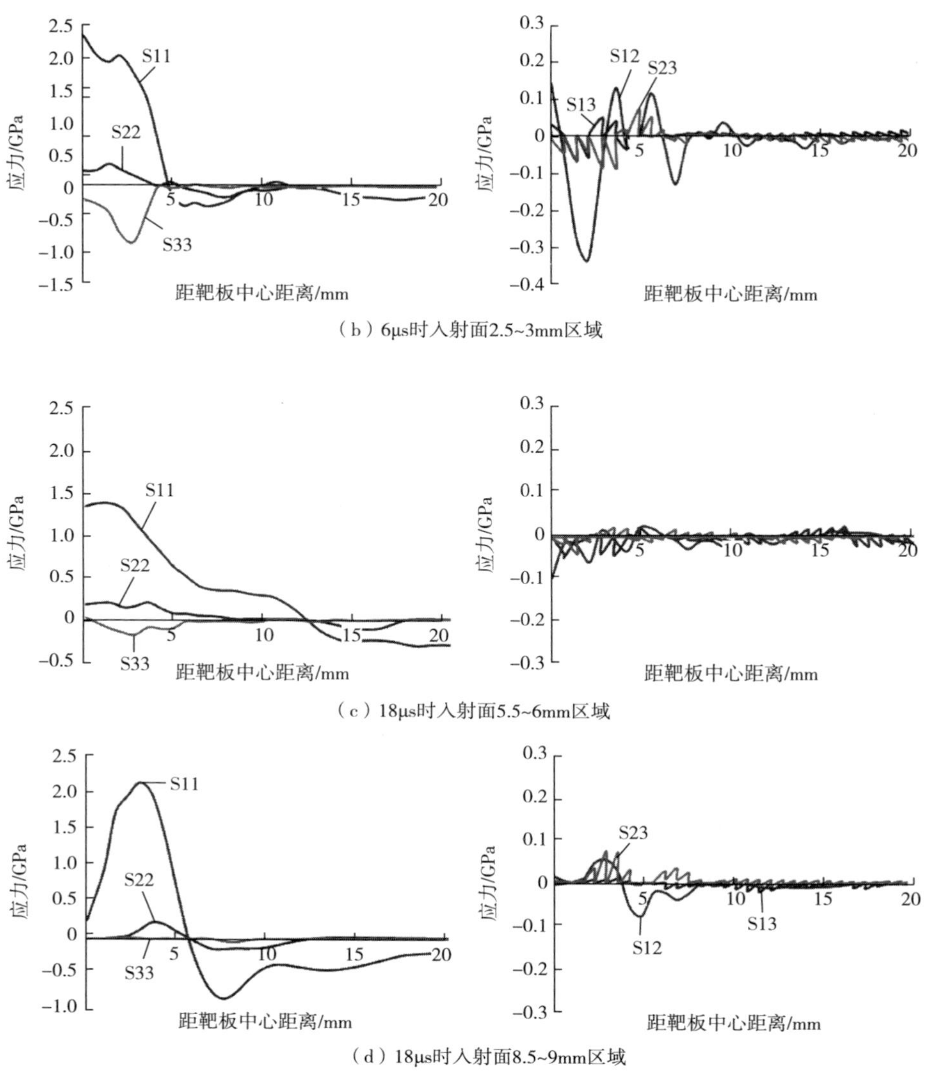

（b）6μs时入射面2.5~3mm区域

（c）18μs时入射面5.5~6mm区域

（d）18μs时入射面8.5~9mm区域

图 9-15　9mm 靶板厚度方向上不同区域的应力

对于应力分布范围，穿透靶板在面内所受的拉伸应力分布范围均随着靶板厚度的增加而变大，但在靶板出射面区域应力分布范围却突然变小，这是由于硬质靶板的树脂的界面作用较强，靶板在受到弹片冲击时，靶板的最后层往往先于中间层产生破坏，断裂时间提前，导致应力分布范围较小。而靶板厚度方向的应力分布范围主要集中在弹片直径以内，说明弹片造成的压缩损伤主要集中在弹片边缘范围内。

9.2　硬质靶板纤维束尺度模型

9.2.1　纤维束尺度建模

为更加确切地反映复合材料靶板的冲击响应，将纤维束与树脂分别建立三维实体有限元模型。由于复合材料靶板中的纤维数以百万计，构建纤维层级的模型不现实。为反映复合材料的结构特征，将靶板抽象为几个单元层，每个单元层包含若干纤维束，除纤维束之外，其他部分为树脂基体，如图 9-16 所示。

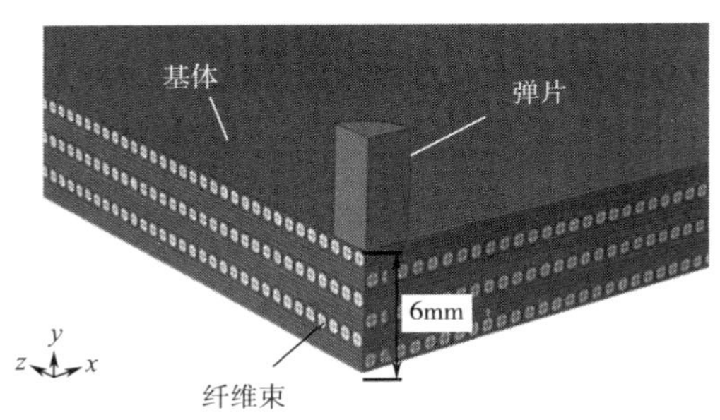

图 9-16　纤维束尺度硬质靶板有限元模型

以 6mm 厚的 UHMWPE 硬质靶板为例，硬质靶板的冲击区域面积仅在 100mm 直径范围内。因此，四分之一靶板模型的边长为 50mm×50mm。靶板厚度方向上包含六个单元子层，每层内平行排列若干纤维束。每根纤维束假设为三维连续实体，几何结构模型假设为实心圆柱体，将纤维束从单元层中切割后，剩余部分为树脂。每个单元层的纤维铺层按照 0°/90°排列，纤维束嵌入树脂基体中。整个靶板模型与实际靶板具有相同的面密度，根据实际靶板中纤维的质量分数（60%），可计算出靶板内纤维束的质量，并根据纤维束密度可计算出单个纤维束的体积，从而确定纤维束的几何结构尺寸，计算公式如下：

$$M_f = 0.6M_{FE} \tag{9-13}$$

$$V_f = M_f\rho_f \tag{9-14}$$

$$r = \sqrt{\frac{V_f}{300nh}} \tag{9-15}$$

式中：M_{FE}——有限元模型的质量，kg；

M_f——纤维束的质量，kg；

0.6——纤维的质量分数；

V_f——纤维束的体积，mm^3；
n——纤维束的数量；
h——纤维束的长度，mm；
r——纤维束的半径，mm。

根据式（9-13）~式（9-15）计算可得，每个单元层中有50个纤维束，纤维束的直径为0.8mm，长度为50mm，如图9-17（a）所示。靶板边长为50mm，树脂基体的厚度为1mm，如图9-17（b）所示。树脂中间切割出与纤维束相同大小的圆孔，将纤维束嵌入基体中形成单个层合板。六个单元子层以0°/90°的方向堆叠，形成硬质靶板模型，厚度为6mm。模型的面密度计算为5.76 kg/m^2，与靶板的实际面密度非常接近（5.78 kg/m^2），纤维的质量分数和树脂的质量分数也与实际靶板相同。

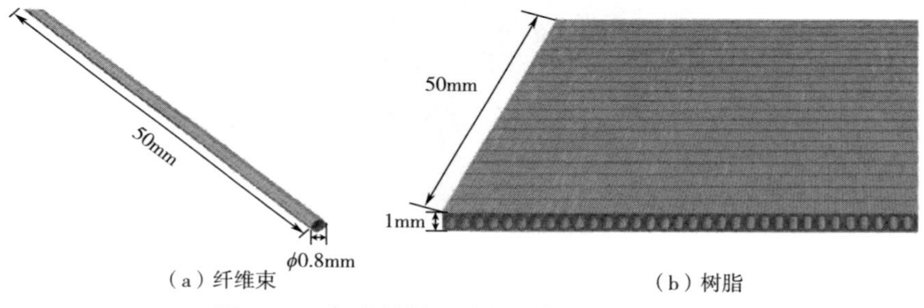

（a）纤维束　　（b）树脂

图9-17　复合材料硬质靶板模型中的纤维束

弹片冲击速度为600m/s。靶板外边界固定，中心边界设为对称边界条件。8节点六面体单元（C3D8R）用于纤维束、基体和弹丸模型。模型中纤维、基体和弹丸之间的所有接触面均采用通用接触算法和简单库仑摩擦。采用通用接触算法来定义弹丸—靶板的相互作用。在有限元模型中，所有接触都引入了简单的库仑摩擦。假设UHMWPE纤维与所接触部件的摩擦系数均为0.15。纤维束尺度的有限元材料属性见表9-2。

表9-2　纤维束尺度的有限元材料属性

材料属性	UHMWPE纤维束	树脂
屈服压力/GPa	3.5	0.035
断裂应变/%	4.0	10
杨氏模量/GPa	124	0.7
泊松比 ν	0.35	0.45
密度/（kg/m^3）	970	1060

9.2.2　模型有效性验证及分析

（1）剩余速度

6mm 厚的 UHMWPE 硬质靶板的弹道测试结果表明，靶板被穿透，弹片的剩余速度在 290 ~ 350m/s 之间。在纤维束有限元模型中，弹片的剩余速度为 320m/s，在实际值范围内，如图 9-18 所示。

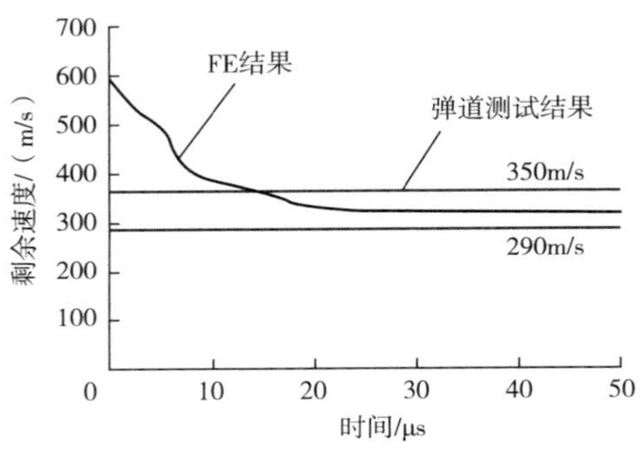

图 9-18　模型剩余速度

根据对冲击后靶板的观察，在靶板的冲击面有一个明显的孔，周围有断裂的纤维，如图 9-19（a）所示。靶板入射面的基体产生了长方形，其宽度略大于弹孔的直径。入射面较为平坦，横向变形是非常局部的。在出射面，靶板的层裂比入射面的层裂更明显，在弹孔周围形成了一个明显的凸起，宽度约为 7mm，如图 9-19（b）所示。纤维单向铺层的复合材料靶板的损伤形态在有限元模型中得到了很好的体现（图 9-20）。纤维的纰裂、分层以及纤维束从基体中滑脱，受力后的反弹在模拟的结果中都非常清晰。这些损伤特点在宏观模型中是根本无法体现的。

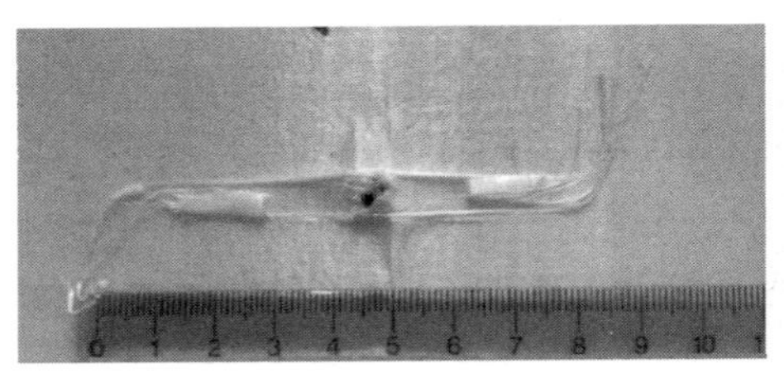

（a）入射面

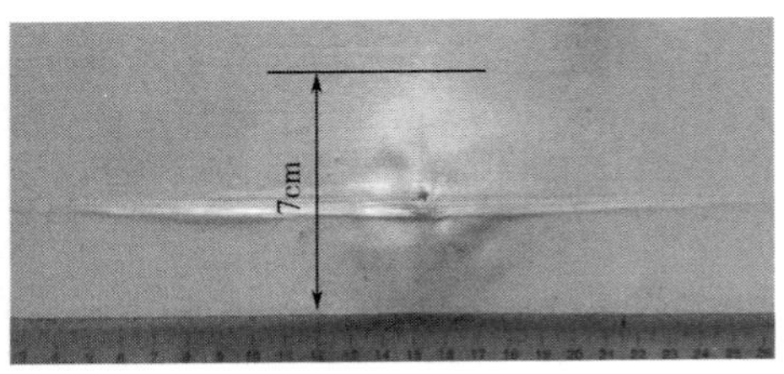

（b）出射面

图 9-19　冲击后靶板的损伤形态

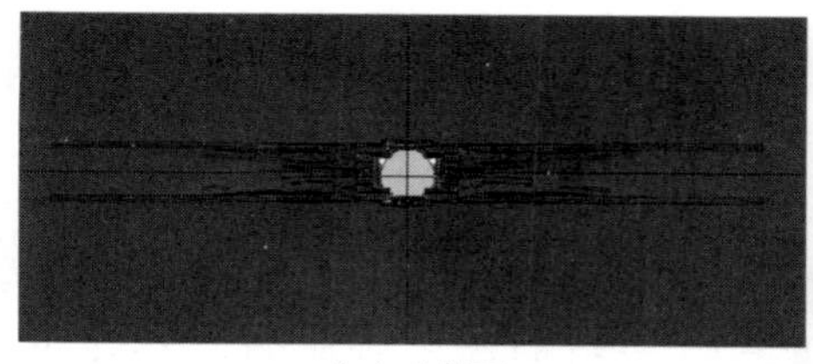
（a）入射面

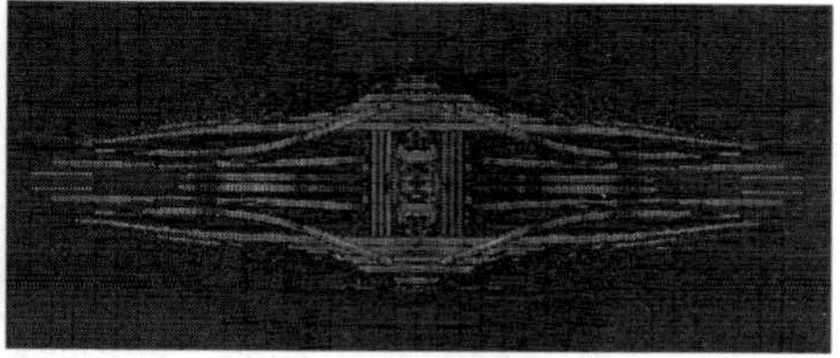
（b）出射面

图 9-20　模型的损伤形态

在冲击后的 UHMWPE 靶板上，通过 CT 扫描与 SEM 对靶板弹孔进行了观察，如图 9-21 所示。弹孔周围的断裂纤维形成了一个方形且边缘清晰的穿孔，断裂纤维的断口整齐，各层纤维分层明显，树脂从纤维上剥离形成条带。这些特点在纤维束有限元模型中都能够准确体现。根据以上分析，可以认为纤维束建模方法合理有效，而且更加精细准确，能够更加充分地反映纤维复合材料靶板的弹道冲击响应。

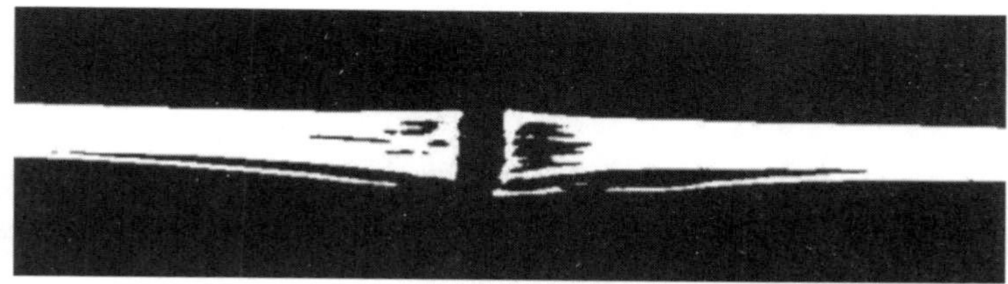
（a）CT扫描

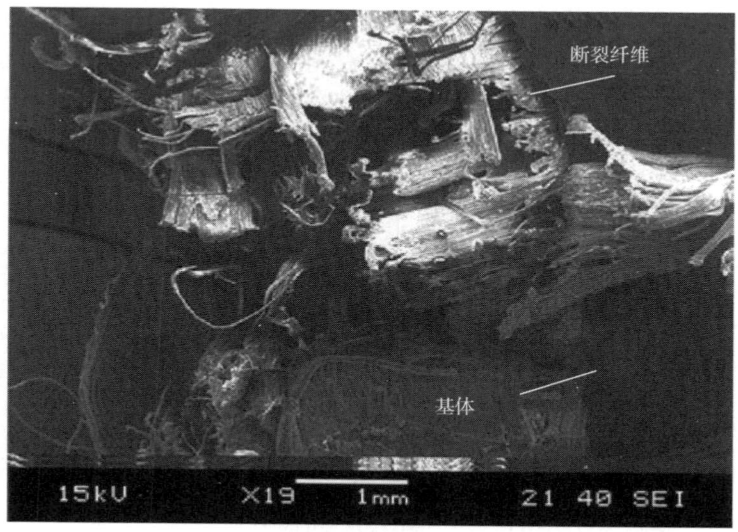

（b）SEM观察

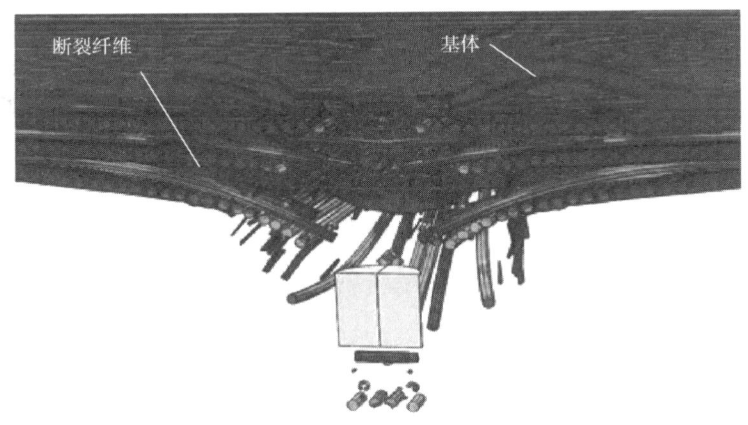

（c）有限元模型

图 9-21　弹孔处损伤形态对比

（2）纤维束的应力应变

根据有限元计算结果，靶板中的纤维束和基体的弹道冲击响应可以分别显示，如图 9-22 所示。在弹道冲击下，靶板上的冲击应力主要沿纤维束 0°/90° 方向传播，纤维束的应力直接传递给树脂，使树脂上也出现局部应力集中的情况。

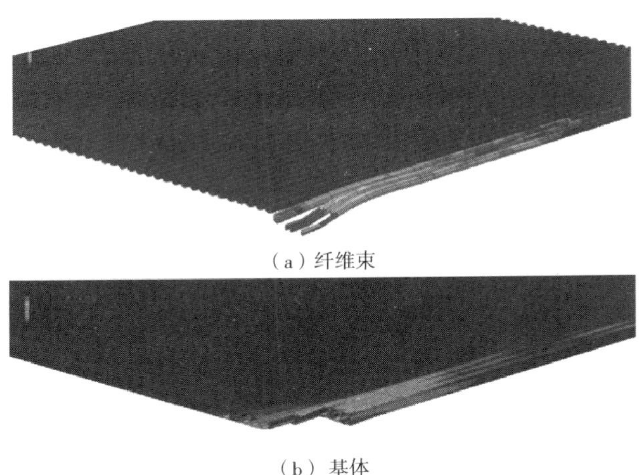

（a）纤维束

（b）基体

图 9-22　2.5μs 时靶板的应力云图

为了分析靶板不同位置的应力和应变分布，在弹片下方的每个子层中选择一根纤维束输出应力应变曲线，如图 9-23 所示。靶板不同区域材料的断裂时间不同。入射面材料在弹片接触后 0.25μs 左右迅速失效。应力传播范围的直径仅有 3.4mm，是相当局部的［图 9-23（a）］。弹片下方大约只有 5mm 的纤维束能产生 0.1%的应变，最大应变约为 1%。这表明在靶板的入射面，大部分纤维材料都没有发挥作用，对弹片耗能的贡献很小，只有弹片下方的局部材料起到了抵御作用。

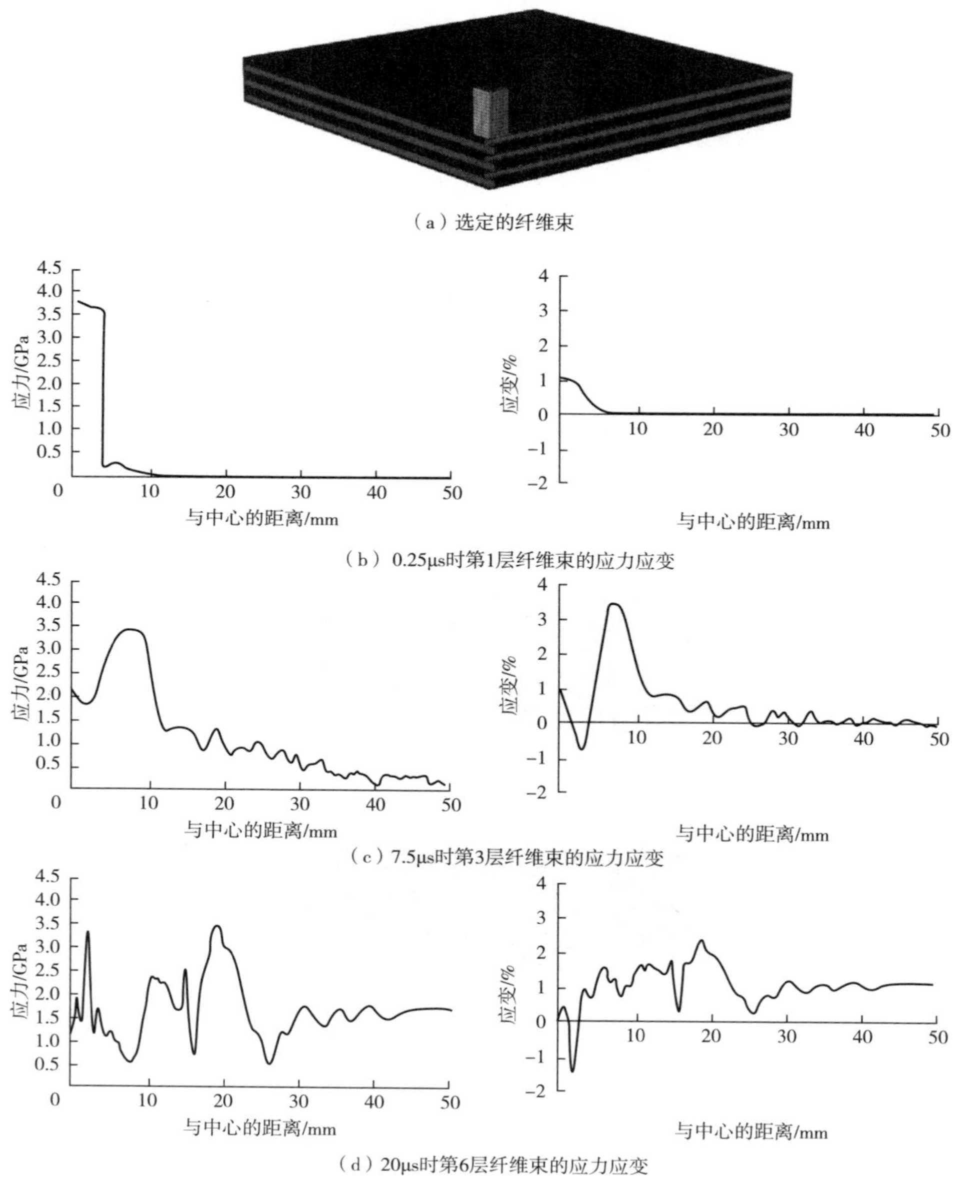

（a）选定的纤维束

（b）0.25μs时第1层纤维束的应力应变

（c）7.5μs时第3层纤维束的应力应变

（d）20μs时第6层纤维束的应力应变

图 9-23　纤维束损伤前的应力应变分布

在硬质靶板的中间区域，由于前层的作用，纤维不会立刻失效，应力波有足够的时间可以传递到靶板的边缘。靶板中间位置上能够产生 1%以上应力波的纤维束也只有 12mm。在出射面附近位置，纤维束断裂前的应力大小和分布范围都大大增加。冲击点附近 30mm 范围内纤维束的应变达到了 2%以上的应力波。说明出射面材料有更大的自由度，横向变形更显著。

（3）基体的应力应变

由于材料性能较低，与靶板中的纤维束相比，基体的失效速度更快，如图 9-24 所示。在入射面，基体与弹片接触后立即损伤失效。在出射面，基体可以维持稍长的时间，大约在 4.5μs 时失效。而在出射面的纤维束，断裂时间可达到 20μs。也就是说基体先于纤维损伤失效。在基体上，断裂前的应力水平比同一层压板上的纤维束的应力水平低得多（MPa 量级）。然而，由于纤维束和基体之间的相互作用，应力可以沿着厚度方向迅速传播到出射面位置，然后形成反射波，从而导致出射附近面的基体提前失效。此外，冲击区周围的应力是非常局部的，基体能够产生的应变微乎其微。因此，在弹道冲击过程中，基体耗能的作用十分有限。

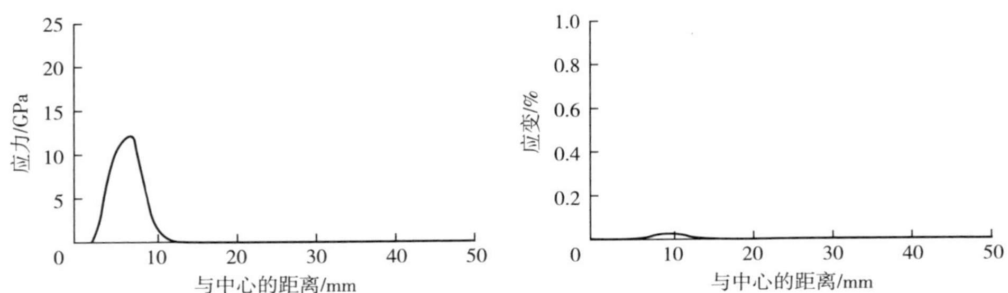

（a）0.25μs时第1层基体的应力应变

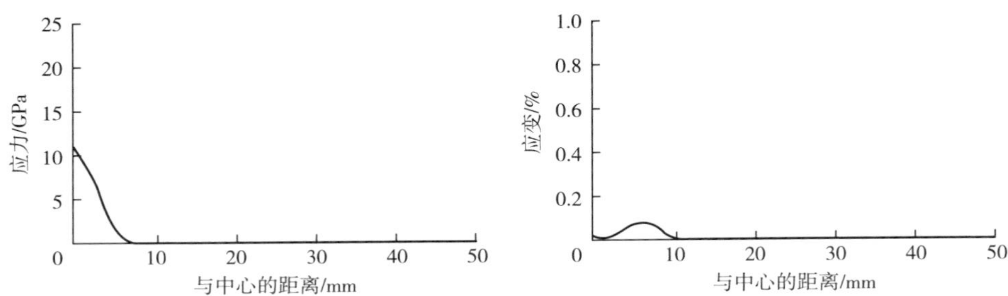

（b）1.2μs时第3层基体的应力应变

图 9-24

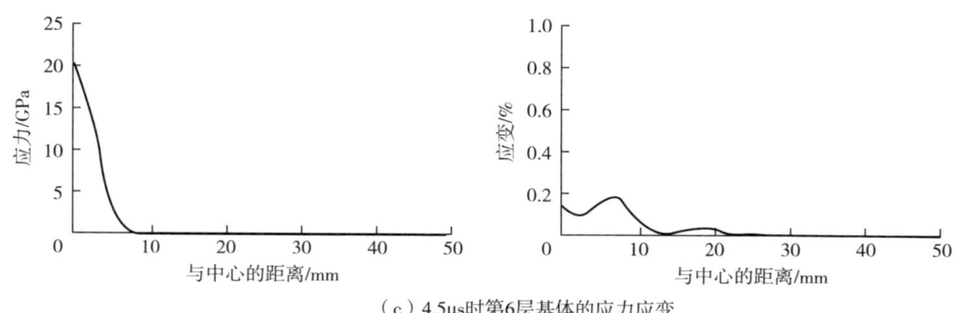

（c）4.5μs时第6层基体的应力应变

图 9-24 基体损伤前的应力应变分布

以上有限元结果表明：复合材料中增强体和基体的弹道冲击响应是不同的，在弹道冲击作用下，靶板内的基体先于纤维束材料损伤失效，而非从入射面到出射面逐层损伤断裂。

9.3 混质硬质靶板弹道性能

根据以上有限元模拟分析，在硬质靶板中入射面附近材料的弹道冲击响应与其他位置的材料不同。为分析前层材料对硬质靶板防弹性能的影响，对比分析UHMWPE 靶板、芳纶靶板和混质靶板的吸能性能。采用不同层数的芳纶 0°/90°预浸料铺层置于 UHMWPE 之前热压制成混质靶板。其弹道吸能和比吸能，分别如图 9-25、图 9-26 所示。对于 6mm 的混质靶板，当芳纶材料置于前敏感区域内时，其比吸能明显高于其他混质组合靶板和同材质的 UHMWPE 靶板和芳纶靶板。说明硬质靶板入射面附近混入防热性能好的芳纶材料后，有效弥补了 UHMWPE

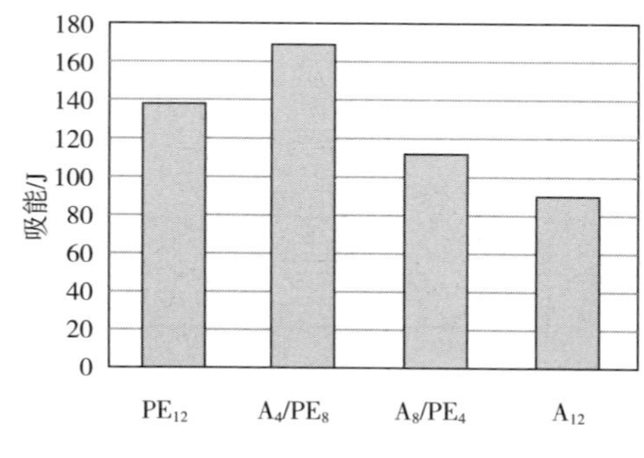

图 9-25 不同材质的混质靶板吸能

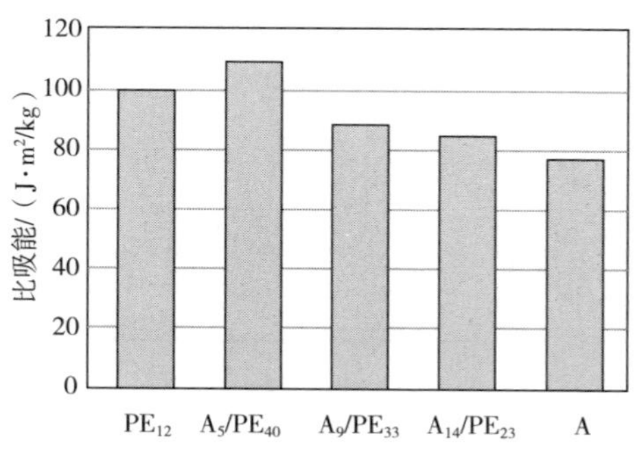

图 9-26 不同材质的混质靶板比吸能

靶板的缺陷，出现混质协同效应。当比较不同混质靶板的剩余弹速时，可发现在入射弹速 400~600m/s 范围内，混质靶板 A_2/PE_4 有较低的剩余速度，对弹片的抵御作用较强。

对 UHMWPE 靶板和混质靶板的非穿透弹道测试全程使用高速摄像机进行拍摄，观察其在弹道冲击测试时的响应规律，如图 9-27、图 9-28 所示。根据像素点将靶板的 BFS 和背凸直径直接测量出来，见表 9-3。

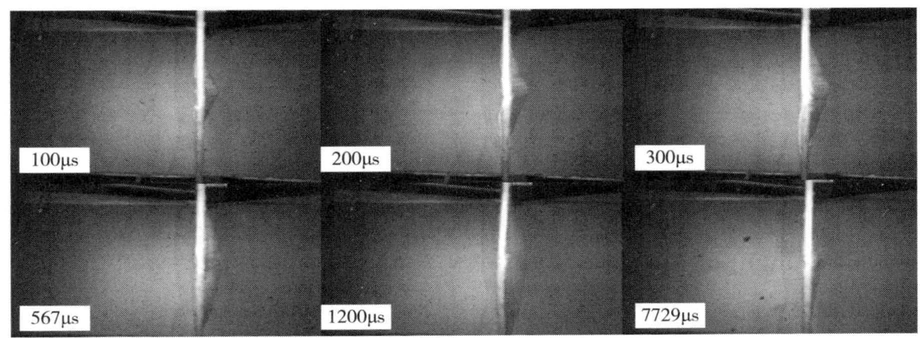

图 9-27　UHMWPE 靶板的高速摄影动态图

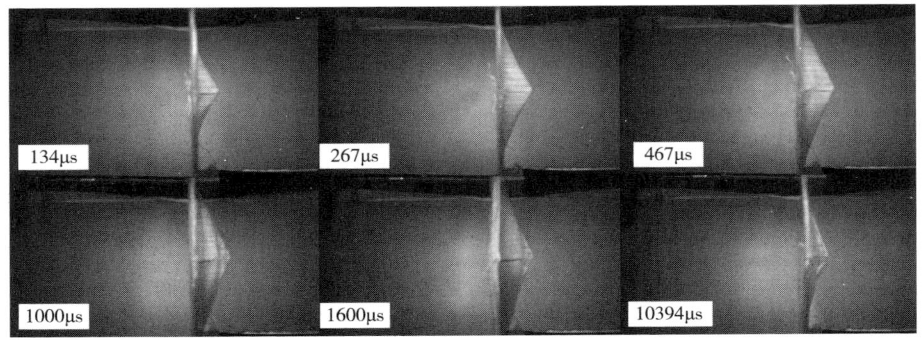

图 9-28　混质靶板的高速摄影动态图

表 9-3　UHMWPE 靶板与混质靶板背凸变形时间历程

时间/μs	UHMWPE 靶板			混质靶板		
	高度/mm	宽度/mm	横移变形比（高/宽）	高度/mm	宽度/mm	横移变形比（高/宽）
100	15. 54	94. 36	0. 16	24. 30	136. 00	0. 18
200	21. 45	140. 00	0. 15	34. 02	192. 00	0. 18

续表

时间/μs	UHMWPE 靶板			混质靶板		
	高度/mm	宽度/mm	横移变形比（高/宽）	高度/mm	宽度/mm	横移变形比（高/宽）
300	23.10	174.08	0.13	37.12	250.00	0.15
567	24.51	207.40	0.12	37.53	254.00	0.15
900	26.31	224.80	0.12	38.31	262.00	0.15
1200	28.05	256.80	0.11	40.15	280.00	0.14
3331	24.25	240.00	0.10	34.68	249.26	0.14
5631	18.36	220.00	0.08	28.53	223.28	0.13
7729	14.32	190.00	0.08	22.55	190.00	0.12

对比 UHMWPE 硬质靶板，分析同重混质靶板 A_{10}/PE_{33} 的横向变形。当前层材料采用芳纶后，靶板的横向变形明显增大，混质靶板的最大横向变形比同质 PE 板高出 5mm，如图 9-29 所示。且弹片与靶板作用的过程中，混质靶板的横向变形率更高。尤其在弹片刚接触靶板时，200μs 之前混质靶板的横向变形比率更高，说明前层材料芳纶的抵御作用更弱。当弹片停止在靶板中间时，混质靶板的背凸更大，鼓包更明显。根据其弹道吸能结果，该混质靶板吸能低于同质 UHMWPE 硬质靶板。这一结果说明：尽管芳纶材料具有较好的防热性能，作为软质靶板的前层材料可有效避免热熔损伤，对防弹吸能有积极作用，但当混质范围超出硬质靶板前面的敏感区后，其热熔损伤效应的影响不及对横向变形的影响大。靶板横向变形明显，背凸增加，整体性能下降。

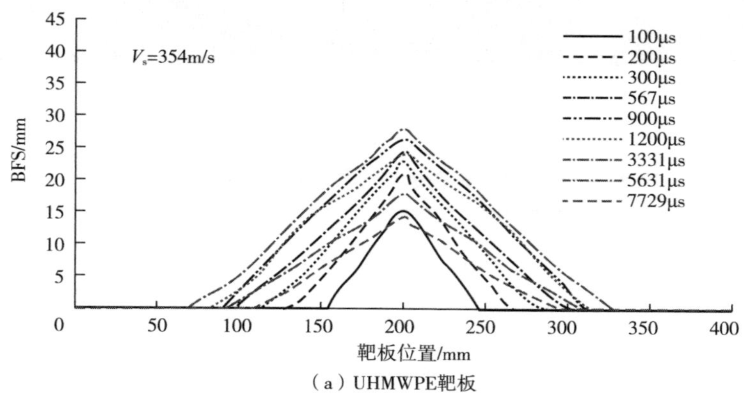

（a）UHMWPE靶板

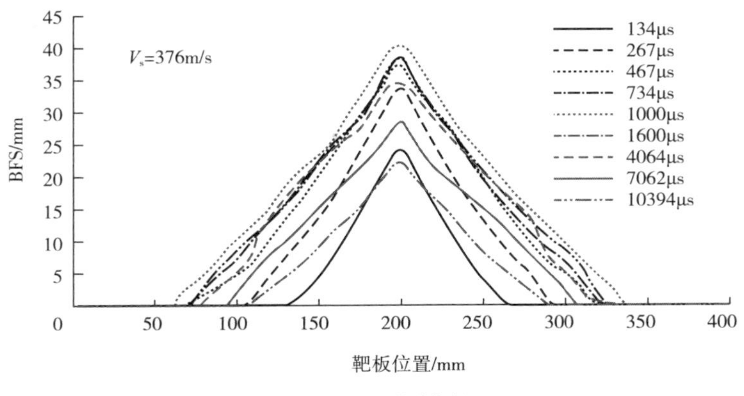

（b）A_{10}/PE_{33}混质靶板

图 9-29 非穿透靶板横向变形

当弹道冲击速度提高到 400m/s 以上时穿透靶板。根据其横向变形历程可发现穿透时间显著减少到 266μs 左右，子弹与靶板材料的相互作用时间减少，子弹的穿透不再是波动前进，而是直线前进，而靶板面外横向位移变化显著，面内变形范围更加局限，冲击区域宽度只有 200mm 左右，如图 9-30 所示。

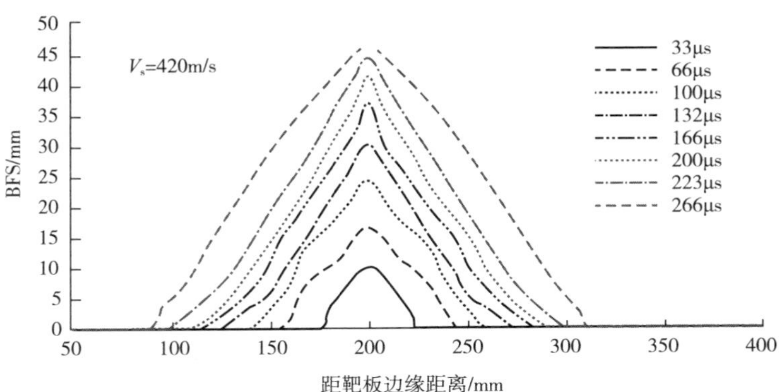

图 9-30 A_{10}/PE_{33} 混质穿透靶板横向变形

对非穿透 UHMWPE 硬质靶板进行 CT 扫描，发现靶板内部在弹片停留位置下方出现明显分层，且从入射面到出射面分层面积逐渐增大。硬质靶板厚度方向接近入射面附近各层间连接紧密，呈现一体化特点，说明前面层在弹片冲击作用下快速断裂，应力波局限于弹孔附近；而在弹片停留位置处，弹速显著下降至静止。在应力波的作用下，后层产生明显的横向变形，从而使层间纰裂分离，这一层裂效果在子弹的下表面位置处最为显著。硬质靶板的层裂是耗能的一种形式，可以据此推测，由于不同位置的材料变形程度不同，从而对防弹吸能的贡献也有所不同。对 6mm 穿透的 PE_{40} 靶板和混质靶板芳纶/PE（A_4/PE_{35}）进行 CT 扫描，如图 9-31 所示，发现芳纶置于 PE 前面时，靶板内部分层更明显，分层区域更大，说明前面层材料的弱防御作用，使得靶板内部损伤更明显。以上试验结果验证了有限元的结论，充分说明硬质靶板入射面附近的材料对于抵御弹道冲击更重要。

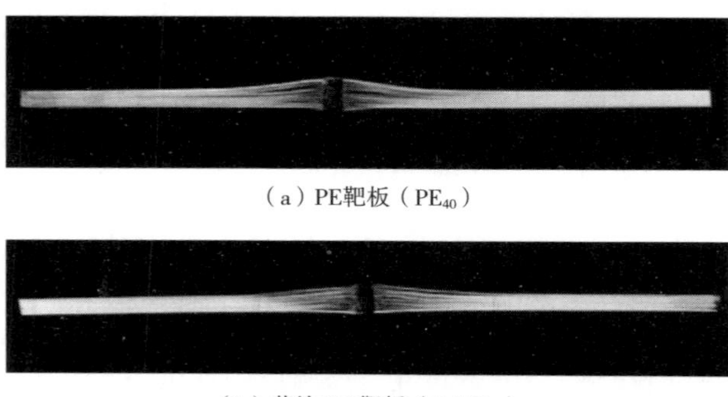

（a）PE靶板（PE_{40}）

（b）芳纶/PE 靶板（A_4/PE_{35}）

图 9-31　芳纶/PE 混质穿透靶板横向变形

第10章

防弹产品及其技术发展

10.1 各地区的防弹产品

10.1.1 美国防弹产品

（1） PASGT 防弹装备

美国最早在 1978 年开始研制 PASGT 防弹装备（personal armor system for ground troops 步兵用新型防弹系统），包括 PASGT 头盔和 PASGT 防弹衣（图 10-1）。在 20 世纪 70 年代，美国军队开始研发纤维增强军用头盔，其防弹性能好，内部空间大，透气性好，而且头部防护面积增加。PASGT 头盔采用芳纶机织物为增强材料，酚醛/PVA 树脂为基体材料，有四种型号：X 小号（质量 1418g）、小号（质量 1447g）、中号（质量 1504g）和大号（质量 1617g）。PASGT 头盔能防御 17g 弹片的 V50 不低于 610m/s。

PASGT 防弹衣（图 10-1）分五个号型，根据大小不同，质量在 4.3~6.7kg 之间。PASGT 防弹衣的护肩和衣服是分离的，最初是通过按扣固定在防弹衣上，后来采用尼龙搭扣固定。目的是增加对肩部的防护，并在防弹衣中心对襟处采用叠合的方式来提高胸部防弹片的能力。最初 PASGT 防弹衣采用杜邦公司的芳纶 Kevlar29 作为主体防弹材料，其防御弹片的 V50 为 485m/s 左右。20 世纪 90 年代以后，采用第二代芳纶 Kevlar129，防御弹片的 V50 可以提高到 510m/s。通过使用不同的主体防弹纤维材料，PASGT 防弹衣的性能升级到防御 427m/s 的 9mm

图 10-1　PASGT 防弹衣

FMJ 和 0.44 英寸口径 Magnum 手枪弹的水平。使用 KM2 纤维，可以使防弹衣在提供相同防护能力的同时，减轻 15%的质量，或在相同质量下提高防护能力。

（2） Interceptor®防弹装备

20 世纪 90 年代初，美国陆军生化控制中心及特种防护系统制造公司开始研制 Interceptor®防弹装备，设计目的在于能够有效抵御陆军作战时可能面临的多重武力威胁，在 20 世纪初曾被美国军方使用。IBA（Interceptor ballistic armour）取代了分离式的 PASGT 防弹衣系统。IBA 系统包括其核心部件 OTV（outer tactical vest）外层作战主背心、喉部保护装置、腹股沟保护装置、二头肌（或三角肌）保护装置 DAP。OTV 主背心可以单独穿戴，后三种辅助防护装置可以从主背心 OTV 上拆卸，如图 10-2 所示。

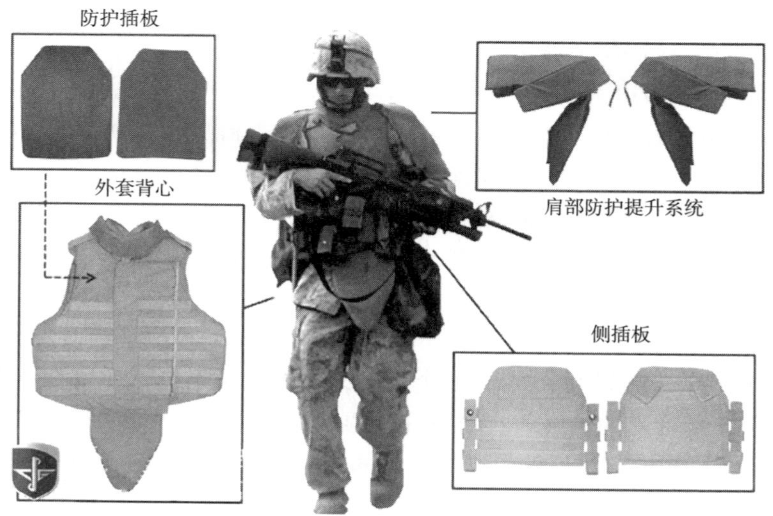

图 10-2　Interceptor®防弹背心

Interceptor®的 OTV 防弹背心只有 3.8kg 重，可达到ⅢA 级防护，能防御手枪弹。前后插入两块陶瓷板（SAPI）后，质量约 7.4kg，防护等级可达到Ⅳ级，可抵御步枪子弹 9mm 弹片的威胁。在 21 世纪前十年，美国大多数军事部门都在使用 Interceptor®防弹背心，随后使用量逐渐减少，美国海军陆战队已经用组合式战术背心 MTV 和可伸缩板式运输机 SPC 取代了 OTV。虽然 IBA 在美国军队服役期间大部分被取代，但仍被其他与美国有外交关系的国家军队使用。

胸插板 SAPI（small arms protective insert）从 20 世纪 90 年代开始使用，提供高动能枪弹威胁的个体防护。胸插板为双曲面实心体，采用碳化硼或碳化硅陶瓷，其重量和尺寸都取决于使用的复合材料。硬质插板在厚度均匀的前提下，允许的最大厚度为（0.85±0.125）英寸。胸插板SAPI可插入OTV防弹背心中，从而提高防护水平，可有效防护NATO 7.62mm×51mm M80球形破片和5.56mm M855子弹。

10.1.2　欧洲防弹产品

（1）军用头盔

在20世纪90年代，法国和其他欧洲军事部门开始研发代替金属头盔的纤维增强复合材料头盔。这一项目直接促使头盔的性能升级，不仅使头盔的防弹性能提升，而且使其质量下降，增加了头盔的内部空间，提升了透气性并装配了通信设备。欧洲的军用头盔外形与PASGT类似，材料采用非织造布，法国采用高模量聚乙烯纤维铺层无纬布，而其他国家采用织物涂覆酚醛树脂膜或织物预浸料。尺寸有小号和大号两种，颜色为联合国蓝色或军绿色。欧洲军用头盔的测试标准参照STANAG测试标准，极限弹速V50可达到550~680m/s。也有一些国家指定测试条件为9mm的子弹，入射速度为430m/s，要求BFS小于30mm。

（2）军用软质防弹背心

20世纪90年代初，在欧洲尤其是法国，与军用头盔的研发一同开展的还有软质防弹背心项目，以期提高软质防弹衣对手枪弹和来自手枪、狙击枪的弹片的防御能力。这种软质防弹背心采用芳纶织物叠层绗缝制成，机织物为1100dtex芳纶机织布，前后设计有专门的口袋，用来放置胸插板（图10-3）。能够防御430m/s的9mm口径子弹，最大背凸小于25mm，还设计有钝伤防护垫，以减小背凸。

图10-3　霍尼韦尔（Honeywell）公司的防弹产品

（3）防弹背心的配套插板

为了能够有效防御狙击枪弹，对防弹背心加装防弹插板进行了测试。测试结果表明：与其他防弹材料相比，无纬布Spectra Shield材料可有效降低30%的质量。因此在1993年法国大力购置防弹插板，这种结构随后在欧洲和亚洲许多国家使用。防弹背心是采用1100dtex芳纶织物层，织物为平纹机织物，面密度为190g/m²。弹道冲击条件为430m/s的9mm口径子弹，允许的最大背凸小于30mm。前防弹插板为曲面，后防弹插板为平面。另外配有腹股沟小插板和颈部保护插板，插板的面密度为17~20kg/m²，总防护面积约为0.25m²。配套的插板采用多发弹测试，背衬胶泥。测试时硬质插板放置在软质防弹背心上，子弹必须停止在靶板内，背凸变形不超过 22mm。防弹材料为高模量聚乙烯无纬布，热压方式为高压对模成型。

10.1.3 亚洲防弹产品

亚洲国家使用高性能纤维防弹产品由来已久。许多国家已使用新型高性能纤维织物或无纬布头盔来替换之前的尼龙头盔。亚洲国家大多使用软质防弹背心加硬质胸插板，这种结构类似于欧洲防弹背心。软质防弹背心采用 93tex 芳纶平纹机织物，设计防御弹道冲击条件为 430m/s 的 9mm 口径子弹。背凸极限各国之间存在差异，我国要求背凸小于 25mm。防弹背心一般不采用钝伤防护垫，胸插板采用碳化硅陶瓷材料，前后插板都是双曲面板。

南亚国家的防弹产品与欧洲的防弹产品类似，也是采用防弹背心加防弹插板。防弹背心一般采用芳纶织物，弹道冲击测试条件为 430m/s 的 9mm 口径子弹，允许的最大背凸为 25mm。防弹插板一般是高模量聚乙烯板，背凸变形不超过 22mm。

10.2 防弹产品的技术发展

防弹产品从古代的金属铠甲发展至今，无论是防弹材料还是产品的防弹性能都发生了革命性的变化。以高性能纤维为主的防弹复合材料应用到个人防护、飞机、建筑、海军舰艇和军用作战车辆的防弹装甲系统等领域中，其优异的防弹性能远远超越了钢、铁，甚至是钛合金。

为了进一步提高防弹性能，研究人员不仅着力于开发具有更高比强度、比模量的材料，还不断尝试用新方法对现有材料进行化学改性，增强材料的利用效率。如在纱线表面涂覆化学物质以提升纱线的摩擦性能。使用树脂基体是一种较为常见的提高织物防弹性能的方法，当子弹撞击织物时，纱线之间会发生滑移摩擦，对织物进行树脂处理，增大纱线之间的摩擦，应力波通过树脂及织物交织点间的相互作用在织物上扩散传播，从而在更大的面积上损耗能量。树脂和织物之间还需要有良好的界面性能，从而保证防弹复合材料的刚性、结构完整性和界面黏接强度。

Dischler 等在纤维上涂覆一种具有膨胀特性的干粉，与未涂覆该粉末的纤维相比，处理过的织物表现出优越的弹道能量分布，这都归因于纤维之间的摩擦增加。Dischler 还开发了一种 2μm 厚的涂层，当应用于芳纶时，它会增大纱线之间的摩擦系数。Chitrangad 等研制了一种芳纶氟化整理剂，与芳纶加工中试用的标准整理剂相比，该整理剂增加了纤维之间的摩擦。Rebouillat 认为，在对芳纶进行含氟表面整理剂（用作防水剂）涂覆之前，仍需要对芳纶织物进行表面处理。Bazhenov 的研究恰好证明了这一点，他研究了水对 20 层 Armos 织物制成的矩形层压板的弹道性能的影响，并指出水是一种润滑剂，可以减少子弹和纱线之间的摩擦，并通过横向移动的纱线使子弹在织物中滑动。

STF 防护材料是一种具有流变学性质的胀塑性流体，具有剪切增稠作用，液体的黏度随着剪切速率或剪切应力的增加而迅速变大，被称为液体装甲。如今 STF 在防弹材料上的应用主要集中于 Kevlar-STF 织物体系，将 Kevlar 织物放在一定浓度的 STF 体系中浸渍处理，轧出残液后，干燥、封装制成靶板。关于 STF 材料的剪切增稠机理，目前主要有两种理解：一种理解认为剪切增稠是由于体系中粒子的有序结构被破坏而导致的；另一种理解认为剪切增稠是由于流体作用导致分散体系中形成了“粒子簇”，从而增大黏度。经过 STF 体系处理，为 Kevlar 防弹靶板提供了能量传输的纽带，交互作用使整个材料结构的体系耗能更加有效，有利于靶板对能量的吸收。

Lee 等研究了浸有胶体剪切增稠液的凯夫拉机织物的弹道冲击特性，在报告中提到，在不损失浸渍凯夫拉织物柔软灵活性的情况下，增强了织物的弹道穿透阻力。在低应变率下，胶体剪切增稠液对织物变形或者弯曲没有太大的抵抗力，但是在较高的应变率下，流体变稠，导致抵抗弹道穿孔的能力增强。Sickinger 和 Herrmann 认为，结构缝合是未来开发高性能复合材料的一种方法。Chitrangad 将机织对位芳纶片材和压缩纸浆片材组合用于制造弹道防护剂，这种结构提高了佩戴者的舒适性和灵活性，同时提供了同等水平的弹道保护。

还有学者对缓冲面板在织物靶板系统中的应用进行了研究，这种缓冲面板最初会通过侧向反射和扭转子弹来减缓子弹的速度，在某些情况下，甚至会引起子弹的前缘在撞击时变钝，从而达到阻滞子弹前进，防护人体的作用。

碳纳米管具有优异的机械性能，包括高强度、高刚度和高弹性等。随着纳米技术的出现，人们正在研究将碳纳米管（富勒烯分子）加到织物材料中，从而大幅度提高织物的强度和抗子弹穿透性。

随着对防弹性能研究的不断深入，越来越多的新型防弹材料问世，同时防弹靶板的结构也在不断优化，从而最大限度地发挥材料的性能，使防弹产品的防弹性能不断提升，同时满足轻量化的要求。

参考文献

[1] DAVID N V, GAO X L, ZHENG J Q. Ballistic resistant body armor : contemporary and prospective materials and related protection mechanisms[J]. Applied Mechanics Reviews, 2009, 62 (5): 1-20.

[2] STARLEY D. Determining the technological origins of iron and steel[J]. Journal of Archaeological Science, 1999, 26 (8): 1127-1133.

[3] HANI A A, R OSLAN A, MARIATTI J. Body armor technology: a review of materials, construction techniques and enhancement of ballistic energy absorption[J]. Advanced Materials Research, 2012, 1693 (488-489): 806-812.

[4] HEINECKE J. From fibre to armor[J]. Law Enforcement Technology magazine, 2007, 6: 10-12.

[5] Cavallaro Paul V. Soft body armor: an overview of materials, manufacturing, testing, and ballistic impact dynamics[R]. Newport, Rhode Island: Naval Undersea Warfare Center Division, 2011.

[6] RUSSELL B, KARTHIKEYAN K, DESHPANDE V, et al. The high strain rate response of Ultra High Molecular-weight Polyethylene: From fibre to laminate[J]. International Journal of Impact Engineering, 2013, 60: 1-9.

[7] GREENHALGH E, BLOODWORTH V, IANNUCCI L, et al. Fractographic observations on Dyneema composites under ballistic impact[J]. Composites: Part A, 2013, 44: 51-62.

[8] LAMOTHE D. Corps to field two new body armour vests[J]. In Marine Corps Times (Gannett), 2009, 6: 17-19.

[9] BHATNAGAR A. Lightweight ballistic composites: military and law-enforcement applications [M]. Cambridge, Eng: Woodhead Publishing Ltd, 2006.

[10] PREVORSEK D C. Ballistic armor material from spectra® fibre[C] // Proceedings of the 33rd International SAMPE Symposium, United States, 1988.

[11] CHOCRON S. Impacts and waves in dyneema HB80 strips and laminates[J]. Journal of Applied Mechanics, 2013, 80: 1-10.

[12] 石刚. PBO纤维表面处理及对复合材料力学性能的影响[D]. 长沙: 国防科学技术大学, 2013.

[13] JACOBS M J N, DINGENEN V J L J. Ballistic protection mechanisms in personal armour[J]. Journal of materials Science, 2001, 36 (13): 3137-3142.

[14] ULVEN C, VAIDYA U, HOSUR M. Effect of projectile shape during ballistic perforation of VARTM carbon/epoxy composite panels[J]. Composite Structures, 2003, 61 (1): 143-150.

[15] CHEN W, HUDSPETH M, GUO Z, et al. Multi-scale experiments on soft body armors under projectile normal impact[J]. International Journal of Impact Engineering, 2017, 108: 63-72.

[16] ZENG X, SHIM V, Tan V. Influence of boundary conditions on the ballistic performance of high-strength fabric targets[J]. International Journal of Impact Engineering, 2005, 32 (1): 631-642.

[17] TAN V, LIM C, CHEONG C. Perforation of high-strength fabric by projectiles of different geometry[J]. International Journal of Impact Engineering , 2003, 28 (2): 207-222.

[18] HEARLE J W S. Atlas of fibre fracture and damage to textiles[M]. Cambridge, Eng: Woodhead publishing Ltd, 1998.

[19] Abaqus analysis user's manual, ed. V. 6. 7[M]. ABAQUS, Inc. and Dassault Systèmes, United States of America, 2007.

[20] CHEESEMAN A B BOGETTI A T. Ballistic impact into fabric and compliant laminates[J]. Composite Structures, 2003, 61 (1): 161-173.

[21] ROYLANCE D. Stress wave propagation in fibers: effects of crossovers[J]. Fiber Science Technology, 1980, 13 (5): 385-395.

[22] RAO Y, FARRIS J R. A modeling and experimental study of the influence of twist on the mechanical properties of high-performance fiber yarns[J]. Journal of Applied Polymer Science, 2000, 77 (19): 1938-1949.

[23] YANG H H. Kevlar aramid fibre[M]. Wiley: New York, 1993.